高等学校土木工程专业“十三五”规划教材
高校土木工程专业规划教材

岩土工程测试和安全监测

何开胜　编著

中国建筑工业出版社

图书在版编目（CIP）数据

岩土工程测试和安全监测/何开胜编著. —北京：中国建筑工业出版社，2018.7
高校土木工程专业规划教材
ISBN 978-7-112-22044-1

Ⅰ. ①岩… Ⅱ. ①何… Ⅲ. ①岩土工程-工程测试-高等学校-教材②岩土工程-安全监测-高等学校-教材 Ⅳ. ①TU4

中国版本图书馆 CIP 数据核字（2018）第 063306 号

本书根据《高等学校土木工程本科指导性专业规范》及现行标准规范编写，介绍了岩土原位测试、桩基工程检测和安全监测三个方面的常用测试技术。原位测试包括地基载荷试验、静力触探试验、圆锥动力触探试验、标准贯入试验、十字板剪切试验和旁压试验；桩基工程检测包括静载试验（压、拔、水平）、Osterberg 试桩法、低应变和高应变检测；安全监测包括常用监测仪器，软土地基预压加固、基坑、地铁隧道等工程监测。

本书突出测试原理、试验方法与操作要点以及工程应用，强调案例教学，体现了最新规范和行业发展现状，以及国家培养学术与工程实践复合型人才的思想。本书通过二维码提供配套数字资源，便于学生理解相关内容。本书可作为高等院校土木工程专业本科生和研究生教材，也可供土木工程勘察、设计、检测与施工技术人员参考。

为了更好地支持本课程教学，本书作者制作了教学课件，有需求的读者可以发送邮件至 2917266507@qq.com 免费索取。

* * *

责任编辑：聂　伟　王　跃
责任校对：刘梦然

高等学校土木工程专业“十三五”规划教材
高校土木工程专业规划教材
岩土工程测试和安全监测
何开胜　编著
*
中国建筑工业出版社出版、发行（北京海淀三里河路 9 号）
各地新华书店、建筑书店经销
霸州市顺浩图文科技发展有限公司制版
北京建筑工业印刷厂印刷
*
开本：787×1092 毫米　1/16　印张：14　字数：341 千字
2018 年 7 月第一版　　2018 年 7 月第一次印刷
定价：**30.00** 元（附配套数字资源及课件）
ISBN 978-7-112-22044-1
（31937）

前　　言

岩土工程的测试与安全监测是保证工程合理设计与安全竣工的重要手段。现代土木工程对岩土工程的测试与监测的要求越来越高，我国现行的注册土木工程师类别中，将岩土工程列为一个专业方向，其重要性可见一斑。合格的土木工程师，应该是理论和实践高度结合的职业群体，除了要知晓工程的设计理论，更要具有工匠的实践能力。

工科院校是培养工程师的摇篮，为此，住房城乡建设部颁布了《高等学校土木工程本科指导性专业规范》，将"土木工程相关方向的检测技术"列为核心实践单元和知识技能点，将"岩土原位测试和现场监测技术"列为地下工程方向的知识单元。因此，对土木工程专业的学生来说，"岩土工程的测试与安全监测"是一门很重要的专业课程。

本教材依据专业规范和教育部卓越工程师培养计划编写，特色如下：

（1）内容全面实用。鉴于专业规范中给出的课时有限，本书有效整合了岩土工程现场测试与监测的常用内容。测试方面选取了建筑工程中应用较多的桩基工程的静、动检测，原位测试则选取了工程勘察中常用的6种类型。对监测部分，考虑各类工程监测仪器具有通用性，故专门介绍监测仪器及其原理，便于查阅。然后精选具有代表性的软土地基、基坑支护、地铁隧道等常见工程，讲解其监测方法和安全控制标准。这些测试和监测内容应用广泛，学生可在较短时间内掌握岩土的现场测试和操作知识，完成岗前知识培训。

（2）知识点精心编排与论述。编者依据自己二十余年岩土测试工作经验和十余年教学经验，结合本课程特点、学习要求和将来工作需求，对该领域的相关知识点进行了认真梳理，摒弃冗赘的理论推导，重点着墨于测试原理、试验方法与操作要点、工程应用等方面。

（3）体现最新规范和行业发展现状。书中各部分内容均依据最新的国家规范来编写，对规范未涉之处则采用行业或地方标准来补充，同时参考了一些论著的最新研究成果，以及编者对测试和监测的研究与认识。教材中的操作方法和监控指标可直接用于评判实际工程，学以致用。

（4）强调案例教学。岩土测试和监测是一门实践操作性很强的课程，为了更好地体现知识的应用性，每个测试和监测都介绍一个工程案例，避免测试和监测方法教条式的讲解，将知识点融入实际工程中，加深对测试的理解和认识，增加学习兴趣。

（5）编制了课后习题。习题根据每章应知应会知识要点而设计，针对性强，不仅便于复习要点，而且有助于读者将来参加注册土木工程师（岩土）考试。

（6）本书通过二维码提供配套数字资源，主要为相关图片、视频，便于学生理解相关内容。

本教材由浙江理工大学何开胜编著，吴大志、余璐参与了第九章、第十章部分内容编写，研究生陈泽虎负责了绘图、校对以及编排工作。本书是浙江理工大学规划教材，得到了浙江理工大学教材出版基金的资助。

编写过程中引用了很多参考文献，详见书后所列，谨向原作者表示感谢。限于编者的水平，书中难免有不妥和错误之处，恳请读者批评指正。

编　者

目　　录

第一章　绪　　论

第一节　内容简介

岩土工程有三个特点：

（1）研究对象具有不确定性。岩土工程依赖于天然岩土材料，这些材料及其组织分布都是自然形成的，只能通过勘察部分查明。

（2）计算参数的不确定性。这是岩土体测试方法的多样性和测试数据的离散性所致。

（3）岩土工程设计理论的不严密性。岩土工程是力学和地质学的结合体，强调定量分析和定性经验相结合，需要综合这些才能做出判断。

岩土工程的这些特点，使其在取样测试、质量检测和安全控制上均与结构工程有很大的不同，这大大增加了工程难度和不确定性。

首先，岩土的室内试验仅依据现场钻孔取得的少量小试样，代表性较差。所取土样受扰动影响，对砂卵石还无法取样，试验人员的操作水平对试验结果影响较大。因而促使人们转而注重发展土的原位测试技术。原位测试是在工程场地的原位应力条件下对土体进行测试，测试结果具有较好的可靠性及代表性。

其次，基桩检测是大型建（构）筑物的主要检测项目，应用非常广泛，因此列入本教材。

最后，岩土层和参数的不确定性，加之设计理论带有的经验因素，使工程施工过程中出险程度大增。岩土工程安全监测就是伴随着大量工程建设的需要而逐步发展起来的，并成为保障工程安全的最后一个手段。大规模工程建设，给岩土工程安全监测提供了巨大的市场需求。现代电子通信技术的发展极大地提高了监测仪器的性能和数据采集质量。如今，岩土工程监测与水利、地质、结构、水利水电、道桥、隧道、采矿、港口航道等许多专业紧密相关，不仅是安全保障所需，更是担当了完善和发展设计理论的任务。

综上所述，本教材重点介绍了岩土工程测试中的三个部分：

（1）原位测试。内容包括地基载荷试验、静力触探试验、圆锥动力触探试验、标准贯入试验、十字板剪切试验和旁压试验。

（2）基桩检测。内容包括静载试验（压、拔、水平）、Osterberg 试桩法、低应变检测和高应变检测。

（3）安全监测。内容包括岩土工程监测常用仪器、软土地基预压加固监测、基坑工程监测、地铁隧道工程监测。

第二节　土工原位测试

一、原位测试与室内试验的比较

室内试验的发展历史比较悠久，试验的应力、应变及排水边界条件比较明确，可以控制，测得的物理力学性能指标已取得大量的使用经验。但是，天然地层是很复杂的，室内试验依据少量小试样，可能会漏掉对工程成败起重要作用的夹层，所得成果代表性较差，不能完全反映土层的真实情况。此外，土样有扰动，试验费时费事，有些土层（如砂、卵石等粗粒土）取土非常困难。这些缺点促使人们转而注重发展土的原位测试技术。

原位测试最大特点是在原位应力条件下进行试验，不用取样，避免或减轻了对土样的扰动程度，测定土体的范围大，能反映微观、宏观结构对土性的影响，有些测试方法通过连续测试还能获取土层的完整剖面。原位测试的最大缺点是只能测定天然应力状态下的参数，有些测试技术还不能测得加荷、卸荷条件下参数的变化，排水条件也不明确。

可见，原位测试与室内土工试验的优缺点是互补的，它们是相辅相成的。目前国内外总的趋势是以原位测试技术摸清土层分布及各土层特性的变化情况，在此基础上再钻取少量质量优良的土样进行室内试验，为设计提供两套设计指标。

这里要指出的是，由于两种测试方法的边界条件是不完全相同的，因此即使是测定同一土的指标，也不可能相等，只能是相当的，但其在土层内的变化规律应该是一致的。例如，十字板试验测得的十字板强度与室内不排水抗剪强度相当，都代表土的天然强度，但是由于扰动程度不同，应力状态不同，因此十字板强度往往会较高。在固结系数方面，由孔压静力触探测得的固结系数会比室内试验大几倍，甚至 1～2 个数量级，这是由于受力条件及排水边界的差异而造成的。

在进行原位试验时，应配合钻探取样进行室内土工试验，两者相互检验，相互印证，以此建立统计经验公式。在美国，有人主张，当室内与现场原位测试结果有很大差异时，应更多考虑原位测试所揭示出的土特征参数，由此选取适宜的土性指标。

二、常用的原位测试方法及其适用性

目前国际上常用的原位测试方法主要有：载荷试验（平板载荷试验及螺旋板载荷试验）、静力触探、孔压静力触探、圆锥动力触探、标准贯入试验、十字板剪切试验、旁压试验及波速试验等。

在选择原位测试方法时，应根据岩土条件、测试方法的适用性、设计对参数的要求以及该地区对此方法的使用经验等情况来确定。

原位测试可提供几大类土的特性参数，按其成熟的程度，依序描述如下：

1. 土类的判别及分层

静力触探可判定土类，孔压静力触探可较准确的判定土类并分层，分辨出薄的夹层。

2. 强度特性参数

（1）十字板剪切试验。可测定饱和软黏土及一般黏性土的天然强度，但不适用于粉土或细砂土。

（2）载荷试验。可判定黏性土的不排水强度，属半理论半经验的方法。

（3）动力触探、静力触探及孔压静力触探。可由经验关系间接评定强度指标。

3. 固结特性

（1）孔压静力触探。可测定水平向固结系数。

（2）自钻旁压试验。可测定固结系数。

4. 变形特性

（1）载荷试验。测定荷载板影响范围内的不排水变形模量及砂土的变形模量。

（2）剪切波速试验。测定小应变（10^{-5}）的剪切模量，仅限于水平层的场地。

（3）自钻旁压试验。测定土的水平向剪切模量。

5. 承载力

主要用载荷试验及旁压试验来测定。

6. 液化判别

标准贯入试验已积累了较多的使用经验，国内外普遍采用此法。孔压静力触探试验也可用于液化判别。

对某一项岩土参数，会有几种原位测试方法可供选择。还须注意的是，有些原位测试土参数是建立在统计的经验基础上，有很强的地区性和土类的局限性。

表 1-1 给出的原位测试方法和适用范围，可供选择时参考。

原位测试方法和适用范围　　表 1-1

适用范围 / 测试方法	适用土类							岩土参数											
	岩石	碎石土	砂土	粉土	黏性土	填土	软土	鉴别土类	剖面分层	物理状态	强度参数	模量	渗透系数	固结特征	孔隙水压力	侧压力系数	超固结比	承载力	判别液化
平板载荷试验(PLT)	○	√	√	√	√	√	√				○	√					○	√	
螺旋板载荷试验(SPLT)			√	√	√		○				○	√					○	√	
静力触探(CPT)			○	√	√	○	√	○	○	○	√							○	√
孔压静力触探(CPTU)			○	√	√	○	√	√	√	○	√		○	○	○		○	○	√
圆锥动力触探(DPT)		√	√	○	○	○	○		○	○								○	
标准贯入试验(SPT)			√	○	○			√	○	○	○	○						○	√
十字板剪切试验(VST)					√		√				√								
预钻式旁压试验(PMT)	○	○	○	○	√	○					○	√							
自钻式旁压试验(SBPMT)			○	√	√		√	○	○	○	○	√		√	√	√	○	√	○
波速试验(WVT)	○	○	○	○	○	○	○				√								

注：√为很适用；○为适用。

第三节　桩基工程检测

桩基是土木工程最常用的基础形式，其质量的好坏直接影响到整个建筑物的安危。桩基工程检测的目的有两个：①通过现场试桩为桩基设计提供合理的参数；②通过工程桩抽样检测，检验工程桩施工质量是否合格。

基桩检测分为静载荷试验与动力测试两大类。表 1-2 给出了我国基桩不同检测方法所能检测的内容。

本教材主要介绍基桩检测的四个内容：静载试验（压、拔、水平）、Osterberg 试桩法、基桩低应变检测、基桩高应变检测。

基桩静载试验是采用静力加荷重的办法确定其承载力、检验桩身质量，它是最直观、最可靠的基桩检测方法。但随着建（构）筑物规模不断增大，加载吨位越来越高，甚至达到

基桩检测方法与检测内容 表 1-2

检测方法 \ 检测内容		桩身材质	基桩完整性	基桩承载力
静载荷试验法		○	○	√
低应变动测法	机械阻抗法	○	√	
	反射波法	○	√	○
	动力参数法		√	○
高应变动测法	锤击贯入法		○	√
	Case 法		○	√
	Smith 波动方程法		○	√
钻探取芯法		√	○	
混凝土强度试验		√		
超声波透射检测法		√	○	
Osterberg 试桩				√
静动试桩法				√

注：√为能检测；○为能检测，但有限制条件。

30000kN 以上。对于如此大吨位试桩，不仅测试费用高、难度大，还存在试验现场的安全问题。因此，研究人员发明了在桩底或下部埋设千斤顶和传感器进行载荷试验的方法，称之为 Osterberg 试桩法。东南大学土木学院对其进行了深入研究和推广应用，称之为“自平衡试桩法”。

为了增加检测数量，降低检测费用，出现了基桩动力测试法。按照测试时桩身和桩周土产生相对位移的大小，分为低应变法和高应变法。这种测试费用低廉、速度较快，尤其是低应变法，通常 100%检测全部工程桩。

第四节 岩土工程安全监测

一、监测的必要性

由于土体材料及分布的不均匀性，与岩土接触的构筑物在各种力的作用和自然因素的影响下，其工作性态和安全状况随时都在变化。如果出现异常而未及时发现和控制，任由险情发展，后果非常严重。历史上发生过堤坝溃决失事形成的巨大灾难，而这些工程均未设置必要的观测设施。如果事先进行必要监测，及时发现问题，采取有效的措施，则可避免灾难的发生。1985 年长江三峡的新滩发生大滑坡，2000 万 m^3 堆积体连同新滩古镇一并滑入长江，但由于进行了安全监测，滑坡前已做出了准确的预报，居民全部提前撤出，无一伤亡。

岩土工程的地质地形条件复杂多变，要在工程设计阶段准确无误地预测工程的基本状况及其在施工、运行过程中的变化，目前几乎是不可能的。因此，岩土工程的安全不仅取决于合理的设计，还取决于贯穿在设计、施工和运行全程的原型监测。

二、监测目的

岩土工程监测的主要目的如下：

（1）通过对岩土体的变形和受力情况进行实时监测，随时发现潜在的危险先兆，判断工程的安全性，采取必要的工程措施，防止事故的发生；

（2）通过监测数据指导现场施工，评价施工方案和方法的适用性，优化施工方案；

（3）验证岩土勘察资料，校核设计理论，判断设计参数选择的合理性并进行优化；

（4）通过监测数据，验证和发展岩土工程设计理论，为以后工程设计、施工及规范修订积累经验和提供依据。

三、监测内容和方法

岩土工程监测内容主要依据所在区域的岩土性质、建筑物的形式和重要性来确定。通常应包括如下监测内容：

1. 建筑物和场地周边的变形

如地表沉降，深层土的沉降和水平位移等。通常选择有代表性的监测点，用高精度的水准仪观测沉降，用交会或控制导线观测地表水平位移，用沉降仪观测深部土层的分层沉降，用测斜仪观测深层土水平位移。

2. 结构和岩土应力

如基底压力，构件的钢筋应力或应变，锚杆拉力，支撑轴力等。在结构杆件钢筋上串接钢筋应力计或应变计测量钢筋应力或应变，用柱式测力传感器测量锚固结构的拉力和支撑轴力，用埋设的土压力计测量土压力。

3. 孔隙水压力和地下水位

如加荷与施工期软土中的孔隙水压力变化，地下水的动态。用水位计监测地下水位，用孔隙水压力计监测饱和地基土中的孔隙水压力。

4. 相邻建筑物的沉降和倾斜

如基坑或隧道开挖时邻近建筑和地下管线的沉降与位移。除常规水准仪和全站仪测量方法外，对重点监测的建筑物设置电子倾角仪和连通管形变监测仪，它们都可以安置多个探头，自动连续地监测。

四、监测设计和实施方案

1. 确定观测项目

根据工程类型与复杂程度，工程所在地形、地质条件、施工方法，工程的使用寿命及工程破坏造成的生命财产损失大小等因素，综合确定观测项目。

2. 测点布置

测点布置应有针对性与代表性，应能了解整个工程的全貌，又能详细掌握工程重要部位及薄弱环节的变化状况。一般选择一个或几个最重要的断面，重点、全面地布置观测仪器，在可能出现最大、最小测值、平均测值的部位布置测点。

3. 选择观测仪器类型

根据工程的等级、规模、重要性等，对不同的仪器方案进行经济评价，明确各观测项目使用的仪器类型、型号、量程、精度、灵敏度、使用寿命等。各种仪器均应能满足准确可靠、经久耐用及长期稳定等基本要求。

4. 仪器埋设和安装

按有关监测规范，结合工程施工方案确定科学的仪器埋设方案。既要避免仪器埋设对主体工程造成破坏或留下隐患，也要防止主体工程施工对观测仪器的破坏。

监测方案设计时，还应同时进行埋设仪器的沟槽开挖与回填、钻孔与封孔、电缆的走向设计、电缆沟的开挖与回填，仪器及电缆的保护、观测房的设计。

5. 仪器的现场观测

现场观测应按规范、设计及仪器使用说明书要求进行。

要明确各种仪器的测次、观测频率、观测精度。特殊情况下，如快速加载，出现安全隐患趋势时应加密测次。观测时需将测值与前次测值对比，如有异常，立即重测。同时，还应观测水位、温度、降雨及主体工程填筑速度等相关因素。

6. 观测资料的整理分析

先对原始观测数据进行可靠性检验，再计算各物理量测值并绘制有关的观测项目的过程线和分布图。将观测值与同类物理量、理论计算或模型试验结果、监测警戒值及同类工程实测值等比较，判断工程的安全状态。

思 考 题

1. 为什么要进行岩土工程原位测试？主要方法有哪些？其能测出岩土哪些性能指标？
2. 基桩检测目的是什么？检测方法有哪些？
3. 简述岩土工程安全监测目的和主要内容。

第二章　地基载荷试验

第一节　概　　述

载荷试验是在岩土体原位，用一定尺寸的承压板，施加竖向荷载，同时观测承压板沉降，测定岩土体承载力和变形特性。根据承压板的形式和设置深度不同，载荷试验可分为平板载荷试验、螺旋板载荷试验以及基桩载荷试验。其中，平板载荷试验又可分为浅层平板载荷试验和深层平板载荷试验。

平板载荷试验（Plate Loading Test，简称 PLT）是在岩土体原位，用一定尺寸的承压板，施加竖向荷载，同时观测承压板沉降，测定岩土体承载力和变形特性。浅层平板载荷试验适用于浅层地基土；深层平板载荷试验适用于埋深大于或等于 3m 和地下水位以上的地基土。

螺旋板载荷试验（Screw Plate Loading Test，简称 SPLT）是将螺旋板旋入地下预定深度，通过传力杆向螺旋板施加竖向荷载，同时量测螺旋板沉降，测定土的承载力和变形特性。螺旋板载荷试验适用于深层地基土或地下水位以下的地基土。

平板载荷试验可用于：

（1）根据荷载-沉降关系线确定地基土的承载力；

（2）计算土的变形模量；

（3）确定地基土的基床系数；

（4）估算土的不排水抗剪强度。

本章主要讲述地基平板和螺旋板载荷试验。

第二节　平板载荷试验原理和设备

一、基本原理

平板载荷试验的理论依据是假定地基为弹性半无限体，按弹性力学的方法导出表面局部荷载作用下地基土的沉降量计算公式。

布辛纳斯克解出了当竖直集中荷载 P 作用在地表面，引起的地基中任一点 N 处应力。当地基表面作用有局部分布荷载时，可对此应力进行积分求解，进而计算地基土的沉降量。

1949 年，苏联学者推导了刚性承压板下地基沉降的理论公式：

圆形刚性压板：

$$S=\frac{\pi}{4}\frac{1-\mu^2}{E_0}pd \tag{2-1}$$

方形刚性压板：

$$S=\frac{\sqrt{\pi}}{2}\frac{1-\mu^2}{E_0}pB \tag{2-2}$$

式中 p——表面均布荷载（kPa）；

S——压板沉降（mm）；

d——压板直径（m）；

B——压板边长（m）；

μ——泊松比；

E_0——地基土的变形模量（MPa）。

以上公式表明，当地基土确定时，压板的沉降与荷载大小及板的宽度呈正比。

实际试验时，在拟建场地开挖至基础埋深处，整平后放置一定面积的方形或圆形承压板，其上逐级加荷，测定各级荷载下的地基沉降。根据试验得到的荷载-沉降关系曲线，由此确定地基土的承载力，计算地基土的变形模量。

二、试验设备

1. 浅层平板载荷试验设备

平板载荷试验的常用设备主要包括：承压板、加荷系统、反力系统及观测系统，如图2-1所示。

1. 常用载荷试验装置图

（1）加荷系统

加荷稳压系统由承压板、千斤顶、稳压器、油泵、油管等组成。

（2）反力系统

反力系统有堆载式、锚桩式、锚杆式等多种形式。

堆载式反力装置构造简单，适应性强，常用人工装运砂包作为堆载，不需大型起重设备，使用比较广泛，尤其是复合地基承载力检测，但需注意砂包的堆载高度和安全问题。也有使用混凝土预制块作为堆重，可大大减少了堆载时间，但需要运输车辆及吊车，成本较高；使用水箱配重，试验结束后，由于要放水，试验后的排水工作较难处理。

锚桩式反力系统通常由主梁、平台、锚桩等构成。将被测桩四周的4根锚桩，用锚筋与反力架连接起来，当千斤顶顶起反力架，由锚桩提供反力。采用工程桩作为锚桩是最经济的方案，试验过程中需要观测锚桩的上拔量，以免拔断。

锚杆式反力装置一般由千斤顶、地锚、桁架、立柱、分立柱和拉杆等部分组成。该装置小巧轻便、安装简单、成本较低，但存在荷载不易对中的现象，常用于较小型的载荷试验。

（3）观测系统

荷载量测一般采用压力表，并在试验前用测力环或电测压力传感器进行校定。

承压板沉降量过去采用百分表量测，现在多使用电测式位移传感器，精度不应低于±0.01mm。测试时将位移计用磁性表座固定在基准梁上。

液压加载设备和位移量测设备要定期标定。

2. 深层载荷试验设备

对于地下深处和地下水位以下的地层，浅层平板载荷试验已显得无能为力，需用深层载荷试验，有两种方法：一是深层平板载荷试验，另一是螺旋板载荷试验。

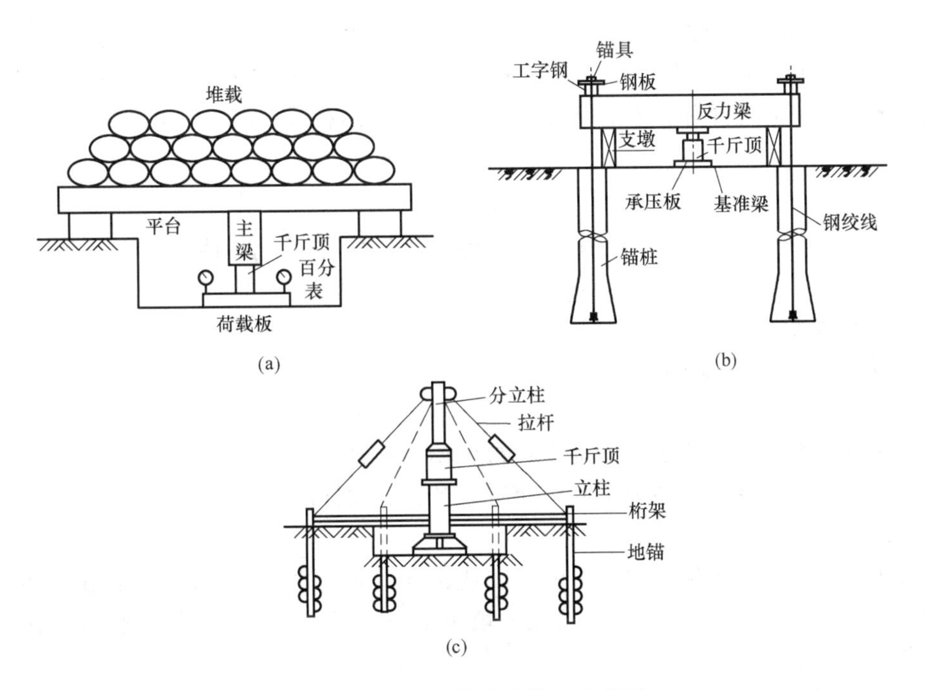

图 2-1 平板载荷试验装置示意图

(a) 堆载式；(b) 锚桩式；(c) 锚杆式

对深层平板载荷试验，目前国内常用的成孔方法有人工挖孔和机械成孔。此试验方法大多用于较重要建筑物地基土持力层、较大孔径基桩和墩底持力层的承载力测试中，试验准备的工作量很大，很难大规模普及。图 2-2（a）为进行 ϕ800mm 桩基桩端持力层的地基承载力深层平板载荷试验示意图，图 2-2（b）为长春工程学院为解决大深度地基承载力测试研制的深层平板载荷试验装置，最大测试深度可达到 100m。

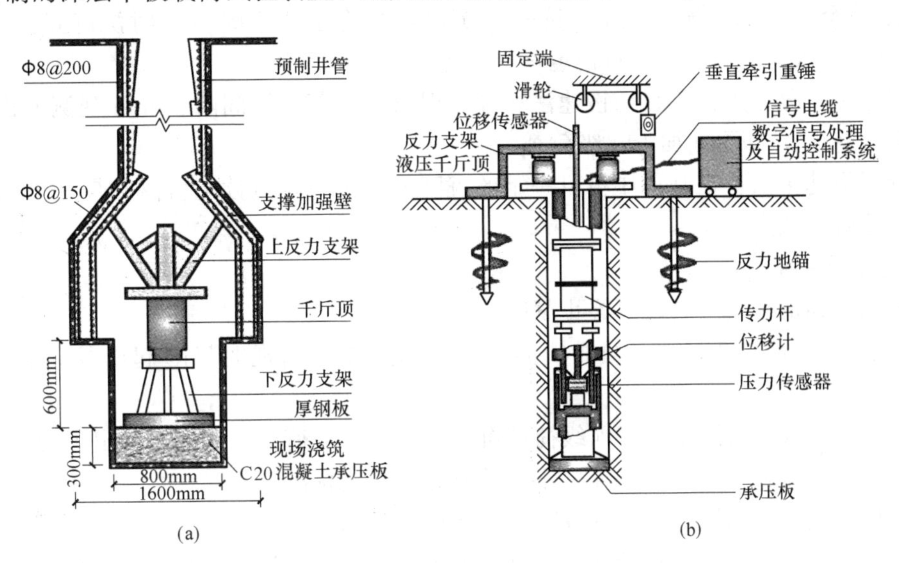

图 2-2 深层平板载荷试验装置

(a) ϕ800mm 桩端持力层地基承载力测试；(b) SP-1 型深层平板载荷试验装置

但是，在钻孔底进行的深层载荷试验，由于孔底土的扰动，板土间的接触难以控制等原因，现基本不再使用。所以，2009 年修订的《岩土工程勘察规范》，专门强调了深层平板载荷试验方法适用于地下水位以上的一般土和硬土，对地下水位以下的地基土要用螺旋板载荷试验。

第三节　平板载荷试验技术要点和操作步骤

一、技术要点

（一）浅层平板载荷试验

1. 试验数量

载荷试验应布置在有代表性的地点，每个场地不宜少于 3 个，当场地内岩土体不均匀时，应适当增加。浅层平板载荷试验应布置在基础底面标高处。

2. 承压板尺寸

宜采用圆形刚性承压板，根据土的软硬选用合适的尺寸；浅层平板载荷试验承压板面积不应小于 $0.25m^2$，对软土和粒径较大的填土不应小于 $0.5m^2$；深层平板载荷试验承压板面积宜为 $0.5m^2$。

3. 加荷方式

应采用分级维持荷载沉降相对稳定法（常规慢速法）。

有地区经验时，可采用分级加荷沉降非稳定法（快速法）或等沉降速率法。

加荷等级宜取 10～12 级，并不应少于 8 级，荷载量测精度不应低于最大荷载的 ±1%。

4. 相对稳定标准

对慢速法，试验对象为土体时，每级荷载施加后，间隔 5、5、10、10、15、15min 测读一次沉降，以后间隔 30min 测读一次沉降，当连读两小时每小时沉降量小于等于 0.1mm 时，可认为沉降已达相对稳定标准，施加下一级荷载。

对快速法，分级加荷等级与慢速法相同，但每一级荷载按间隔 15min 观测一次沉降。每级荷载维持 2h，即可施加下一级荷载。

对等沉降速率法：控制承压板以一定的沉降速率沉降，测读与沉降相应的施加荷载，直到试验达破坏状态。

5. 终止试验条件

当出现下列情况之一时，可终止试验：

（1）承压板周边的土出现明显侧向挤出，周边岩土出现明显隆起或径向裂缝持续发展；

（2）本级荷载的沉降量大于前级荷载沉降量的 5 倍，荷载与沉降曲线出现明显陡降；

（3）在某级荷载下 24h 沉降速率不能达到相对稳定标准；

（4）总沉降量与承压板直径（或宽度）之比超过 0.06。

以上试验方法和技术要求源于《岩土工程勘察规范》GB 50021—2001（2009 年版），主要针对浅层地基土与浅层平板载荷试验。

（二）深层平板载荷试验

对深层平板载荷试验，《建筑地基基础设计规范》GB 50007—2011 作出了较为详细的规定。其试验方法与上文大致相同，局部有所修正。

（1）深层平板载荷试验的承压板。采用直径 0.8m 的刚性板，紧靠承压板周围外侧的土层高度应不少于 80cm。

（2）终止加载条件。沉降 s 急剧增大，荷载-沉降曲线上有可判定极限承载力的陡降段，且沉降量超过 $0.04d$（d 为承压板直径）。

（3）最大加载量。当持力层坚硬，沉降量很小时，最大加载量不小于设计要求的 2 倍。

（三）处理后地基载荷试验

对换填垫层、预压地基、压实地基、夯实地基和注浆加固等处理后地基，承压板应力主要影响范围内土层的承载力和变形参数测定，《建筑地基处理技术规范》JGJ 79—2012 进行了以下细化。

（1）压板面积。按需检验土层厚度确定，且不应小于 $1.0m^2$，对夯实地基，不宜小于 $2.0m^2$。

（2）基准梁及加荷平台支点。宜设在试坑以外，且与承压板边的净距不应小于 2m。

（3）最大加载量。不应小于设计要求的 2 倍。

对复合地基载荷试验，如沉管砂石桩、振冲碎石桩和柱锤冲扩桩复合地基，灰土挤密桩、土挤密桩复合地基，水泥粉煤灰碎石桩或夯实水泥土桩复合地基，水泥土搅拌桩或旋喷桩复合地基，《建筑地基处理技术规范》JGJ 79—2012 均作了详细规定，这里不再赘述。

二、操作步骤

1. 开挖试坑

在有代表性的地点，整平场地，开挖试坑。

浅层平板载荷试验的试坑宽度或直径不应小于承压板宽度或直径的 3 倍；深层平板载荷试验的试井直径应等于承压板直径；当试井直径大于承压板直径时，紧靠承压板周围土的高度不应小于承压板直径。试验前应保持试坑土层的天然状态。

2. 设备安装

参照图 2-1（a）、（b），具体步骤及要求如下：

（1）安装承压板。安装前应整平试坑面，铺设不超过 20mm 的中砂垫层，并用水平尺找平，承压板与试验面平整接触。

（2）安放千斤顶和载荷台架或锚桩加荷反力构架，其中心应与承压板中心一致。当调整反力构架时，应避免对承压板施加压力。

（3）安装沉降观测装置。基准梁的支架固定点应设在不受土体加荷变形影响的位置上，沉降观测点应对称放置。

3. 荷载施加

一般按等量分级施加，保持静力条件并沿承压板中心传递。每级加载下的压力要保持稳定，对地基沉降等引起压力降低的部位要随时补压。

每级荷载增量。一般取预估试验土层极限压力的 1/8～1/10。当不易预估其极限压力时，可按《土工试验规程》SL 237—1999 所列增量选用（表 2-1）。

荷载增量表　　表 2-1

试验土层特征	荷载增量(kPa)
淤泥、流塑状黏质土、饱和或松散的粉细砂	≤15
软塑状黏质土、疏松的黄土、稍密的粉细砂	15～25
可塑～硬塑状黏质土、一般黄土、中密～密实的粉细砂	25～100
坚硬的黏质土、中粗砂，碎石类土、软质岩石	50～200

4. 稳定标准

一般采用相对稳定法，即每施加一级荷载，待沉降速率达到相对稳定后再加下一级荷载。

5. 沉降观测

应按时、准确。

6. 终止试验

一般进行至试验土层达到破坏。当出现终止试验条件时，方可终止。

7. 回弹观测

当需要卸载观测回弹时，每级卸载量可为加载增量的 2 倍，历时 1h，每隔 15min 观测一次。荷载安全卸除后继续观测 3h。

三、影响因素

平板载荷试验直观简单，成果比较可靠，但费时费力。应用时，需特别注意其局限性，测试成果的主要影响因素有以下几个方面。

1. 承压板尺寸

不同的承压板尺寸对试验土层的沉降量和极限压力值均有一定影响。如承压板的尺寸比实际基础小，在刚性板边缘产生塑性区的开展，更易造成地基的破坏，使预估的承载力偏低。此外，小尺寸刚性承压板下土中的应力状态很复杂，由此推求的变形模量只能是近似的。

苏联、美国和我国均采用不同尺寸的承压板做载荷测试研究。结果均表明，在不超过直线变形阶段的荷载作用下，当承压板边长或直径（B）小于某值时，沉降量与 B 成反比；当 B 大于某值时，沉降量与 B 呈正比。我国冶金部勘察系统测试表明，对圆形承压板，此直径为 30cm；对方形承压板，此边长为 50cm。

一般基础宽度均超过 30cm，因此承压板不宜过小。但承压板面积过大，施加的总荷载随之增大，测试难度增加。因此，国内外将 1000cm^2 承压板面积作为下限。通常，采用面积为 1000～5000cm^2 的承压板进行试验，所获得的成果是可靠的。

2. 沉降稳定标准

每级压力下的沉降稳定标准不同，则所观测的沉降量及所得出的 p-S 曲线和变形模量等也不相同。为了消除这种影响，就要统一稳定标准。在载荷试验中，广泛应用的是相对稳定法，即每施加一级荷载，待沉降速率达到相对稳定后再加下一级荷载。

考虑试验的加荷速率较实际工程快得多，对透水性较差的软黏土，确定的参数也有大的差异。有的规程在规定相对稳定标准的同时，还提出了在不同土层中观测时间的附加规定。如每级荷载下的观测时间，对软黏性土，应不少于 24h；对一般黏性土，不少于 8h；

对碎石土、砂土、老黏性土，不少于 4h。如果按上述标准做一个载荷试验，所需时间，少则 2d，多则 10d 以上。试验周期长是载荷试验的主要缺点，为了改变这种状况，对可塑至坚硬状态的黏性土、砂类土、碎石类土可采用快速法，即自每级加荷操作历时（按经验估算）的一半开始，每隔 15min 观测一次，每级荷载保持 2h，再把成果进行外推计算，用于评价地基的容许承载力。

3. 承压板埋深

承压板埋深应与基础埋深一致，这样求出的地基容许承载力等才比较符合实际。根据土力学基础埋深原理，埋深越浅，p-S 曲线的比例界限值越小。如埋深过大，会增加试验困难。

载荷板试验大多是在地表进行的，没有埋置深度所存在的超载，会降低承载力。

随着高层建筑与深基础工程的日益增多，浅层平板静力载荷测试逐渐显得“无能为力”，而改用钻孔平板载荷测试或螺旋板载荷测试。

4. 试验的影响深度

载荷试验的影响深度一般为 1.5～2 倍承压板宽度（或直径），故只能了解地表浅层地基土的特性。

第四节　平板载荷试验资料整理和成果应用

一、资料整理

根据载荷试验加载和沉降观测数据，绘制荷载 p 与沉降 S 的关系曲线，必要时绘制各级荷载下沉降 S 与时间 t 或时间对数 $\lg t$ 的曲线。

典型的 p-S 曲线如图 2-3 所示，可分为三段：

1. 直线变形阶段：当压力低于比例极限压力 p_y 时，土体以压缩变形为主，p-S 呈直线关系。

2. 剪切阶段：当压力超过 p_y，但低于极限压力 p_u时，压缩变形所占比例逐渐减少，而剪切变形逐渐增加，p-S 线由直线变为曲线。

3. 破坏阶段：当压力大于 p_u时，沉降急剧增大。

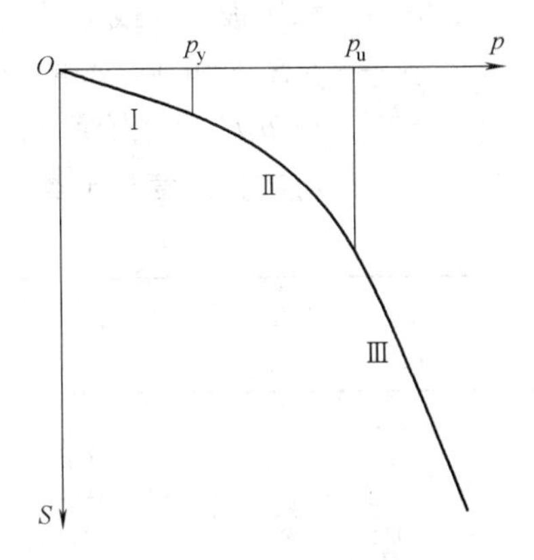

图 2-3　典型的 p-S 曲线

资料整理的目的就是要确定 p-S 线的特征点 p_y及 p_u。当 p-S 线上有明显的直线段时，以直线的终点（第一拐点）为 p_y；当直线段不明显时，可变换坐标，改做 $\lg p$-$\lg S$ 等曲线，以拐点对应的荷载为 p_y。对圆滑型 p-S 线则不存在 p_y点。当载荷试验加荷至破坏荷载，则以破坏荷载的前一级荷载为 p_u。

二、成果应用

1. 承载力特征值

《岩土工程勘察规范》GB 50021—2001（2009 年版）没有给出承载力特征值的确定细则，只是提出应根据 p-S 曲线拐点，必要时结合 S-$\lg t$ 曲线特征，确定比例界限压力和极限压力。当 p-S 呈缓变曲线时，可取对应于某一相对沉降值（即 S/d，d 为承压板直径）

的压力评定地基土承载力。

《建筑地基基础设计规范》GB 50007—2011 给出的承载力特征值取值方法为：

① 当 p-S 曲线上有比例界限时，取该比例界限所对应的荷载值；

② 当极限荷载小于对应比例界限的荷载值的 2 倍时，取极限荷载值的一半；

③ 当不能按上述要求确定时，当压板面积为 0.25～0.50m^2 时，可取 S/b=0.01～0.015 所对应的荷载，但其值不应大于最大加载量的一半。

要求同一土层参加统计的试验点不应少于三点，各试验实测值的极差不得超过其平均值的 30%，取此平均值作为该土层的地基承载力特征值。

对处理后的地基承载力特征值确定，《建筑地基处理技术规范》JGJ 79—2012 规定，当不能按上述①②要求确定时，可取 S/b=0.01 所对应的荷载，但其值不应大于最大加载量的一半（承压板的宽度或直径大于 2 m 时，按 2m 计算）。

2. 地基土变形模量

浅层平板载荷试验的变形模量 E_0（kPa），可按下式计算：

$$E_0=I_0(1-\mu^2)=\frac{pd}{S} \tag{2-3}$$

深层平板载荷试验和螺旋板载荷试验的变形模量 E_0（MPa），可按下式计算：

$$E_0=\omega\frac{pd}{S} \tag{2-4}$$

式中 I_0——刚性承压板的形状系数，圆形承压板取 0.785；方形承压板取 0.886；

μ——土的泊松比（碎石土取 0.27，砂土取 0.30，粉土取 0.35，粉质黏土取 0.38，黏土取 0.42）；

d——承压板直径或边长（m）；

p——p-S 曲线线性段的压力（kPa）；

S——与 p 对应的沉降（mm）；

ω——与试验深度和土类有关的系数，可按表 2-2 选用。

深层载荷试验计算系数 **表 2-2**

土类 / d/z	碎石土	砂土	粉土	粉质黏土	黏土
0.30	0.477	0.489	0.491	0.515	0.524
0.25	0.469	0.480	0.482	0.506	0.514
0.20	0.460	0.471	0.474	0.497	0.505
0.15	0.444	0.454	0.457	0.479	0.487
0.10	0.435	0.446	0.448	0.470	0.478
0.05	0.427	0.437	0.439	0.461	0.468
0.01	0.418	0.429	0.431	0.452	0.459

注：d/z 为承压板直径和承压板底面深度之比。

3. 基准基床系数

基准基床系数 K_v 可根据承压板边长为 30cm 的平板载荷试验，按下式计算：

$$K_v=\frac{p}{S} \tag{2-5}$$

4. 地基土的不排水抗剪强度

用快速载荷试验（相当于不排水条件）的极限荷载 p_u，可估算饱和黏性土的不排水抗剪强度 C_u。

$$C_u = \frac{p_u - p_0}{N_c} \tag{2-6}$$

式中 p_u——快速荷载试验所得的极限荷载（kPa）；

p_0——承压板周边外的超载或土的自重应力（kPa）；

N_c——对方形或圆形承压板，当周边无超载时，$N_c=6.15$；当承压板埋深大于或等于 4 倍板径或边长时，$N_c=9.25$；当承压板埋深小于 4 倍板径或边长时，N_c由线性内插确定；

C_u——不排水抗剪强度（kPa）。

第五节　螺旋板载荷试验

一、概述

平板载荷试验只能确定浅层地基的承载力，无法解决深基础的承载力问题。

1973 年，挪威 Janbu 等人研制出螺旋板载荷试验。该试验是一种在不同深度处的原位应力条件下进行的载荷试验，将螺旋形的承压板旋入地面以下预定的试验深度处，用千斤顶通过传力杆对螺旋板施加荷载，由位于螺旋板上端的传感器测定压力，并用百分表观测承压板的位移。

螺旋板载荷试验装置由螺旋承压板、加荷装置、位移观测装置组成，如图 2-4 所示，最大试验深度已达 30m。

二、技术要求

1. 承压板应有足够刚度，加工准确。一般板头面积为 100、200、500cm²（相应半径为 113、160、252mm）。

2. 为减小螺旋板对土的扰动，应保证：①选择适当的轴径（$2c$）、板径（$2a$）、螺距（$2b$）及板厚（t），使 $c/a=0.125$，$b/a=0.25$，$t/a=0.02$；②螺旋板头的旋入进尺与螺距一致；③螺旋板与土接触面加工光滑。

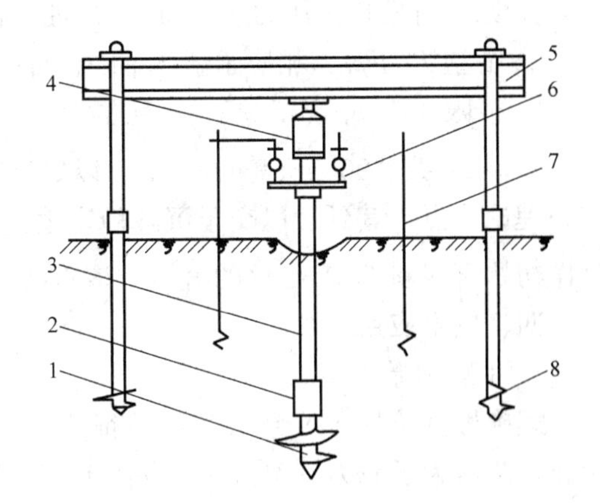

图 2-4　螺旋板载荷试验装置示意图
1—螺旋承压板；2—测力传感器；3—传力杆；4—油压千斤顶；5—反力钢梁；6—位移计；7—位移固定锚；8—反力地锚

3. 加荷方式与平板载荷试验一样，有慢速法、快速法和等沉降速率法（沉降速率为 0.5～2mm/min）。

4. 试验加荷等级、试验结束条件与平板载荷试验相同。

5. 加荷时沉降观测。应力控制式加荷沉降观测的时间顺序宜采用 0.10、0.25、1.00、2.25、4.00min 等按$\sqrt{t}$读取，直至沉降基本稳定，再加下一级荷载，该时间顺序用于绘制$\sqrt{t}$-S 曲线；应变控制式加荷沉降观测每隔 30s 等间距读取 1 次，试验至土体破坏。

6. 土体破坏后，卸除加载和位移观测装置，再将螺旋承压板旋钻至下一个预定的试验深度，按前述规定进行试验。

7. 在同一试验孔内，在垂直方向的试验点间距一般应大于等于 1m，可结合土层变化和均匀性布置。

三、资料整理

试验后应绘 p-S 图及 S-$\sqrt{t}$图。

p-S 典型曲线如图 2-5 所示。与平板载荷试验相比，螺旋板载荷试验除临塑压力和极限压力之外，还多一个特征值 p_0，p_0 为试验深度处的原位有效自重压力。

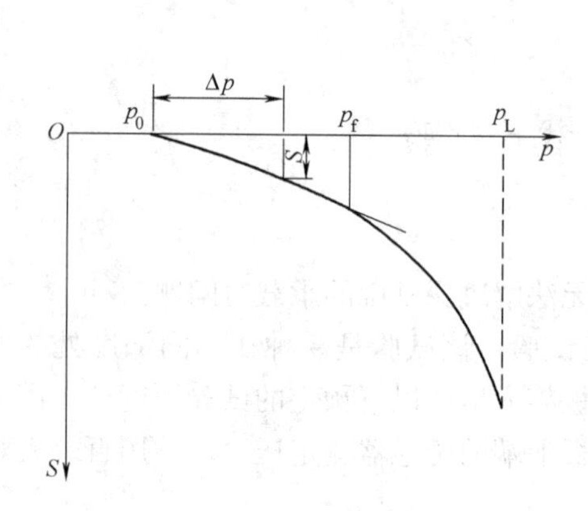

图 2-5　p-S 曲线

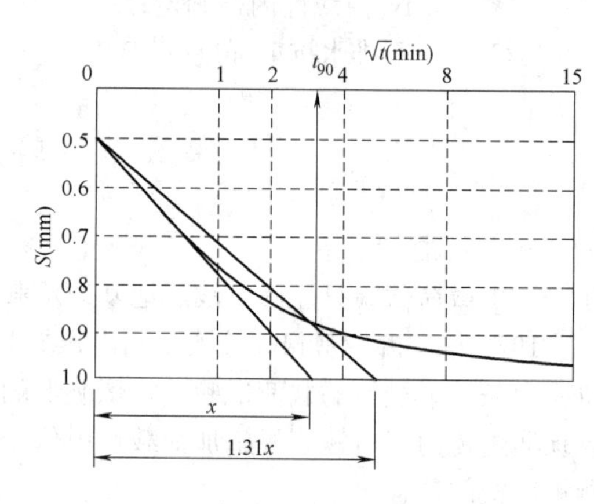

图 2-6　S-$\sqrt{t}$曲线

特征值的确定：

1. 原位有效自重压力 p_0：取 p-S 曲线的直线段与 p 轴的交点作为 p_0 值。

2. 临塑压力 p_f：相应于 p-S 曲线的直线段终点的压力。

3. 极限压力 p_L：相应于 p-S 曲线末尾直线段起点的压力。

4. 固结度达 90%所需时间 t_{90}：以 S-$\sqrt{t}$曲线初始直线段与沉降坐标（纵坐标）的交点作为理论零点，其延长段交于沉降稳定值的渐近线（横坐标）上，如图 2-6 所示的 x 段，再作初始直线斜率 1.31 倍的直线，该直线与 S-$\sqrt{t}$曲线的交点所对应的时间为 t_{90}。

四、成果应用

1. 承载力基本值

螺旋板试验的 p-S 线有三个特征点：p_0、p_f、p_L。p_f 相当于试验深度处的比例界限荷载，此值为承载力基本值 f_0，p_L 相当于试验深度的极限承载力。考虑 p_f 与 p_L 中已包含有效上覆压力 p_0，故以此 p_f 及 p_L 评定地基土的承载力时，无需作深度修正。

2. 一维压缩模量 E_s

当试验在排水条件下进行时，可按 Janbu 公式推求 E_s。

$$E_s = m p_a \left(\frac{p}{p_a}\right)^{1-a} \tag{2-7}$$

式中　E_s——一维压缩模量（kPa）；

p——施加的压力值，取直线段内任一压力值（kPa）；

p_a——参考压力，一般取 1 个大气压力，即 100kPa；

m——模量系数；

a——应力指数。对正常固结饱和黏土，$a=0$；砂土与粉土，$a=0.5$；超固结饱和黏土，$a=1$。

根据 p-S 曲线可求得模量系数：

$$m=\frac{\Delta p}{p_{\mathrm{a}}}\cdot\frac{d}{S}\cdot N_{\mathrm{s}} \tag{2-8}$$

式中 Δp——承压板上的压力增量，$\Delta p=p-p_0$（kPa）；

p_0——原位有效自重压力（kPa）；

d——螺旋承压板直径（cm）；

S——与 p 对应的承压板沉降量（cm）；

N_{s}——无因次沉降系数，与 p_0 及 Δp 有关，可查图 2-7 得到。

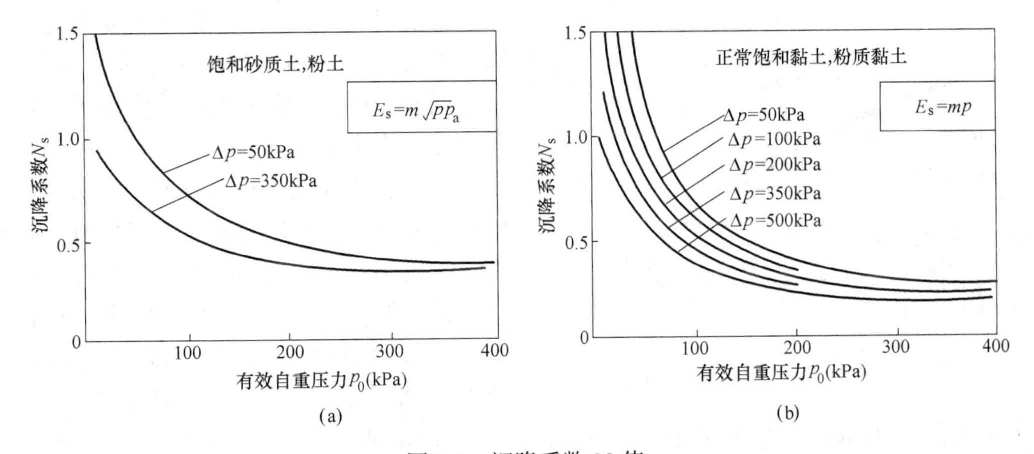

图 2-7 沉降系数 N_{s}值

3. 土的水平向固结系数

Janbu 及 Senneset 根据一维轴对称径向排水的固结理论，提出下式估算径向固结系数 C_{h}。

$$C_{\mathrm{h}}=T_{90}\frac{R^2}{t_{90}}=0.335\frac{R^2}{t_{90}} \tag{2-9}$$

式中 R——螺旋承压板半径（cm）；

t_{90}——根据 p-S 曲线由图解法确定的固结度为 90%所需的时间（s）；

0.335——相应于 90%固结度的时间因素，$t_{90}=0.335$。

第六节 工程案例分析

——浅层平板载荷试验在残积砂质黏性土基中的应用（郑杰圣，2014）

一、工程概况

某拟建工程主楼 17 层，裙楼 4 层，设计一层地下停车场。本次试验为裙楼位置，基坑底面土层为残积砂质黏性土。拟建场地土层情况自上而下为：①素填土：灰、灰黄、灰褐等色，稍湿～湿，呈松散状态，厚度为 1.80～3.40m；②粉质黏土：灰色，灰黄色，稍湿～湿，可塑偏软状态，厚度为 0.50～2.40m；③淤泥：灰色、深灰色等，饱和，流塑，厚度为 1.30～4.60m；④粉质黏土：灰色、肉红色、褐黄色不等，稍湿～湿，可塑偏硬状态，厚度为 0.50～ 6.10m；⑤残积砂质黏性土：灰色、褐黄、灰白等色，呈湿，可塑～硬塑状态，厚度为 1.10～15.30m。

二、试验方法

试验采用堆载法，设备包括 100t 千斤顶 1 个，60MPa 油压表 1 个，50mm 百分表 4 个，方形钢板 1 块，砂袋 2000 个，36a 工字钢：长 3.25m 共 3 根，长 6.5m 共 6 根。

加荷采用慢速维持荷载法。

三、成果分析和结论

根据平板载荷试验结果，绘出 3 个试验点的 p-S 曲线，如图 2-8 所示。

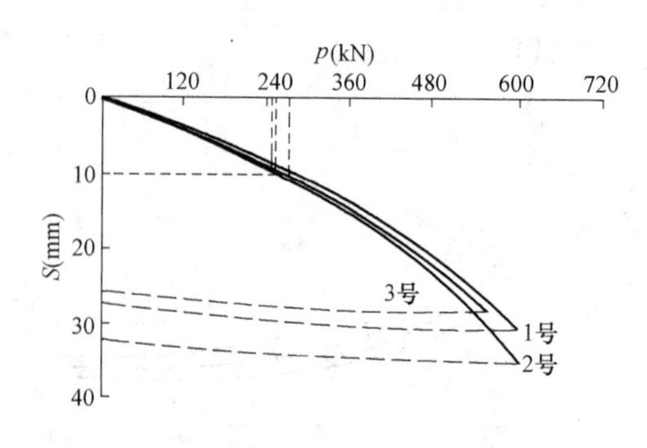

图 2-8　3 个试验点的 p-S 曲线

本工程 1～3 号试验点的每级荷载增量均为 60kN，最大试验荷载均加至 600kN，未出现异常现象，在最大荷载作用下，均未达到规范终止条件。

由于 p-S 曲线没有明显的拐点出现，按相对变形值确定地基土承载力特征值。对于残积砂质黏性土，取 $S=0.01b$ 所对应的荷载压力，但其值不大于最大加载压力的一半。1～3 号试验点地基土承载力特征值分别为 272kPa、251kPa、275kPa，3 个试验点的平均值为 266kPa。数据极差为 25kPa，小于平均值的 30%（79.8kPa）。故本工程残积砂质黏性土的地基承载力特征值为 266kPa。

思　考　题

1. 载荷试验有哪几种类型？说明各自的适用对象。

2. 为什么地基静载荷试验是最直观可靠的地基测试方法？它的主要缺陷是什么？

3. 简述浅层平板载荷试验的技术要点。

4. 在天然地基和复合地基上做载荷试验时，应如何选取压板尺寸？

5. 载荷试验 p-S 曲线分为哪几个阶段？每段特征和对应的土体应力状态是什么？

6. 某建筑场地的地基土为较均匀的硬塑状粉质黏土，现采用面积 0.5m^2 的刚性圆形压板进行测试，所得 3 个试验点在各级荷载作用下的沉降观察数据（见表 2-3）。试绘出 3 个点的 p-S 曲线，并计算该场地的地基承载力特征值。

试验点的荷载-沉降数据　　**表 2-3**

荷载(kPa)	试验点沉降值(mm)		
	1号	2号	3号
0	0	0	0
50	1.27	1.15	1.32

续表

荷载(kPa)	试验点沉降值(mm)		
	1号	2号	3号
100	2.61	2.42	2.66
150	3.84	3.78	3.91
200	5.12	5.09	5.42
250	6.58	6.31	7.03
300	11.78	9.27	12.11
350	19.25	15.33	21.75
400	28.42	25.1	40.44
450	45.31	41.87	—

第三章　静力触探试验

第一节　概　　述

静力触探试验（Cone Penetration Test，简称 CPT）是用静力匀速将标准规格的探头压入土中，同时量测探头阻力，测定土的力学特性，具有勘探和测试双重功能。孔压静力触探试验（Piezocone Penetration Test）除具有静力触探原有功能外，在探头上附加孔隙水压力量测装置，用于量测孔隙水压力增长与消散。

1934 年荷兰首先研制出静力触探仪，该方法又称荷兰贯入试验。起初是采用机械式的，使用内外双层探杆，用交替加压的方法分别测定锥尖阻力和外管摩擦力，现基本不用了。早期的锥头尺寸各异，后来欧洲采用了统一规格的标准探头。

20 世纪 60 年代研制出电测静力触探，锥尖阻力及侧壁摩阻力均采用电量测量。与机械式相比，具有良好的重复性、高精度及连续测读等优点。

静力触探试验是触探类试验的一种类型，除此以外，还有动力触探试验和标准贯入试验。图 3-1 是《土工试验规程》SL 237—1999 列出的各种触探试验适用的土质区间。

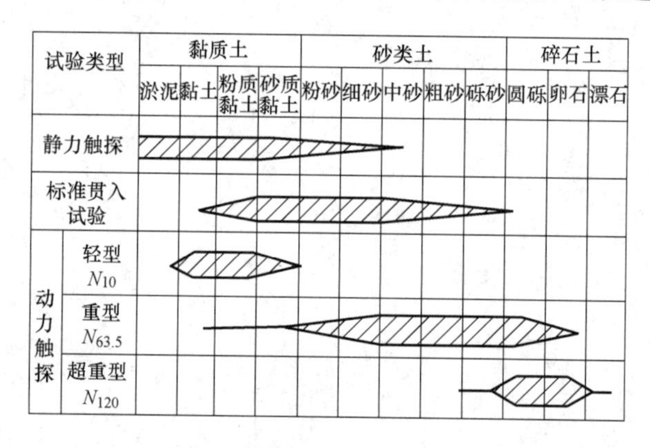

图 3-1　触探试验的适用土层

静力触探试验可用于：

（1）划分土层的界面，土类定名；

（2）测定地基土的物理、力学参数；

（3）确定地基承载力；

（4）确定单桩极限承载力；

（5）评估地基土的液化状态。

20 世纪 80 年代初期，在电测静力触探仪上安装孔隙压力传感器，研制出孔压静力触探仪，提高了测读精度、可靠性，可测试更多的土性参数，使静力触探技术提高到一个新阶段。与静力触探相比，孔压静力触探具有以下主要优点：

（1）能修正所测定的锥尖阻力及侧壁摩阻力；

（2）能改善土类判别及土层柱状图的可靠性，能分辨薄夹层的存在；

（3）能估算土的固结特性及地下水的状态。

第二节　贯入机理和试验设备

一、贯入机理

土的性质的不确定性和复杂性，以及触探时产生的土层大变形等，给静力触探机理的研究带来了很大困难。目前静力触探机理的试验和理论研究，仍处于探索阶段，还不尽人意。现有的理论可归纳为以下几类：

（1）承载力理论

由于 CPT 类似于桩的作用过程，很早就有人尝试借用深基础极限承载力的理论，来求解 CPT 的端阻 q_c，这就是承载力理论。该法把土体作为刚塑性材料，根据边界受力条件给出滑移线场，或根据试验或经验假定滑动面，用应力特征线法或按极限平衡法求出极限承载力。该法得到的 q_c 表达式为：

$$q_c = C_u N_c + \sigma_{v0} N_q \tag{3-1}$$

式中　C_u——土的不排水抗剪强度；

σ_{v0}——上覆压力；

N_c，N_q——承载力系数，依赖于滑动面的选择。

图 3-2 为深层贯入问题分析使用的几种破坏模式（Durgunoglu 和 Mitchell，1975）。

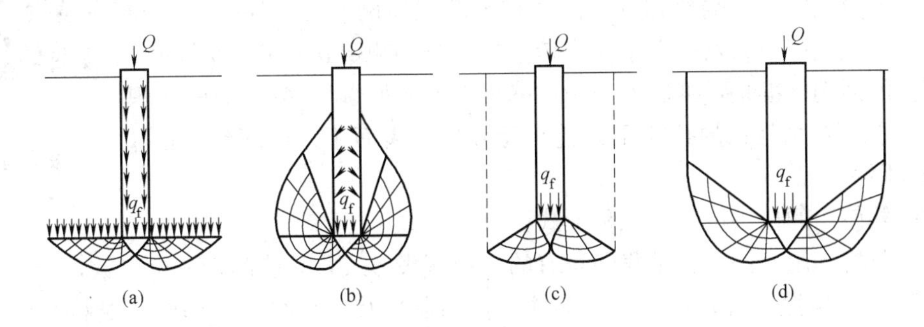

图 3-2　深层贯入的几种破坏模式

（2）孔穴扩张法

孔穴扩张法是源于弹性理论中无限均质各向同性弹性体中圆柱体（或球形孔穴）受均布压力作用问题而形成的观点。

柱（球）穴在均布内压 p 作用下的扩张情况，如图 3-3 所示。当 p 增加时，孔周区域将由弹性状态进入塑性状态。塑性区随 p 值的增加而不断扩大。设孔穴初始半径为 R_f，扩张后的半径为 R_u 及塑性区最大半径为 R_p，相应的孔内压力最终值为 p_u，在半径 R_p 以外的土体仍保持弹性状态。

孔穴扩张法类似于弹塑性力学问题的一般提法，列出三组基本方程（平衡微分方程、几何方程及土本构关系），配以破坏准则及边界条件求解。各研究者获得的解之间的差别

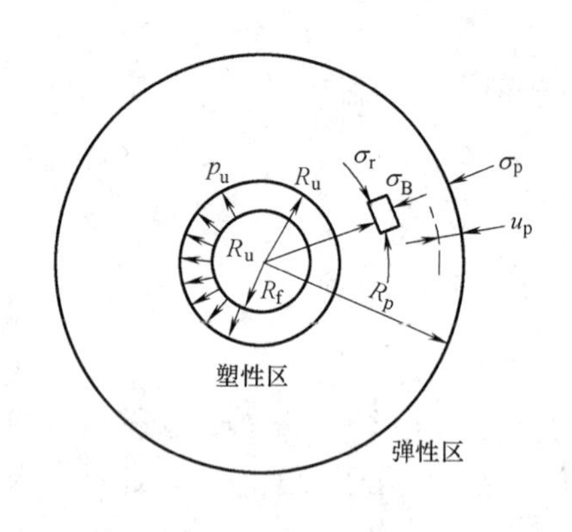

图 3-3　圆孔的扩张

主要在于问题所涉及的变形程度和本构关系的选择。

（3）应变路径法

通过观察探头在饱和软黏土中的不排水贯入，发现深层贯入过程中存在严格的运动限制（探头上覆压力大，周围土体在高应力水平下深度重塑、强制性流动及不排水条件下土体不可压缩等），探头周围土体的应变受土的抗剪性质影响很小，Baligh假设该类问题是由应变控制的。因此，用相对简单的土性（如各向同性）来估算贯入引起的变形和应变差，再采用符合实际情形的本构模型条件，算出近似的应力和孔压。

对于轴对称探头在饱和黏性土中的准静力贯入，可将这类由不排水剪切造成的塑性破坏，看作是定向流动问题，即视探头为静止不动，土颗粒沿探头周围分布的流线向探头贯入的反方向流动。将土体视为无黏性不可压缩流体，通过求解土颗粒绕流探头来估计应变场。

二、试验设备

静力触探试验所用的设备包括探头、贯入装置、反力装置、探杆、量测记录仪器以及探头标定设备。

1. 探头

探头是静力触探仪测量贯入阻力的关键部件，有严格的规格与质量要求。一般分圆锥形的端部和其后的圆柱形摩擦筒两部分。探头内安装锥头阻力、侧壁摩阻力及孔隙水压力传感器，分别测定 q_c、f_s、u 等值。

2. 静力触探试验探头和设备

探头的通用标准是：锥底面积 10cm^2，锥尖夹角 60°，摩擦套筒面积 150cm^2；孔压静力触探的孔隙压力透水元件的下表面距锥底面约 5mm，透水元件厚 3mm。

国内外使用的探头可分为三种形式：

（1）单桥（用）探头。是我国特有的一种探头形式，只能测量一个参数，即比贯入阻力 p_s，其主要由探头管、顶柱、变形柱（传感器）及锥头组成，如图 3-4（a）所示，规格见表 3-1。

（2）双桥（用）探头。它将锥头与摩擦筒分开，使用 2 个传感器（2 个电桥）分别测定锥头阻力 q_c 和侧壁摩阻力 f_s，其结构如图 3-4（b）所示，规格见表 3-2。

（3）孔压静探探头。除测定锥头阻力和侧壁摩阻力外，同时还测定孔隙压力及其消散，其结构如图 3-4（c）所示。

单桥探头规格　　　　**表 3-1**

型　号	锥头直径 d_e (mm)	锥头截面积 A (cm^2)	有效侧壁长度 L (mm)	锥角 α (°)
Ⅰ-1	35.7	10	57	60
Ⅰ-2	43.7	15	70	60

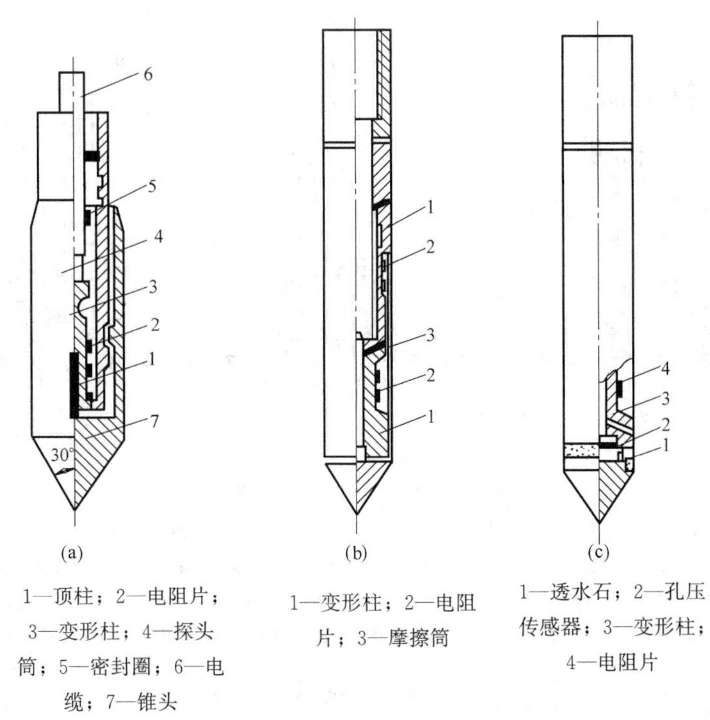

1—顶柱；2—电阻片；3—变形柱；4—探头筒；5—密封圈；6—电缆；7—锥头

1—变形柱；2—电阻片；3—摩擦筒

1—透水石；2—孔压传感器；3—变形柱；4—电阻片

图 3-4　三种静力触探触头

(a) 单桥探头；(b) 双桥探头；(c) 孔压静探探头

双桥探头规格　　**表 3-2**

型号	锥头直径 d_e (mm)	锥头截面积 A (cm^2)	摩擦筒长度 L (mm)	摩擦筒表面积 s (mm)	锥角 α (°)
Ⅱ-1	35.7	10	179	200	60
Ⅱ-2	43.7	15	219	300	60

2. 贯入装置

贯入装置主要为静力触探机，按其加压方式不同可划分为手摇链条式、液压式和电动机械式三种，如图 3-5 所示。

(1) 手摇链条式静力触探机

手摇链条式静力触探机是以手摇方式带动齿轮传动，通过两个 ϕ60mm 的链轮带动链条循环往复移动，将探杆压入土内。手摇链条式设备具有结构轻巧、操作简单、不用交流电、易于安装和搬运等特点，在交通不便的偏远地区，尤显方便，但其贯入能力较小，只有 20～30kN，在软黏性土地区触探深度可超过 20m。图 3-5 (a) 是电测十字板-静力触探两用机。

(2) 液压式静力触探机

液压式静力触探机利用 4～8 个地锚或压重提供反力，用汽油机或电动机带动油泵，通过液压传动使油缸活塞下压或提升，如图 3-5 (b) 所示。此种装置设备较多，液压系统加工精度要求高，有单缸和双缸之分，推力较大，国内使用的油缸总推力达 100～200kN，在软黏性土地区触探深度可达 60m。

(3) 电动机械式静力触探机

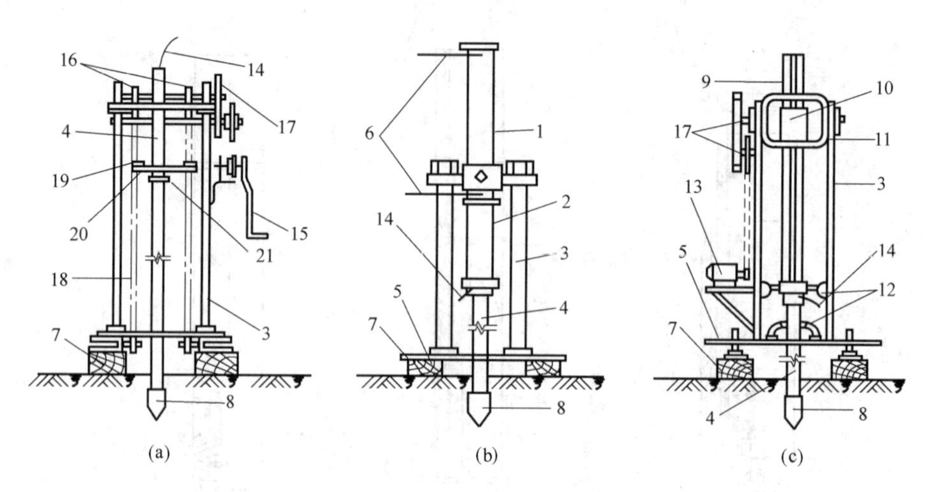

图 3-5　常用的触探主机类型

(a) 手摇链条式；(b) 液压式；(c) 电动机械式

1—活塞杆；2—油缸；3—支架；4—探杆；5—底座；6—高压油管；7—垫木；8—探头；
9—滚珠丝杆；10—滚珠螺母；11—变速箱；12—导向器；13—电功机；14—电缆线；15—摇把；
16—链轮；17—齿轮皮带轮；18—加压链条；19—长轴销；20—山形压板；21—垫压块

电动机械式静力触探机以电动机为动力，通过齿条（或齿轮）传动及减速，使螺杆下压或提升，升降速度达 0.7～0.9m/min，最大压力 40～50kN。当无电源时，也可用人力旋转手轮加压或提升。

将这种设备固定在卡车上就是静力触探车，利用车身自重及载重作为平衡反力，来代替地锚。因其具有搬运、操作方便和工作环境好等优点而受到欢迎。电动机械式静力触探机虽然动力较小，但结构简单，易于加工，在软黏性土地区触探深度一般可达 60m（100kN 静力触探机）。

3. 反力装置

反力装置的作用是不使触探设备上抬。静力触探的反力有三种形式：

（1）地锚。当地表有一层较硬的黏性土覆盖层时，可使用 2～4 个或更多的地锚作反力。锚的长度一般为 1.5m 左右，通常用液压下锚机拧入土中。

（2）压重物。如表层土为砂砾、碎石土等，地锚难以下入，此时只有采用压重物来解决。软土地基贯入 30m 以内的深度，一般需压重 4～5t。

（3）车辆自重。将整个触探设备装在载重汽车上，利用载重汽车的自重作反力，如反力仍不足时，也可以同时使用 2～4 个地锚，增加部分反力。

4. 量测记录仪器

目前我国常用的静力触探测量仪器有电阻应变仪、自动记录仪、静探微机三种类型。

（1）电阻应变仪

手调直读式电阻应变仪（YJD-1 和 YJ-5），所测的应变量以数字显示。该类型的仪器采用浮地测量桥、选通式解调、双积分 A/D 转换等措施，具有仪器精度高，稳定性好，操作简单，携带方便等优点。

过去试验时主要采用此仪器，现在基本不用了，取而代之的是静探微机。

（2）静探微机

静探微机主要由主机、交流适配器、接线盒、深度控制器等组成。该机可外接静力触探单桥、双桥探头和孔压触探探头，以及电测十字板、三轴试验等低速电传感器。

静探微机具有两种采样方式，即按深度和按时间间隔两种。深度间隔的采样方式主要用于静力触探，等时间间隔采样方式可用于电测十字板、三轴试验等，对数式时间间隔采样方式可用于孔隙水压消散试验等。

静探微机能采用人机结合的方法整理资料，能自动计算静力触探分层力学参数和单桩承载力，提供 q_c、f_s、E_s等地基参数，并可送入磁盘永久保存，还可以打印：①率定记录表和曲线；②静力触探记录表；③h-p_s、h-q_c、h-f_s曲线图；④静力触探单孔柱状剖面图及图例表；⑤时间采样数据记录表；⑥静力触探指标汇总表。

随着无线数据传输技术的发展，现在已出现无线的静力触探试验系统，设备包括 CPT 探头、麦克风、深度记录装置、计算机接口箱、笔记本电脑、打印机等。

5. 探头标定设备

标定的目的是测定仪表读数与荷载之间的关系，即标定系数。应分别对圆锥阻力及侧壁摩阻力进行标定。

标定工作应在专门装置上进行，如图 3-6 所示。每次标定的有效使用期应少于 3 个月，如使用过程中出现异常，应及时标定。

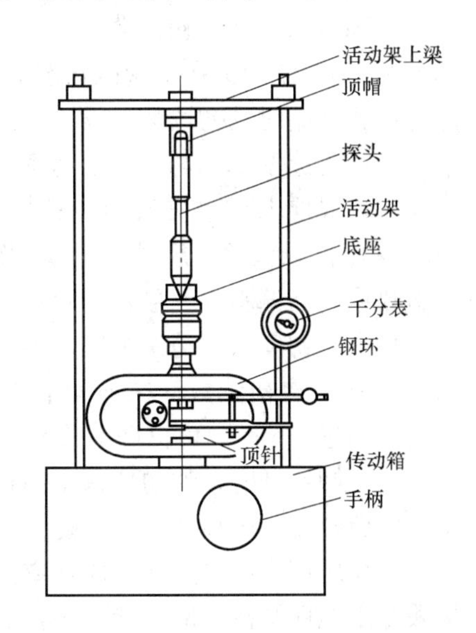

图 3-6　钢环测力式探头标定装置图

标定时应以实际使用的探头、电缆与接收仪器进行标定。只有在确认采用同类型号的仪器及电缆进行互换后所引起标定参数的改变量低于10%，方可调换使用。标定某项传感器时应同时测定它对其他传感器的影响，其影响程度应低于其自身测试值的 0.3%。

对孔压静力触探探头，还要用专用设备对孔压系统进行饱和标定。在勘察期，为保持探头孔压系统始终处于饱和状态，需要经常性标定，探头要每天抽气饱和。所以，使用单位也应配备标定设备。

第三节　试验要点和影响因素

一、试验要点

1. 一般要求

(1) 触探设备的贯入能力及反力装置必须能满足设计深度的要求；

(2) 应根据场地地层的情况和勘察要求，选择合适的探头，即选择合适的灵敏度分级；

(3) 为避免对地基的振动，钻孔相距距离不得小于钻孔直径的 25 倍，或不小于 1.0m。

2. 准备工作

（1）探杆及电缆的准备。备用探杆总长度应大于测试孔深度 2.0m，对探杆要逐根检查试接，顺序放置。测试电缆按探杆连接顺序一次穿齐。

（2）检查探头。核对探头标定记录，调零试压。孔压探头在贯入前应用特制的抽气泵对孔压传感器的应变腔抽气并注入脱气液体（水、硅油或甘油），至应变腔无气泡出现为止。

（3）检查量测仪器的工作完好状态。

（4）检查贯入设备，贯入速率能调控并维持为 1.2 m/min。

（5）主机主座基准面呈水平状态，以保证探头、探杆的垂直度。

（6）对孔压触探试验，在地下水位以上部分应预先开孔，注水后再行贯入，以保持探头孔压系统的饱和。

3. 现场试验和注意事项

（1）确定试验前的初读数。将探头压入地表下 0.5m 左右，经过一定时间后将探头提升 10～25cm，使探头在不受压状态下与地温平衡，待读数漂移稳定后，此时仪器上的读数即为试验开始时的初读数。

（2）贯入速率要求匀速，其速率控制在 1.2±0.3m/min。

（3）一般要求每次贯入 10cm 读 1 次微应变，也可根据土层情况增减，但不能超过 20cm；深度记录误差不超过±1%，当贯入深度超过 30m 或穿过软土层贯入硬土层后，应有测斜数据。当偏斜度明显，应校正土层分层界线。

（4）由于初读数不是一个固定不变的数值，所以每贯入一定深度，要将探头提升 5～10cm，测读 1 次初读数。在地面下 1～6m 内，每贯入 1～2m 提升 1 次，将仪器调零 1 次。孔深超过 6m 后，可根据不归零读数的大小，放宽归零检查的深度间隔。

（5）接卸钻杆时，切勿使入土钻杆转动，以防止接头处电缆被扭断，同时应严防电缆受拉，以免拉断或破坏密封装置。

（6）孔压探头在贯入前，应在室内保证探头应变腔为已排除气泡的液体所饱和，并在现场采取措施保持探头的饱和状态，直至探头进入地下水位以下的土层为止。

（7）孔压触探试验中应连续贯入，不得中间提升探杆，以防止提升时孔底产生的负压破坏孔压系统的饱和。孔压的“采零”应在探头提出地面更换透水元件时进行。

（8）做孔压消散试验时，当停止贯入时，立即锁定探杆并同时启动测量仪器，量测停止贯入后不同时间的孔压值。在孔压消散过程中，不得碰撞探杆。

（9）当贯入到预定深度或出现下列情况之一时，应停止贯入：触探主机达到额定贯入力；探头阻力达到最大容许压力；反力装置失效；发现探杆弯曲已达到不能容许的程度。

二、影响因素

1. 探头及探杆的规格

探头的形状及尺寸是影响测试成果的主要因素。目前，国内外普遍使用的静力触探锥头为圆锥形，顶角 60°，不同的是锥头底面积。国际上建议锥头底面积一般为 $10cm^2$。试验表明 q_c 及 f_s 均随锥头底面积的增大而减小。日本的试验对比显示，用底面积为 $10cm^2$ 和 $20cm^2$ 的锥头测试，最大差值达 8%。此外，还有我国独有的单用探头，测得的比贯入阻力 p_s 包括了 q_c 和 f_s 二项阻力。

侧壁摩擦筒长度增加时，会使 q_c 增大，f_s 减小。

锥头后方侧壁摩擦筒及探杆的外径对圆锥贯入阻力也有一定影响。若摩擦筒和探杆外径比锥头底面直径小，则探头贯入后，在孔壁与探头之间会形成一定的空隙。破坏后的土体能沿空隙向上挤出，使所测贯入阻力值偏小。一般认为，两者的直径不同时，可使锥头阻力值相差 10%～20%。因此，国外普遍使用直径相同的锥头、摩擦筒及探杆。

2. 温度影响

电测静力触探仪量测中，各种贯入阻力的关键部件是各种传感器上的电阻应变片。如果测试中发生不应有的温度变化，会使应变片电阻变化，进而产生零位漂移。

产生温度变化的主要原因有：

（1）地面温度与地下不同深度的温度有差异，在严寒及酷暑季节极为明显；

（2）量测时应变片的通电时间过长，电阻发热；

（3）探头在贯入过程中与土摩擦，产生摩擦热。

为了消除温度变化对测试成果的影响，须在仪器制造和测试方法两方面采取一些措施：用温度补偿电阻或自动温度补偿应变片；野外测试要注意探头保温，测试前将探头压入地下一定深度后稍许提升，待与地温平衡后调零，测试中每贯入一定深度后再将仪器调零 1 次。

3. 孔压探头的饱和问题

用可测孔隙水压力的探头进行触探时，必须对探头进行严格饱和，才能准确测出触探时所产生的超孔隙水压力及其消散。如果未饱和或饱和不彻底，则会滞缓孔隙水压力的传递速度，使部分超孔隙水压力消耗于压缩在探头中的未排尽的空气上，严重影响测试准确性。

4. 孔隙水压力

静力触探探头在饱和土体中贯入时产生的超静孔隙水压力对静力触探指标是有影响的，影响大小与排水条件和贯入速率有关。在砂土中无影响，因超静孔压为零；在黏土和粉土中，探头停止时测定的 q_c 总是小于探头移动时测定的 q_c。一般认为，50mm/s 的贯入速率相当于不排水条件，5mm/s 的贯入速率相当于排水条件，目前常用的贯入速率2cm/s 还不是完全不排水条件。

此外，研究还表明，贯入时探头不同位置上测得的孔隙压力有很大的不同。在锥尖处孔压最大，在锥面上基本保持常数，在锥肩以上沿摩擦套筒的孔隙压力急剧降低。Campanella 测得的资料表明，在硬超压密黏土及紧密粉砂中，在锥尖附近孔隙压力有很大的梯度；在正常压密不灵敏黏土及粉土内，在锥面上测的孔隙压力比锥肩后部所测的孔隙压力约大 15%。目前越来越多的单位采用在锥肩处放置孔隙压力传感器，量测得的 q_c 或 f_s 并不代表实际的真锥尖阻力和真侧壁摩阻力，故在试验报告中必须说明滤水器的位置，并进行相关修正。

5. 探孔的偏斜

探孔的偏斜，一是使探杆的长度无法反映实际贯入深度，二是使测得的土层阻力严重失真。为此，正式贯入试验前，要检查探杆的平直度，不使用弯曲变形的探杆。同时将贯入主机严格调平。必要时，可采用带测斜仪的探头，以计算出孔斜的影响。

6. 分层线的超前、滞后现象及临界深度

静力触探由软层进入硬层或由硬层进入软层时，曲线会出现一过渡段，即“超前”和“滞后”问题，如图 3-7 所示。划分分层界线时，应考虑这一现象，一般以超前和滞后的中点作为分界点。一般过渡段代表的土层厚度有10～30cm。如果过渡段较厚，由软变硬分层界线选在过渡段的中下方；由硬变软时则选在中上方。有钻探时，分层还应与钻探记录综合考虑。

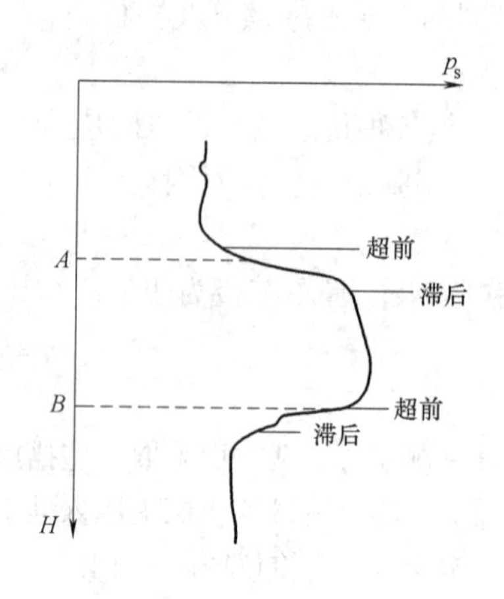

图 3-7　地层变化时的超前和滞后现象

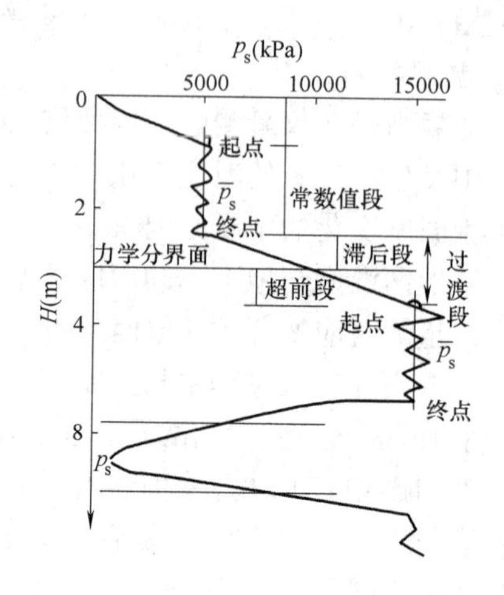

图 3-8　临界深度示意图

超前和滞后现象的原因与静力触探 q_c 和 f_s 存在临界深度有关。模型试验及实测结果均表明：地表厚层均质土的贯入阻力，自地面向下是逐渐增大的，当超过一定深度后，阻值才趋于近似常数值。这个土层表面下的"一定深度"，称为临界深度。如下层土硬，阻值随探头贯入深度增大而继续增大；如下层土软，则变小，如图3-8所示。

第四节　资料整理和成果应用

一、资料整理

1. 原始记录的修正

原始记录的修正包括初读数修正、曲线脱节修正和深度修正。

初读数修正是通过对初读数的处理来完成的。初读数指探头在不受土层阻力条件下，传感器初始应变的读数（即零点漂移）。影响初读数的因素主要是温度，为消除其影响，在现场操作时，每隔一定深度将探头提升1次，将仪器的初读数调零（贯入前初读数也应为零），或者测记1次初读数。前者在自动记录仪上常用，进行资料整理时，就不必再修正；后者则应按下式对读数进行修正：

$$\varepsilon=\varepsilon_1-\varepsilon_0 \tag{3-2}$$

式中　ε——土层阻力所产生的应变量（$\mu\varepsilon$）；

ε_1——探头压入时的读数（$\mu\varepsilon$）；

ε_0——根据两相邻初读数之差内插确定的读数修正值（$\mu\varepsilon$）。

对于自身带有微机的记录仪，由于它能按检测到的初读数（至少两个）自动内插，故最后打印的曲线也不需要修正。

记录曲线的脱节，往往出现在非连续贯入触探仪每一行程结束和新的行程开始时，自动记录曲线出现台阶或喇叭口状，对于这种情况，一般以停机前曲线位置为准，顺应曲线变化趋势，将曲线较圆滑地连接起来。

2. 计算贯入阻力

单桥探头的比贯入阻力、双桥探头的锥头阻力及侧壁摩擦力可按下列公式计算：

$$p_s = K_p \varepsilon_p \tag{3-3}$$

$$q_c = K_q \varepsilon_q \tag{3-4}$$

$$f_s = K_f \varepsilon_f \tag{3-5}$$

式中 p_s——单桥探头的比贯入阻力（MPa）；

q_c——双桥探头的锥头阻力（MPa）；

f_s——双桥探头的侧壁摩擦力（MPa）；

K_p、K_q、K_f——分别为单桥探头、双桥探头的标定系数（MPa/$\mu\varepsilon$）；

ε_p、ε_q、ε_f——分别为单桥探头、双桥探头贯入的应变量（$\mu\varepsilon$）。

3. 计算摩阻比

$$\alpha = f_s / q_c \tag{3-6}$$

4. 对孔压触探，计算静探孔压系数、真锥尖阻力与真侧壁摩阻力

静探孔压系数 B_q：

$$B_q = \frac{u_i - u_0}{q_t - \sigma_{v0}} \tag{3-7}$$

式中 u_i——孔压探头贯入土中量测的孔隙水压力（即初始孔压）；

u_0——试验深度处静水压力（kPa）；

q_t——真锥头阻力（经孔压修正）；

σ_{v0}——试验深度处总上覆压力（kPa）。

当探头贯入在地下水以下土中时，使用孔压探头可测得锥头后近锥底处的孔压 u_t，由于锥头及摩擦筒上下端面受水压力面积不同，量测得的 q_c或 f_s并不代表实际的真锥尖阻力 q_t和真侧壁摩阻力 f_t，须进行孔压修正。

$$q_t = q_c + K_c(1-a)u_t \tag{3-8}$$

$$f_t = f_c + K_s(1-b) \cdot C \cdot u_t \tag{3-9}$$

式中 f_t——真侧壁摩阻力（经孔压修正）；

a——A_N与 A_T之比（$A_N = \pi d^2/4$，$A_T = \pi D^2/4$）；

b——摩擦筒下端受水压力面积 F_L与摩擦筒上端受水压力面积 F_u之比；

u_t——在锥头后近锥底处量测的孔压；

C——侧壁摩擦筒底端面积 F_L与侧壁摩擦筒侧边面积之比；

K_c、K_s——系数。

5. 绘制单孔静探曲线

以深度为纵坐标，比贯入阻力或锥头阻力、侧壁摩擦力为横坐标，绘制单孔静探曲线。通常 p_s-h 曲线或 q_c-h 曲线用实线表示，f_s-h 曲线用虚线表示。侧壁摩擦力和锥头阻力的比例可匹配成 1∶100，同时还应附摩阻比随深度的变化曲线。

对孔压触探，还需绘制 u_i-h 曲线、q_t-h 曲线、f_t-h 曲线、B_q-h 曲线和孔压消散曲线（u_t-lg$t$ 曲线），其中 u_t为孔压消散过程时刻 t 的孔隙水压力。

二、成果应用

1. 划分土层和土类

（1）划分土层

静力触探的贯入阻力本身就是土的综合力学指标，利用其随深度的变化可对土层进行力学分层（表 3-3）。分层时，应首先考虑静探曲线形态的变化趋势，再结合本地区地层情况或钻探资料。在划分分层界线时，还应考虑贯入阻力曲线中的超前和滞后现象，这种现象往往出现在密实土层和软土层的交界处，幅度一般为 10～20cm。

力学分层按贯入阻力变化幅度的分层标准 **表 3-3**

p_s或 q_c(MPa)	最大贯入阻力与最小贯入阻力之比
≤1.0	1.0～1.5
1.0～3.0	1.5～2.0
>3.0	2.0～2.5

（2）划分土类

利用静力触探进行土层分类，由于不同类型的土可能有相同的 p_s、q_c或 f_s值。因此，单靠某一个指标如单桥探头，是无法对土层进行正确分类的。这里介绍用双桥探头和孔压探头判定土类的方法。

国内外对双桥探头划分土类进行了大量研究，一些经验数据见表 3-4。实践表明，用这种方法进行土层类别的划分，效果较好。

按静力触探指标划分土类 **表 3-4**

<table>
<tr><th rowspan="3">国家
土类</th><th colspan="6">中　国</th><th colspan="2" rowspan="2">法　国</th></tr>
<tr><th colspan="2">铁道部</th><th colspan="2">交通部一航局</th><th colspan="2">一机部勘测公司</th></tr>
<tr><th>q_c(MPa)</th><th>f_s/q_c(%)</th><th>q_c(MPa)</th><th>f_s/q_c(%)</th><th>q_c(MPa)</th><th>f_s/q_c(%)</th><th>q_c(bar)</th><th>f_s/q_c(%)</th></tr>
<tr><td>淤泥质土及软黏性土</td><td>0.2～1.7</td><td>0.5～3.5</td><td><1</td><td>10～13</td><td><1</td><td>>1</td><td>≤6</td><td>>6</td></tr>
<tr><td>黏土</td><td rowspan="3">1.7～9
2.5～20</td><td rowspan="3">0.25～5.0
0.6～3.5</td><td>1～1.7</td><td>3.8～5.7</td><td rowspan="3">1～7
>1</td><td rowspan="3">>3
0.5～3</td><td rowspan="3">>30</td><td rowspan="3">4～8
2～4</td></tr>
<tr><td>粉质黏土</td><td>1.4～3</td><td>2.2～4.8</td></tr>
<tr><td>黏粉土</td><td>3～6</td><td>1.1～1.8</td></tr>
<tr><td>砂类土</td><td>2～32</td><td>0.3～1.2</td><td>>6</td><td>0.7～1.1</td><td>>4</td><td><1.2</td><td>>30</td><td>0.6～2</td></tr>
</table>

国外常用分类图来进行静力触探土的分类。我国张诚厚分析了大量国内外试验资料，引进与深度有关的参考压力 σ_e，将修正后的圆锥阻力 q_t及超孔隙压力 Δu 进行归一化处理，提出了一张新的分类图，如图 3-9 所示，克服了国外没有考虑深度对参数的影响。

将试验点绘于 $\lg(q_t/\sigma_e)$-B_p图上，发现三种土类分别落于三个区域，如图 3-9 所示。由此建立一个土分类参数划分的三个区域。这个土分类参数 N_h定义为：

$$N_h = \frac{500B_p}{\lg(q_t/2\sigma_e)} \tag{3-10}$$

式中，参考压力 σ_e定义为与试验深度 h 相同的水柱的压力，即等于 $10h$（kPa）。

各土类的区间为：黏土　　$N_h>220$

粉质土　　$3.3<N_h\leqslant 220$

砂　　$0<N_h\leqslant 3.3$

2. 确定地基土的承载力

（1）黏性土

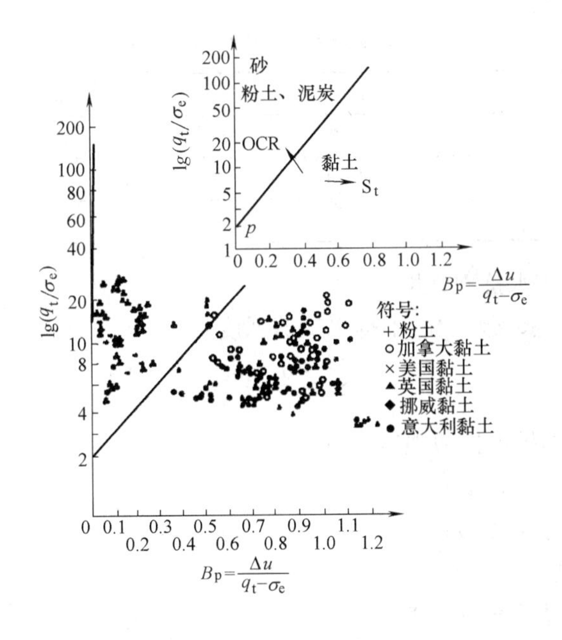

图 3-9　土分类图

表 3-5 列出了一些推荐的黏性土承载力经验公式。

黏性土静力触探承载力经验公式（f_{ak}的单位为"kPa"，p_s的单位为"MPa"）　表 3-5

序号	公　式	适用范围	公式来源
1	$f_{ak}=104p_s+26.9$	$0.3\leqslant p_s\leqslant 6$	TJ 21-77
2	$f_{ak}=183.4\sqrt{p_s}-46$	$0\leqslant p_s\leqslant 5$	铁一院
3	$f_{ak}=83p_s+55$	$0.3\leqslant p_s\leqslant 3.0$	武汉联合小组
4	$f_{ak}=116.7p_s^{0.387}$	$0.25\leqslant p_s\leqslant 2.53$	天津市建筑设计院
5	$f_{ak}=87.8p_s+24.36$	湿陷性黄土	陕西省综合勘察院

（2）砂土

表 3-6 列出了一些砂土承载力经验公式。

通常认为，由于取砂土的原状试样比较困难，故从 p_s（或 q_c）值来估算砂土承载力是很实用的方法，其中对于中密砂比较可靠，对松砂、密砂不够满意。

（3）粉土。采用式（3-11）来确定其承载力：

$$f_{ak}=36p_s+44.6 \tag{3-11}$$

式中，f_{ak}的单位为"kPa"；p_s的单位为"MPa"。

砂土静力触探承载力经验公式（f_{ak}的单位为"kPa"，q_c的单位为"MPa"）　表 3-6

序号	公　式	适用范围	公式来源
1	$f_{ak}=20p_s+59.5$	$1\leqslant p_s\leqslant 15$	用静探测定砂土承载力
2	$f_{ak}=36p_s+76.6$	$1\leqslant p_s\leqslant 10$	联合试验小组报告
3	$f_{ak}=91.7\sqrt{p_s}-23$	水下砂土	铁三院
4	$f_{ak}=(25\sim 33)q_c$	砂土	国　外

3. 确定砂土的密实度

国内评定砂土密实度的界限值 p_s（单位：MPa） **表 3-7**

单　　位	极　松	疏　松	稍　密	中　密	密　实	极　密
辽宁煤矿设计院		<2.5	2.5～4.5	>11		
北京市勘察院	<2	2～4.5	4～7	7～14	14～22	>22
南京地基基础设计规范	<3.5		3.5～6.0	6.0～12.0	>12	

4. 测定黏性土不排水抗剪强度

一般按式（3-12）求黏性土的不排水抗剪强度：

$$S_u=\frac{q_c-\sigma_{v0}}{N_k} \tag{3-12}$$

式中　S_u——黏性土不排水抗剪强度（kPa）；

q_c——锥尖阻力（kPa）；

σ_{v0}——上覆压力（kPa）；

N_k——圆锥系数。

5. 确定砂土的内摩擦角（表 3-8）

按比贯入阻力 p_s 确定砂土内摩擦角 **表 3-8**

p_s(MPa)	1	2	3	4	6	11	15	30
φ(°)	29	31	32	33	34	36	37	39

6. 计算地基土水平向固结系数

为了与理论曲线相比较，可将孔压静力触探测定的超静孔隙压力归一化为超静孔隙压力水平 $\Delta\bar{u}$，定义为：

$$\Delta\bar{u}=\frac{u_c-u_0}{u_i-u_0} \tag{3-13}$$

式中　u_t、u_i、u_0——某时的、起始的及静止的孔隙水压力值。

将归一化的观测曲线与理论曲线拟合，使二者尽量相吻合，由此可以确定任一消散水平的实际时间 t 及相应的时间因素 T，之后利用式（3-14）计算任意超孔隙水压力水平的固结系数。

$$C_h=\frac{T_{50}r_0^2}{t_{50}} \tag{3-14}$$

式中　C_h——土层水平方向的固结系数（cm^2/s）；

r_0——透水滤器半径，当透水滤器位于锥底时即为锥头底面半径（cm）；

T_{50}——时间因数，其值查表 3-9；

t_{50}——超孔压达到 50%的消散度所需时间（s），可以从实测归一化超孔压消散曲线中获得，如图 3-10 所示。

根据固结系数还可估算出土的渗透系数 K_h（Baligh 和 Levadoux，1980）：

$$K_h=\frac{\gamma_w \cdot C_s \cdot C_h}{2.3\sigma_{v0}} \tag{3-15}$$

式中　γ_w——水的重度（kN/m^3）；

σ_{v0}——有效上覆压力（kPa）；

C_s——土的再压缩系数。

T_{50} 的确定 **表 3-9**

A_f	T_{50}			
	$I_r=10$	$I_r=50$	$I_r=100$	$I_r=200$
1/3	1.145	2.487	3.524	5.025
2/3	1.593	3.346	4.761	6.838
1	2.095	4.504	6.447	9.292
4/3	2.622	5.931	8.629	12.790

注：A_f、I_r分别为 Skempton 孔压系数、刚性指数。

7. 估算单桩承载力

根据单桥探头静力触探资料，确定混凝土预制桩单桩竖向极限承载力标准值时，如无当地经验可按式（3-16）计算：

$$Q_{uk}=Q_{sk}+Q_{pk}=u\sum q_{sik}l_i+\alpha p_{sk}A_p \tag{3-16}$$

式中 u——桩身周长；

q_{sik}——用静力触探比贯入阻力值估算的桩周第 i 层土的极限侧阻力标准值；

l_i——桩穿越第 i 层土的厚度；

α——桩端阻力修正系数；

p_{sk}——桩端附近的静力触探比贯入阻力标准值（平均值）；

A_p——桩端面积。

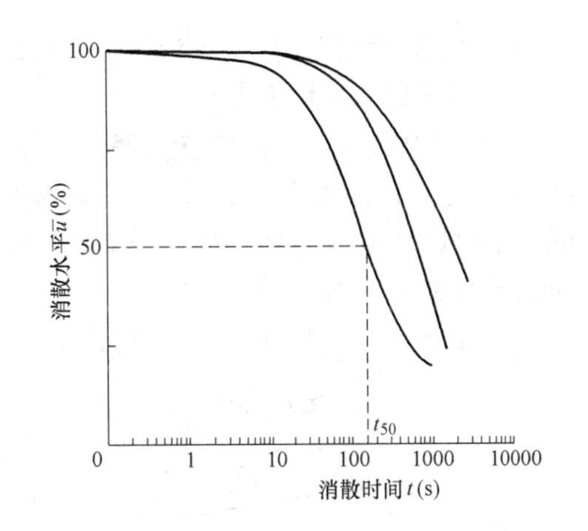

图 3-10 归一化超孔压消散曲线

公式中 q_{sik} 值应结合土工试验资料，依据土的类型、埋藏深度、排列次序，按《建筑桩基技术规范》JGJ 94—2008 中给定的图线取值，这里不再详述。

8. 评价砂土和粉土的震动液化

若将触探指标与标贯击数 N 之间建立关系，即 $q_c=nN$，理论上利用有关用标贯击数判定砂土液化的判别式，就可达到用静力触探指标判定砂土液化的可能性。事实上，大量测试表明，这里的 n 变化幅度很大，它随砂粒径增大和密度减小而增大，此外受标准贯入锤击数离散性很大等因素影响，使得用静探指标确定判定砂土液化不够理想。

中国铁道科学研究院等单位将比贯入阻力 p_s 和地震宏观液化现象进行对比研究，提出了下面的饱和砂土液化判别式：

$$p_s'=p_{s0}[1-0.05(d_u-2)][1-0.065(d_w-2)] \tag{3-17}$$

式中 p_s'——饱和砂土液化的临界比贯入阻力；

d_u——上覆非液化土层厚度（m）；

d_w——地下水位深度（m）；

p_{s0}——液化判别饱和砂土比贯入阻力临界值（$d_u=2m$，$d_w=2m$），可根据设计地震烈度由表 3-10 确定。

临界比贯入阻力 p_{s0}　　　　表 3-10

设计地震烈度	7	8	9	10
p_{s0}(0.1MPa)	60～70	120～135	180～200	220～250

当实际饱和砂土的比贯入阻力小于按上式计算的临界比贯入阻力，则认为它可能液化。

第五节　工程案例分析

3. 滑坡工程静触探试验

——用静力触探寻找堤坝滑坡区的滑动面位置（何开胜，2007）

一、堤坝进水渠概况

某泵站抽引东太湖水供应上海市。泵站进水渠为梯形明渠，全长 487.7m，原地面高程在＋5.0m 左右，堤顶设计高程 7.0m，渠底高程－2.5m，渠底宽 70m，渠道边坡 1∶3，在高程 3.2m 处设置宽 5m 的马道。地下土层以粉质黏土和淤泥质粉质黏土为主，含有机质土夹层。

堤坝平面位置和测试点如图 3-11 所示。

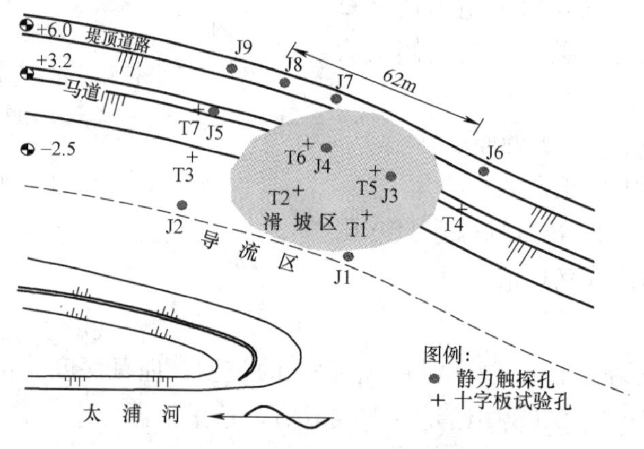

图 3-11　滑坡区位置和测试点

二、滑坡过程与勘察

泵站渠道用下挖、上填相结合来形成，开挖时采用轻型井点降水，开挖渠道的弃土堆在堤顶。进水渠开挖成形、堤顶堆土 1.3m 时均未出现边坡失稳。但衬砌坡面块石时，突然发生了已开挖边坡的滑动破坏。滑坡范围沿堤轴线方向长约 62m，滑坡引起的坡身土体向堤脚外堆移了 30m。堤脚的滑动面为自然状态，未出现隆起现象。滑坡区位置、范围和土层分布如图 3-12 所示。此后 1 个多月，在此滑坡区下游约 20m 处又出现了一次范围较小的滑坡。

本工程滑坡处淤泥质粉质黏土②$_3$，土层较厚，强度低，并夹有机质土，为检查滑坡区②$_3$土层及其附近土层的强度状态和滑弧位置，为滑坡处理方案提供设计资料，经过专家分析论证后，采用探地雷达、静力触探和十字板测试，推断滑动面位置和滑坡前后软土强度的变化。

静力触探试验共 9 孔，十字板强度试验共 7 孔，位置如图 3-11 所示。结合探地雷达和地勘资料，推断了夹层位置，确定本次滑动面为沿有机质夹层发生的非圆弧滑动面，如图 3-12 所示。

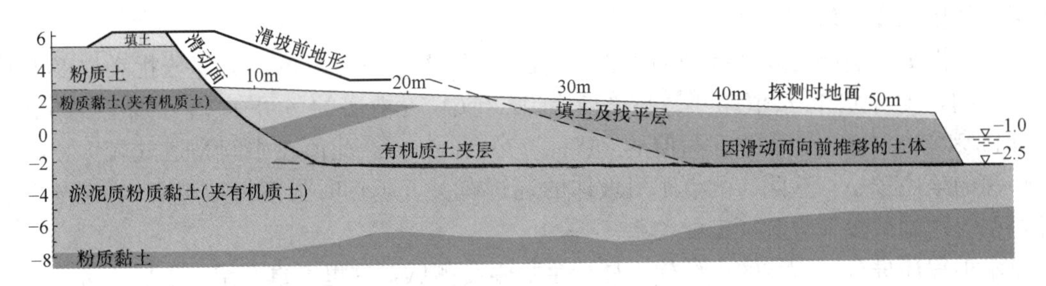

图 3-12　测试推断的非圆弧滑坡面位置和范围

三、静力触探试验与分析评估

这里选取一个穿过滑坡区的土层断面和静力触探曲线进行分析。图 3-13 为滑坡区内外三孔的静力触探曲线，可以看出，滑坡区淤泥质粉质黏土层②$_3$比贯入阻力 p_s的一些特征：

(1) 滑坡区深度和滑动面位置。图中处于滑坡区平面内的 J4 孔，其中部土层的 p_s值明显低于滑坡区外的 J7 和 J1 孔。位于滑坡体内的 J3 和 J4 孔：试验结果表明，J3 孔在 −2.05m高程处 p_s达到一个明显小值，为 118kPa；J4 孔在 −2.44m 高程处 p_s达到一个极低值，仅 15kPa。据此判断滑动面经过 J3 和 J4 的 −2.05m 和 −2.44m 高程。

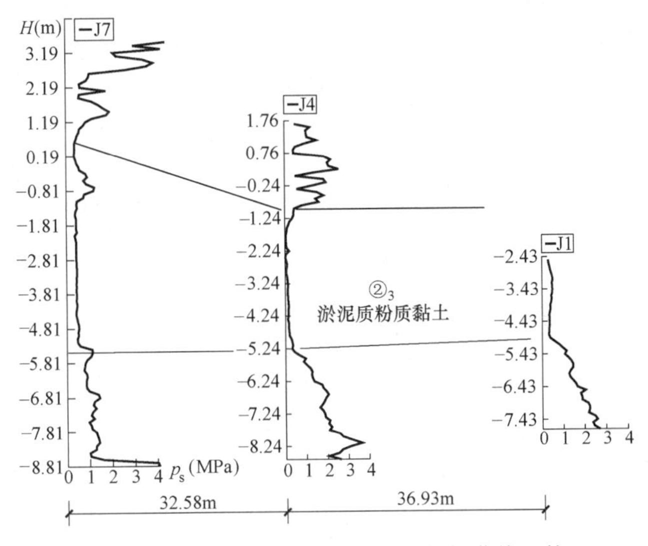

图 3-13　滑坡区内外土层的静力触探曲线比较

(2) 原状土 p_s平均值。J7、J8、J9 孔为堤顶道路上位于滑坡体以外处土层的触探曲线，②$_3$ 土层中 p_s平均值分别为 527kPa 、511kPa 和 517kPa，结果非常接近，平均为 518kPa。这部分钻孔处没有开挖，只有部分填方，若不考虑填方对地基土的扰动和固结影响，则其下土层的试验值可视为天然地基在未扰动以前的比贯入阻力 p_s。

（3）滑坡体内曾受很大扰动的土层 p_s值。J3、J4 孔位于滑坡体内，结果可视为②$_3$土层受滑坡扰动很大后的比贯入阻力，平均值分别是 221kPa 和 170kPa。可见②$_3$土层扰动后的 p_s值只有原状样的 43%和 33%。此值一方面反映了土体扰动后强度显著降低，另一方面也包含有效上覆压力的降低引起的土强度降低，在室内三轴试验中表现为围压 σ_3降低引起的土强度降低。

（4）滑坡体边缘受局部扰动的土体 p_s值。此处土层因受滑坡体的部分扰动以及开挖卸荷影响，比原状土 p_s值略小。J5、J1 和 J2 孔中②$_3$土层的 p_s平均值分别为 439kPa、398kPa 和 235kPa，是原状土 p_s值的 85%、77%和 45%。此值在中间马道处较大，在开挖最深的渠底较小。这除与测点距滑坡体的远近有关（越近时强度折减越大），还与渠底开挖引起的卸载较大也有一定的关系。

本工程还进行了滑坡区内外软土层十字板强度测试，这里不再介绍。

思 考 题

1. 静力触探包括哪些仪器设备？贯入设备有哪几种？
2. 单桥探头和双桥探头各可以测定哪些试验指标？规定的贯入速率是多少？
3. 静力触探数据的零漂产生的原因是什么，如何解决？
4. 孔压静力触探试验前为什么要对探头进行脱气处理？
5. 为什么要推广使用孔压静力触探？

第四章　圆锥动力触探试验

第一节　概　　述

圆锥动力触探试验（Dynamic Penetration Test，简称 DPT）是用一定质量的重锤，以一定高度的自由落距，将标准规格的圆锥形探头贯入土中，根据打入土中一定距离所需的锤击数，判定土的力学特性。贯入度的大小能反映土层力学特性的差异，依据此数值对地基土作出工程地质评价。

动力触探试验使用历史较长，最大的优点是设备简单、操作方便、适应土类较广，对难以取样的砂土、粉土、碎石类土都可使用。动力触探首先在欧洲各国得到广泛的应用，就是因为这些国家广泛分布着粗颗粒土层及冰积层，取土样很困难，适合采用动力触探方法。目前动力触探试验已成为我国粗颗粒土的地基勘察测试的主要手段。

1974 及 1982 年在欧洲召开的两次国际触探学术会议，对动力触探测试方法的统一起了推动作用。会议建议按所用穿心锤重量将动力触探分为轻型（≤10kg）、中型（10～40kg）、重型（40～60kg）及超重型（>60kg）。

我国规范将动力触探分为轻型、重型及超重型三种，其穿心锤重量分别为 10kg、63.5kg、120kg。轻型适用于一般黏性土及素填土，特别适用于软土；重型适用于砂土及砾砂土；超重型适用于卵石、砾石类土。

动力触探试验可用于：

（1）评定地基的均匀性及承载力；

（2）估算土的强度和变形模量；

（3）评定砂土、碎石土的密实度；

（4）探查土洞、滑动面、软硬土层界面等；

（5）估算桩基持力层位置和单桩承载力；

（6）检验地基加固与改良的质量效果。

第二节　基本原理和仪器设备

一、基本原理

动力触探是将重锤打击在一根细长杆件（探杆）上，锤击会在探杆和土体中产生应力波，若略去土体振动的影响，那么，动力触探锤击贯入过程，可用一维波动方程来描述。

动力触探的基本原理，可用能量平衡法分析。动力触探能量平衡模型如图 4-1 所示。

落锤能量：

$$E_{\mathrm{m}}=Mg\cdot h\cdot \eta \tag{4-1}$$

式中　M——重锤质量；

h——重锤落距；

g——重力加速度；

η——落锤效率（受绳索、卷筒等摩擦的影响，当采用自动脱钩装置时，$\eta=1$）。

按能量守恒原理，一次锤击作用下的功能转换，其关系可写成：

$$E_m = E_k + E_c + E_f + E_p + E_e \tag{4-2}$$

式中 E_m——穿心锤下落能量；

E_k——锤与触探器碰撞时损失的能量；

E_c——触探器弹性变形所消耗的能量；

E_f——贯入时用于克服杆侧壁摩阻力所耗能量；

E_p——由于土的塑性变形而消耗的能量；

E_e——由于土的弹性变形而消耗的能量。

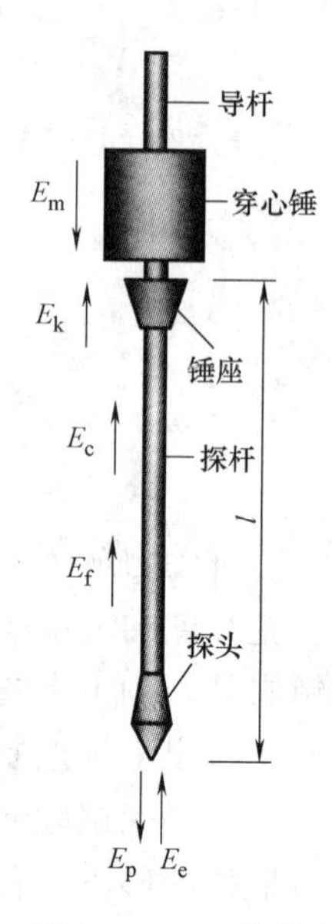

图 4-1 DPT 能量平衡示意图

根据古典的牛顿非弹性碰撞理论，可计算出上式中的相关能量。考虑探杆无变形，可假定其为刚性体，再不考虑探杆侧壁摩擦力的影响，就得到海利（A Hiley）动力公式：

$$q = \frac{Mgh}{S_p + 0.5S_e} \cdot \frac{M + mk^2}{M + m} \tag{4-3}$$

式中 q——动贯入阻力（MPa）；

M——落锤质量（kg）；

m——圆锥探头及杆件系统（包括打头、导向杆等）的质量（kg）；

h——落距（m）；

k——与碰撞体材料性质有关的碰撞作用恢复系数，钢与钢取 0.55；

g——重力加速度，其值为 9.81m/s^2；

S_p——每锤击后土的永久变形量（可按每锤击时实测贯入度 e 计）（m）；

S_e——每锤击时土的弹性变形量（m）。

考虑在动力触探测试中，只能量测到土的永久变形，故将和弹性有关的变形略去，因此，得到土的动贯入阻力公式，也称荷兰动力公式。

$$q_d = \frac{M^2gh}{(M+m)Ae} \tag{4-4}$$

式中 q_d——动贯入阻力（MPa）；

A——圆锥探头截面积（cm^2）；

e——每击贯入度（mm），等于规定贯入深度/规定贯入深度的击数。

必须指出的是，上式仅限用于：①贯入土中深度小于 12m，贯入度 2～50mm。②$m/M<2$。如果实际情况与上述适用条件不符，应慎重采用上式计算。

二、仪器设备

动力触探设备主要由动力设备和贯入系统两大部分。动力设备的作用是提供动力源，多采用柴油发动机。对于轻型动力触探，落锤质量小，也有采用人力提升的。贯入部分是动力触探的核心，由穿心锤、探杆和探头组成，如图 4-1 所示。

圆锥动力触探类型 **表 4-1**

类型		轻型	重型	超重型
落锤	锤的质量(kg)	10	63.5	120
	落距(cm)	50	76	100
探头	直径(mm)	40	74	74
	锥角(°)	60	60	60
探杆直径(mm)		25	42	50～60
指标		贯入 30cm 的读数 N_{10}	贯入 10cm 的读数 $N_{63.5}$	贯入 10cm 的读数 N_{120}
主要适用岩土		浅部的填土、砂土、粉土、黏性土	砂土、中密以下的碎石土、极软岩	密实和很密的碎石土、软岩、极软岩

动力触探类型根据锤击能量分为轻型、重型、超重型三种，见表 4-1。

探头规格分为两种，尺寸规格如图 4-2 所示。

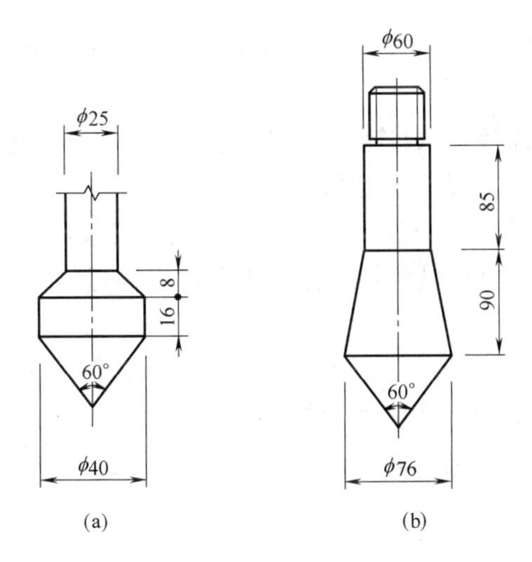

图 4-2 动力触探探头（单位：mm）

（a）轻型；（b）重型、超重型

第三节 试验要点和影响因素

一、试验要点

根据《土工试验规程》SL 237—1999，三种动力触探试验的试验要点如下。

1. 轻型动力触探

（1）先用轻便钻具钻至试验土层标高以上 0.3m 处，然后对所需试验土层连续进行触探。

（2）试验时，穿心锤落距为 0.50±0.02m，使其自由下落，记录每打入土层中 0.30m 时所需的锤击数（最初 0.30m 可以不记）。

（3）若需描述土层情况时，可将触探杆拔出，取下探头，换贯入器进行取样。

（4）如遇密实坚硬土层，当贯入 0.30m 所需锤击数超过 100 击或贯入 0.15m 超过 50

击时，即可停止试验，如需对下卧土层进行试验时，可用钻具穿透坚实土层后再贯入。

（5）本试验一般用于贯入深度小于 4m 的土层，必要时，也可在贯入 4m 后，用钻具将孔掏清，再继续贯入 2m。

2. 重型动力触探

（1）试验前将触探架安装平稳，使触探保持垂直地进行，垂直度的最大偏差不得超过 2%，触探杆应保持平直，连接牢固。

（2）贯入时，应使穿心锤自由落下，落锤高度为 0.76±0.02m，地面上的触探杆的高度不宜过高，以免倾斜与摆动太大。

（3）锤击速率宜为每分钟 15～30 击，打入过程应尽可能连续，所有超过 5min 的间断都应在记录中予以注明。

（4）及时记录每贯入 0.10m 所需的锤击数。可在触探杆上每 0.10m 画出标记，然后直接（或用仪器）记录锤击数；也可以记录每一阵击的贯入度，然后再换算为每贯入 0.10m 所需的锤击数。

（5）对于砂、圆砾和卵石，触探深度不宜超过 12～15m；超过该深度时，需考虑触探杆的侧壁摩阻影响。

（6）每贯入 0.10m 所需锤击数连续 3 次超过 50 击时，即停止试验。如需对下部土层继续进行试验时，可改用超重型动力触探。

（7）本试验也可在钻孔中分段进行，一般可先进行贯入，然后进行钻探，直至动力触探所及深度以上 1m 处，取出钻具将触探器放入孔内再进行贯入。

3. 超重型动力触探

（1）贯入时穿心锤自由下落，落距为 1.00±0.02m。贯入深度一般不宜超过 20m，超过此深度限值时，需考虑触探杆侧壁摩阻的影响。

（2）其他步骤可参照重型动力触探进行。

二、影响因素

1. 锤击能量

锤击能量是最重要的影响因素。要求落锤方式采用控制落距的自动落锤，使锤击能量比较恒定；保持探杆的偏斜度不超过 2%，防止锤击偏心及探杆晃动。

动力触探的锤击能量，除了用于克服土对触探头的贯入阻力外，还消耗于锤与锤垫的碰撞、探杆的弹性变形、探杆与孔壁土的摩擦及人拉绳或钢丝绳对锤自由下落的阻力等。用于克服土对触探头阻力的锤击能量为有效锤击能量，只占整个锤击能量的一部分。由于影响有效锤击能量的因素较多，且影响程度时大时小，所以动力触探的锤击数含有较多误差，离散性大，再现性差。

2. 触探杆与土间的侧摩阻力

探头的侧摩阻力是另一重要影响因素，它与土类、土性、杆的外形、刚度、垂直度、触探深度等均有关，很难用一固定的修正系数处理，应采取切合实际的措施，减少侧摩阻力，对贯入深度加以限制。

试验过程中，可采取下列措施减少侧摩阻力的影响：

（1）使探杆直径小于探头直径。在砂土中探头直径与探杆直径比应大于 1.3，而在黏土中可小些。

（2）贯入一定深度后旋转探杆（每 1m 转动一圈或半圈），以减少侧摩阻力；贯入深度超过 10m，每贯入 0.2m，转动一次。

（3）贯入过程应不间断地连续击入，在黏性土中击入的间歇会使侧摩阻力增大。

《岩土工程勘察规范》规定，一般土层，重型动力触探深度在 15m，超重型 20m 以内，可不考虑侧壁摩擦的影响。如超过 20m，可采用泥浆或加套管以消除侧壁摩擦的影响。

3. 锤击速度

一般采用 15～30 击/min；在砂土、碎石土中，锤击速度影响不大，可采用 60 击/min。

4. 地下水位

地下水位对击数与土的力学性质的关系没有影响，但对击数与土的物理性质（砂土孔隙比）的关系有影响，故应记录地下水位埋深。

5. 上覆压力的影响

随着贯入深度的增加，土的有效上覆压力和侧压力都会增加，会增大贯入阻力，增大锤击数。在判定砂土振动液化时，常采用 Seed 建议的标贯试验深度影响修正公式：

$$N_{63.5}=C_N\cdot N'_{63.5} \tag{4-5}$$

$$C_N=1-125\lg\sigma'_{v0} \tag{4-6}$$

式中 $N_{63.5}$——修正后的击数；

$N'_{63.5}$——实测的击数；

C_N——修正系数；

σ'_{v0}——实测 $N'_{63.5}$ 处土的有效上覆压力（kPa）。

6. 探杆长度

关于探杆长度的影响，各国的看法很不一致。许多国家认为没有影响，探杆长度不必进行修正。其原因是：随测试深度的增加，探杆重量增加，其影响是减少锤击数；但随着深度的增加，探杆和孔壁之间的摩擦力和土的侧向压力也增加了，其影响是增加锤击数。这两者的影响可部分抵消，故不必校正。现行《岩土工程勘察规范》不进行击数修正。

第四节 资料整理和成果应用

一、资料整理

1. 计算锤击数

以贯入一定深度的锤击数作为触探指标，轻型、重型、超重型动力触探指标值分别表示为 N_{10}、$N_{63.5}$、N_{120}，如

$$N_{63.5}=\frac{100}{e} \tag{4-7}$$

$$e=\frac{\Delta S}{n} \tag{4-8}$$

式中 $N_{63.5}$——每贯入 0.10m 所需的锤击数；

e——每击贯入度（mm）；

ΔS——某一阵击的贯入度（mm）。

注意，计算单孔分层贯入指标平均值时，应剔除异常值，这包括临界深度以内的数值、超前和滞后影响范围内的异常值。临界深度以内的锤击数偏小，不反映真实土性，故不应参加统计。超前滞后范围内的值不反映真实土性。有时为了配合钻探，采用间断贯入的做法，间断贯入时临界深度以内的锤击数同样不反映真实土性，不应参加统计。

根据各孔分层的贯入指标平均值，用厚度加权平均法计算场地分层贯入指标平均值和变异系数。

用锤击数来表示触探指标，方法简单直观，使用方便，被国内外广泛采用。但缺陷是不同触探参数得到的触探击数不便于互相对比，而且它的量纲也无法与其他物理力学性质指标一起计算。

这里特别指出，现行国家标准《岩土工程勘察规范》GB 50021—2001（2009 年版）中，已明确给出“探头的侧摩阻力是另一重要影响因素，它与土类、土性、杆的外形、刚度、垂直度、触探深度等均有关，很难用一固定的修正系数处理”，以及“地下水位对击数与土的力学性质的关系没有影响”，也没有提出需要进行杆长修正。目前有不少教材和专著中仍对动力触探的锤击数进行杆长和地下水位修正，这与过去的一些行业规程有关。因此，实际应用试验成果时是否修正或如何修正，应根据建立统计关系时的具体情况确定。

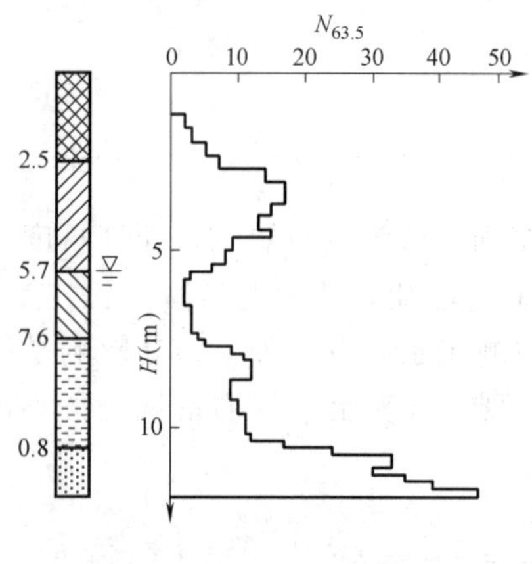

图 4-3　动力触探击数随深度的分布及土层划分

2. 计算动贯入阻力

近年来，国内外倾向于用动贯入阻力作为触探指标，来替代锤击数。

3. 绘制锤击数与贯入深度关系曲线，并进行分层

锤击数与贯入深度关系曲线如图 4-3 所示。

动力触探击数可粗略划分土类，该法如与其他测试方法同时应用，则精度会进一步提高。在工程中常将动、静力触探结合使用，或辅之以标贯试验，还可同时取土样，直接观察和描述，也可进行室内试验检验。

分层时应注意超前滞后现象。触探实践表明：当触探头尚未到达下卧土层时，在一定深度以上，对下卧土的影响已经“超前”反映出来。当探头已经穿透上覆土层进入下卧土层中时，在一定深度内，对上覆土层的影响仍然会有一定的反映。这两种情况分别称之为触探的“超前反映”和“滞后反映”现象，松软土的超前滞后现象比较显著。

不同土层的超前滞后量是不同的。上为硬土层下为软土层，超前为 0.5～0.7m，滞后为 0.2m；上为软土层下为硬土层，超前为 0.1～0.2m，滞后为 0.3～0.5m。

二、成果应用

1. 确定地基土的承载力

（1）N_{10}的应用

《建筑地基基础设计规范》GBJ 7-89 中规定，可利用轻型圆锥动力触探指标 N_{10}确定

地基土承载力，见表 4-2 和表 4-3。

N_{10}与黏性土承载力关系 表 4-2

锤击数 N_{10}（击）	15	20	25	30
承载力 f_k（kPa）	105	145	190	230

N_{10}与素填土承载力关系 表 4-3

锤击数 N_{10}（击）	15	20	30	40
承载力 f_k（kPa）	85	115	135	160

（2）$N_{63.5}$的应用

《工业与民用建筑工程地质勘察规范》TJ 21-77 提出的 $N_{63.5}$与 f_k的关系，见表 4-4。

中、粗、砾砂 $N_{63.5}$与 f_k的关系 表 4-4

$N_{63.5}$（击）	3	4	5	6	8	10
承载力 f_k（kPa）	120	150	200	240	320	400

（3）N_{120}的应用

按水利电力部动力触探的试验规程，碎石土 N_{120}与 f_k的关系见表 4-5。

碎石土 N_{120}与 f_k的关系 表 4-5

N_{120}（击）	3	4	5	6	8	10	12	14	≥16
承载力 f_k（kPa）	250	300	400	500	640	720	800	850	900

2. 估算圆砾、卵石土地基变形模量

铁道部第二设计院基于四川、东北、广西、甘肃等地的试验资料得到 $N_{63.5}$和 E_0的关系，见表 4-6。

圆砾、卵石土的变形模量 表 4-6

$N_{63.5}$（击）	3	4	5	6	8	10	12	14	16
E_0（kPa）	10	12	14	16	21	26	30	34	37.5
$N_{63.5}$（击）	18	20	22	24	26	28	30	35	40
E_0（kPa）	41	44.5	48	51	54	56.5	59	62	64

3. 确定碎石土、卵石、砂土的密实度

国家规范《建筑地基基础设计规范》GB 50007—2011 中规定，采用重型圆锥动力触探的锤击数 $N_{63.5}$评定碎石土的密实度，见表 4-7。

碎石土的密实度 表 4-7

锤击数 $N_{63.5}$（击）	$N_{63.5} \leqslant 5$	$5 < N_{63.5} \leqslant 10$	$10 < N_{63.5} \leqslant 20$	$N_{63.5} > 20$
密实度	松散	稍密	中密	密实

注：1. 本表适用于平均粒径小于等于 50mm 且最大粒径不超过 100mm 的卵石、碎石、圆砾、角砾；
2. 表内 $N_{63.5}$为经综合修正后的平均值。

机械工业部第二勘察研究院根据探井实测的孔隙比 e 与 $N_{63.5}$对比，编制了表 4-8 所列的 $N_{63.5}$与砂土密实度的关系，据此表可以判别砂土的密实程度。

$N_{63.5}$与砂土密实度的关系 **表 4-8**

土类	$N_{63.5}$	密实度	孔隙比	土类	$N_{63.5}$	密实度	孔隙比	土类	$N_{63.5}$	密实度	孔隙比
砾砂	＜5	松散	＞0.65	粗砂	＜5	松散	＞0.80	中砂	＜5	松散	＞0.90
	5～8	稍密	0.65～0.50		5～6.5	稍密	0.80～0.70		5～6	稍密	0.90～0.80
	8～10	中密	0.50～0.45		6.5～9.5	中密	0.70～0.60		6～9	中密	0.80～0.70
	＞10	密实	＜0.45		＞9.5	密实	＜0.60		＞9	密实	＜0.70

由成都地区的经验所得到 N_{120} 与卵石密实度的关系，见表 4-9。

N_{120}与卵石密实度的关系 **表 4-9**

N_{120}(击)	3～6	6～10	10～14	14～20
密实度	稍密	中密	密实	极密
土的描述	卵石或砂夹卵石、圆砾	卵石	卵石	卵石或含少量漂石

4. 确定桩基持力层的位置和单桩承载力

动力触探试验与打桩过程极其相似，因而用于桩基勘察时，对打入式的端承桩效果较为显著，可用以确定桩基持力层的位置和单桩承载力。

（1）确定桩基持力层的位置

利用动力触探的 N-H 曲线，结合钻孔资料，可以较准确的编制出勘察场地的工程地质剖面，据此选择桩基持力层，确定在勘察范围内各部位的桩长。

作为端承桩的持力层，在成都地区，对 300mm×300mm 的方桩，动力触探平均击数 $N_{63.5}$应大于 15～20 击/10cm，此卵石层的厚度不应小于 2.0～1.5m。各地区应有各自的经验值。

（2）确定单桩承载力

由于动力触探无法实测地基土的极限侧壁摩阻力，因而在桩基勘察时，主要用于桩端承力为主的短桩。由桩的载荷试验确定承载力标准值与桩尖平面处的动力触探指标进行统计分析，提出单桩承载力公式。显然，此公式具有明显的地区性。

沈阳地区的经验。由预制桩及振冲灌注桩（22 组）的静载荷试验的极限承载力 R_u 与桩尖平面处触探指标 $N_{63.5}$ 进行统计，得：

$$R_u = 133 + 539N_{63.5} \tag{4-9}$$

成都地区的经验。一般桩基持力层为卵石土，由 35 组资料统计，得：

$$R_u = 299 + 126.1N_{120} \tag{4-10}$$

式中 R_u——桩尖平面处地基土的极限承载力（kPa）；

N_{120}——桩尖平面处上下 $4D$（桩径）范围修正后的击数平均值（击/10cm）。

第五节 工程案例分析

——用重型动力触探勘察卵石层并确定桩基持力层和承载力（朱锦云，1981）

应用重型动力触探对卵石层进行工程地质勘察时，可以查明卵石层内的软弱夹层及其分布、卵石的密实程度和均匀性，在此基础上选择地基持力层、确定桩长和估算地基容许承载力，全面客观地评价场地的工程地质条件。在一定的条件下还可以查明下卧基岩的埋深及风化带的厚度。

一、查明软弱夹层和卵石层的密度及均匀性，选择地基持力层

重型动力触探对卵石层内厚度 20cm 以上的软弱夹层（软土、砂、砂夹卵石）的反应是很敏感的。图 4-4 为省人委大楼工程卵石层贯入曲线和打桩结果。施工（锤重 3.6t）证明，根据贯入曲线选择的桩基持力层和桩长，基本上（占 95%）与打桩结果一致。已有许多工程的实践说明，用重型动力触探查明卵石地基的软弱夹层、密实程度、均匀性及选择地基持力层等方面，是常规冲击钻探所无法比拟的。

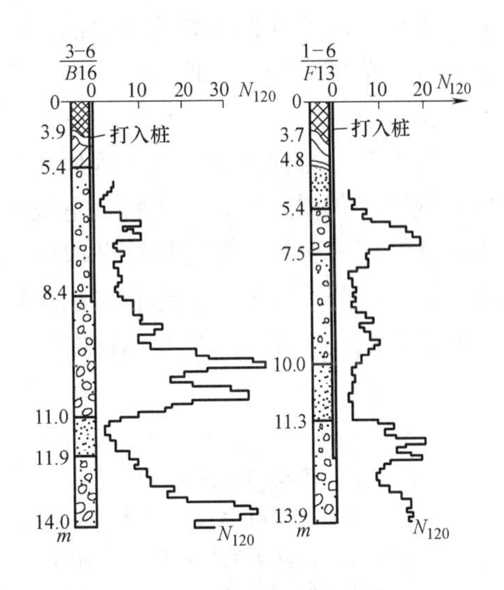

图 4-4 重型动力触探曲线

二、估计浅基础地基的容许承载力

卵石地基容许承载力的评价主要是根据卵石层的密实程度和均匀性。用动力触探查明了地基持力层内 N_{120} 值的空间分布以及下卧层的情况后，容许承载力的评价也就有了客观的依据。一般在 N_{120} 值较大、分布均匀而无软弱夹层以及软弱下卧层的地段，地基容许承载力可以高一些，反之，则应低一些。据近三年来在成都地区的一些载荷试验资料来看，对于浅基础，卵石地基的容许承载力可以参照表 4-10 所列的密度分级按照现行《建筑地基基础设计规范》确定。

N_{120} 与卵石层密度关系 **表 4-10**

N_{120}	≤0.5	0.5～2	2～4	4～6	6～8	8～14	14～20	>20
土名	软土或粉细砂	细、中、粗砂	砂砾夹卵石	卵石			卵石（含漂石）	漂石
密度				稍密	中密	密实	很密	

卵石地基的容许承载力可按照式（4-11）或式（4-12）估算（$5 \leqslant N_{120} < 12$）：

$$[R]=110N_{120} \tag{4-11}$$

$$[R]=4.54R_d \tag{4-12}$$

式中 $[R]$——地基的容许承载力（kPa）；

N_{120}——计算指标。考虑场地卵石层的均质程度，对于较均匀的地基，$N_{120}=\overline{N}_{120}-2s/\sqrt{n}$触（$n$ 为触探点数）；对于很不均匀的地基，$N_{120}=\overline{N}_{120}-s$；

R_d——根据荷兰公式计算的动阻力。

上面的公式是在分析了成都岷山旅馆、成都冷库和电力局等工程现场的载荷试验成果和触探成果的基础上提出的。

三、估计单桩容许承载力

目前还缺少单桩静载荷试验的资料。根据省人委大楼和成都轻工院大楼桩基施工的初步经验来看，当桩的入土深度在6～13m时，可以用式（4-13）、式（4-14）估算桩尖平面处卵石层的容许承载力R（kPa）。

$$R=400N_{120} \tag{4-13}$$

$$R=16.7R_d \tag{4-14}$$

式（4-13）和式（4-14）是分析省人委大楼桩基在代表性地段的试打记录和成都轻工院大楼桩基施工控制资料后提出的。试桩的N_{120}值是桩尖以下$4d$和桩尖以上$4d$（d为桩的直径）范围内的平均值。

四、小结

重型动力触探在卵石层工程地质勘察中的应用取得了初步的经验，应用中要特别注意摸索规律、积累经验，并要特别重视根据场地的地质特点布置勘察工作和注意工作程序：控制性钻探—触探—补充钻探及取样—现场试验（载荷、剪切试验等）。勘探点的密度要适当加密一些，以利寻找卵石层触探特性的统计规律。初步经验表明，应用重型动力触探可使工程地质勘探效率提高4倍左右，并且能解决常规冲击钻探无法解决的问题。

思考题

1. 什么是圆锥动力触探试验？
2. 圆锥动力触探有哪几种类型，各适用于什么样的土层？
3. 为什么圆锥动力触探试验指标锤击数可以反映地基土的力学性能？
4. 圆锥动力触探的试验成果的影响因素有哪些？
5. 圆锥动力触探的应用有哪些？
6. 为什么说动力触探是比较粗略的原位测试手段？

第五章　标准贯入试验

第一节　概　　述

标准贯入试验（Standard Penetration Test，简称 SPT）是用质量为 63.5kg 的穿心锤，以 76cm 的落距，将标准规格的贯入器，自钻孔底部预打 15cm，再记录打入 30cm 的锤击数，判定土的力学特性。贯入阻抗是用贯入器贯入土中 30cm 的锤击数 $N_{63.5}$ 表示，称标准贯入击数。

标准贯入试验实际上仍属于动力触探试验范畴，所不同的是标准贯入试验的贯入器不是圆锥探头，而是由两个半圆筒合成的圆筒形探头。通过标准贯入试验，从贯入器中可以取得试验深度处的土样，取出后直接观察鉴别土类。与动力触探一样，标准贯入试验的缺点是离散性比较大，只能粗略地评定土的工程性质。

标准贯入试验是 20 世纪 40 年代末期发展起来的，起初各国标准贯入试验设备并不标准，直至 1988 年第一届国际触探试验会议，才提出国际标准，于次年通过并执行。我国 20 世纪 50 年代初期由南京水利实验处研究标准贯入试验并在治淮工程中得到广泛应用，积累了大量的使用经验后写出“暂行标准”，20 世纪 60 年代标准贯入试验在国内得以普及。

标准贯入试验一般只适用于砂性土及黏性土类，不适用于碎石类土及岩层。它也不适用于软塑～流塑软土，因其试验精度较低，远不及十字板剪切试验及静力触探等方法普及。

标准贯入试验可用于：

（1）评价砂土、粉土、黏性土的物理状态；

（2）判定地基的承载力、变形模量及物理力学性指标等参数；

（3）预估单桩承载力和选择桩尖持力层；

（4）判别砂土及黏质粉土地震液化的可能性。

上述应用中，除判别液化外，其余的应用方法都是基于与其他测试方法的对比而建立起计算公式的，如桩的承载力的预估是与静载荷试验相对比，土的物理力学性指标是与室内试验成果建立相关关系。因此，对缺乏使用经验的地区，在应用标准贯入试验时应与其他测试方法配合使用。

第二节　基本原理和仪器设备

4. 标准贯入试验设备

一、基本原理

标准贯入试验与圆锥动力触探试验一样，二者基本原理非常相似，圆锥动力触探的原理也适用于标准贯入试验。

但标准贯入试验所使用的贯入器是空心的，贯入过程中整个贯入器对端部和周围土体产生挤压和剪切作用，有一部分土挤入贯入器，使其工作状态和边界条件更加复杂。

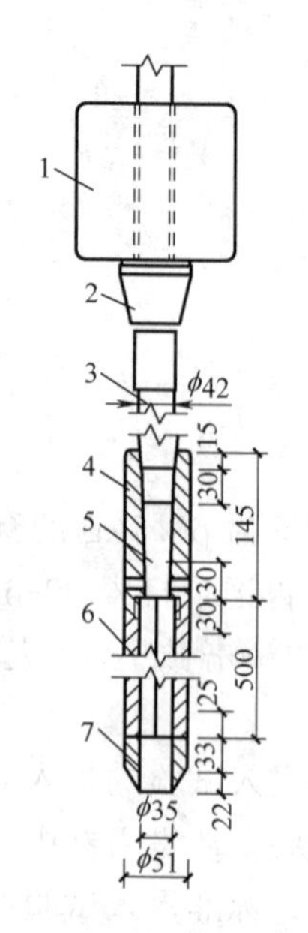

图 5-1 SPT 试验设备（单位：mm）
1—穿心锤；2—锤垫；3—触探杆；4—贯入器；5—出水孔；6—对开管；7—贯入器靴

二、仪器设备

标准贯入试验设备主要由贯入器、穿心锤和触探杆三部分组成，如图 5-1 所示。目前，国际上常用的设备规格已经统一，见表 5-1。

1. 贯入器

标准规格的贯入器是由对开管和管靴两部分组成的探头。对开管是由两个半圆管合成的圆筒形取土器；管靴是一个底端带刃口的圆筒体。两者通过丝口连接，管靴起到固定对开管的作用。

2. 穿心锤

穿心锤为重 63.5kg 的铸钢件，中间有一直径 45mm 的穿心孔，放导向杆。

锤形上，国际国内还不完全统一，其与钻杆的摩擦也不一样。现已普遍使用自动脱钩装置，但国际上仍有手拉钢索提升落锤的方法。

3. 触探杆

国际上多用直径为 50 或 60mm 的无缝钢管，而我国则常用直径为 42mm 的工程地质钻杆。钻杆与穿心锤连接处设置一锤垫。

国际常用标贯设备规格 **表 5-1**

设备规格 \ 国家			中国 1988 年	国际标准 1988 年	欧洲规程 1977 年	日本 1976 年	美国 1984 年
贯入器	外径(mm)		51	51	51	51	50.8
	内径(mm)		35	35	35	35	34.94
	全长(mm)		700	685	660	810	685.8
	管靴	长度(mm)	50	50	50	50	50
		刃角	19°50′	/	18°36′	19°47′	18°25′
		刃口厚(mm)	0～2.5	1.6	1.6	0	0.1″
弯曲度			<1/1000	<1/750	<1/1000	/	/
触探杆	孔深小于 15m(mm)		ϕ42 或 ϕ50	ϕ40.5 ϕ50 ϕ60	ϕ43.7 AW 型钢管	M1409 型 ϕ40.5/42	ϕ41.2 ϕ48.4 ϕ60.3
	孔深大于 15m(mm)				ϕ54B W 型钢管	/	刚度较大管
穿心锤	自重(kg)		63.5	63.5	63.5	63.5	63.5
	下落高度(cm)		76	76	76	76	76

第三节　试验要点和影响因素

一、试验要点

1. 钻进方法。为保证钻孔质量，要采用回转钻进，当钻进至试验标高以上 15cm 处，停止钻进。需注意：

（1）仔细清除孔底残土到试验标高；

（2）在地下水位以下钻进时，或遇承压含水砂层时，孔内水位应始终高于地下水位，以减少对土的振动扰动；

（3）当下套管时，要防止套管下过头，否则在管内做试验会使 N 值偏大。

2. 为保证锤击时钻杆不发生侧向晃动，钻杆应定期检查，使钻杆弯曲度小于 0.1%，接头应牢固。

3. 穿心锤落距为 76cm，应采用自动落锤装置，要减小导向杆与锤之间的摩阻力，以保持锤击能量恒定。

4. 试验时，先将整个杆件系统连同静置于钻杆上端的锤击系统一起下到孔底，再将贯入器以每分钟 15～30 击的速度打入土层中 15cm，以后开始记录打入 30cm 的锤击数，即为实测锤击数 N。

当 $N>50$ 击，贯入度未达 30cm，应终止试验，不必强行打入。此时，按实际贯入度 ΔS（cm）的累积锤击数 n，按式（5-1）计算贯入 30cm 的锤击数。

$$N=30n/\Delta S \tag{5-1}$$

5. 提出贯入器，取出贯入器中的土样进行鉴别、描述、记录，保存土样备用。

6. 绘制击数和贯入深度标高 H 的关系曲线。

二、影响因素

1. 锤击能量

通过标贯实测，发现真正传输给杆件系统的锤击能量有很大差异，它受机具设备、钻杆接头的松紧、落锤方式、导向杆的摩擦、操作水平及其他偶然因素等影响。美国 ASTM-D4633-86 绘制了实测锤击的力-时间曲线，用应力波能量法分析，即计算第一压缩波应力波曲线积分可得传输杆件的能量。通过现场实测锤击应力波能量，可以对不同锤击能量的 N 值进行合理的修正。

2. 孔底土的扰动

不同的钻进工艺（回转、水冲等）、孔内外水位的差异、钻孔直径的大小等，都会改变钻孔底土体的应力状态，因此会对标准贯入试验结果产生重要影响。

试验时要保持孔内水位始终高于地下水位，不使孔底发生涌砂变松。缓慢地下放钻具，避免孔底土的扰动。

3. 泥浆护壁

虽然《岩土工程勘察规范》规定，当孔壁不稳定时，可用泥浆护壁。但《土工试验规程》中，有对比试验表明：泥浆护壁相应地增大了 N 值。如对某一细砂层至中砂层，由于涌砂，N 的平均值分别为 22、24、29 击；而泥浆护壁防止涌砂后分别为 64、88、94 击。

4. 手拉绳落锤

由于手拉绳牵引贯入试验时，绳索与滑轮的摩擦阻力及运转中绳索所引起的张力，消耗了一部分能量，减少了落锤的冲击能，使锤击数增加；而自动落锤完全克服了上述缺点，能比较真实地反映土的性状。据试验，N 值自动落锤为手拉落锤的 0.8 倍，为 SR-30 型钻机直接吊打时的 0.6 倍。《岩土工程勘察规范》规定采用自动落锤法。

第四节　资料整理和成果应用

一、资料整理

1. 击数修正

(1) 杆长修正

对于杆长的影响，国内外存在不同的看法，有两种代表性的分析理论，即古典的牛顿碰撞理论及弹性杆件中波动理论。按牛顿碰撞理论，随杆长的增长，杆件系统受锤击碰撞后可用于贯入土中的有效能量逐渐变小；而按弹性波动理论，随杆长的增长，有效能量却是逐渐增大，超过一定杆长后，有效能量趋于定值。

国外对 N 值的传统修正包括：饱和粉细砂的修正、地下水位的修正、土的上覆压力修正。国内长期以来并不考虑这些修正，而着重考虑杆长修正。

《建筑地基基础设计规范》GBJ 7—89 规定杆长大于 3m 时锤击数应按下式修正：

$$N=\alpha N' \tag{5-2}$$

式中　N——标贯试验经杆长修正后的锤击数；

N'——实测的标贯击数；

α——长度修正系数，查表 5-2。

探杆长度校正系数表　　**表 5-2**

探杆长度(m)	≤3	6	9	12	15	18	21
α	1.00	0.92	0.86	0.81	0.77	0.73	0.70

该表中 α 值，实际上是以牛顿碰撞理论为基础计算得到的。

如用弹性杆件波动理论，当杆长≥14m，$\alpha=1.0$；当杆长<14m，由于输入钻杆的锤击能量随着杆长变短而变小，使击数值偏大，α 偏小，故不做杆长修正。

杆长修正是依据牛顿碰撞理论，杆件系统质量不得超过锤重 2 倍，使得标贯使用深度小于 21m，但实际使用深度已远超过 21m，最大深度已达 100m 以上；通过实测杆件的锤击应力波，发现锤击传输给杆件的能量变化远大于杆长变化时能量的衰减，故建议不作杆长修正的 N 值是基本的数值。

需指出的是，《建筑地基基础设计规范》GB 50007—2011 中不再出现标贯试验内容，标贯试验的相关表述出现在国家标准《岩土工程勘察规范》GB 50021 中，它规定不进行杆长修正，但要求应用时根据具体所用规范情况来考虑修正与否，以及用何种方法修正。原因是过去建立的 N 值与土性参数、承载力的经验关系，N 值均经杆长修正。

虽然目前有些规范还要进行修正，但国内外研究的总趋势是不再进行杆长修正，如新的抗震规范评定砂土液化时，N 值就不作修正。

(2) 地下水位影响的修正

Terzaghi 和 Peck 提出，实测 $N'>15$ 的饱和粉细砂，建议用式（5-3）修正：

$$N=15+0.5(N'-15) \tag{5-3}$$

《港口工程地质勘察规范》规定，当用 N 值确定 D_r 及 φ 值时，对地下水位以下的中、粗砂层的 N 值宜按式（5-4）修正：

$$N=N'+5 \tag{5-4}$$

(3) 上覆压力影响的修正

长期以来，国内不考虑上覆压力的影响。

2. 资料整理

标准贯入试验成果 N 可直接标在工程地质剖面图上，也可绘制单孔标准贯入击数 N 与深度关系曲线，如图 5-2 所示。统计分层标贯击数平均值时，应剔除异常值。

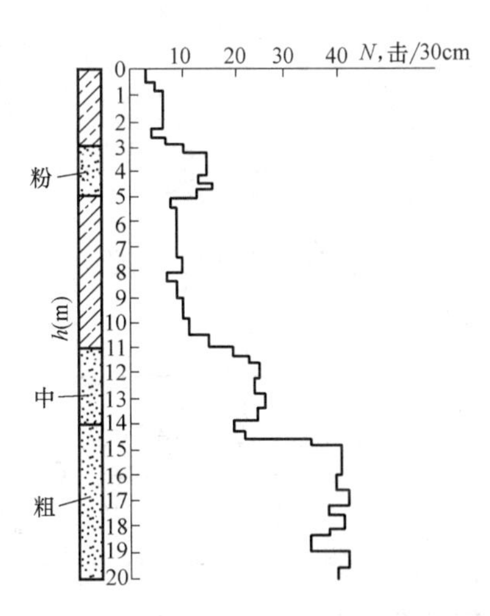

图 5-2　标准贯入击数 N-h 曲线

二、成果应用

标准贯入试验应用十分广泛，但因标贯击数离散性大，利用 N 值解决工程问题时，应持慎重态度。依据单孔标贯资料提供设计参数是不可信的。依据 N 值提供定量的设计参数时，应有当地的经验，否则只能提供定性的参数，供初步评定使用。此外，还要注意公式应用的条件和标贯击数是否做过修正及是否需要修正。

1. 评定土的强度指标

饱和软黏土（$N<4$）不排水强度 c_u：Terzaghi 和 Peck（1948）在《工程实用土力学》中给出的经验关系如下：

$$c_u=6.25N(\text{kPa}) \tag{5-5}$$

砂土的内摩擦角 φ 的一些经验公式见表 5-3。

砂土内摩擦角经验公式（σ_{v0} 为上覆有效应力，kPa）　　**表 5-3**

作者	土类	φ(°)	备注
Dunham	均匀圆粒砂	$\varphi=\sqrt{12N}+15$	
	级配良好圆粒砂	$\varphi=\sqrt{12N}+20$	
	级配良好、均匀棱角砂	$\varphi=\sqrt{12N}+25$	
广东省标准《建筑地基基础设计规范》DBJ 15-31-2016		$\varphi=\sqrt{20N}+15$	
Peck		$\varphi=0.3N+27$	
G. G. Meyerhof	净砂	$\varphi=\frac{5}{6}N+26.7(4\leqslant N\leqslant 10)$	粗、粉砂应减 5°，砾砂加 5°
		$\varphi=\frac{1}{4}N+32.5(N>10)$	
交通部《港口工程地质勘察规范》		$\varphi=\sqrt{15N}+15$	$N<10$ 时，取 $N=10$；$N>50$ 时，取 $N=50$

2. 评定砂土的相对密度 D_r 和紧密程度

直接按 N 值判定砂土的紧密程度，见表 5-4。

直接按 N 值判定砂土的紧密程度 **表 5-4**

紧密程度			N					
国外	国内	D_r	国际	南京水科所 江苏水利厅	水利电力部			冶金勘察 规范
					粉砂	细纱	中砂	
极松	疏松	0～0.2	0～4	＜10	＜4	＜13	＜10	＞10
松			4～10					
稍密	稍密	0.2～0.33	10～15	10～30	＞4	13～23	10～26	10～15
中密	中密	0.33～0.67	15～30					15～30
密实	密实	0.67～1.0	30～50	30～50		＞23	＞26	＞30
极密			＞50	＞50				

3. 评定黏性土的稠度状态

Terzaghi 及 Peck 提出的标贯击数与稠度状态关系，见表 5-5。

黏性土 N 与稠度状态关系 **表 5-5**

N	＜2	2～4	4～8	8～15	15～30	＞30
稠度状态	极软	软	中等	硬	很硬	坚硬
q_u(kPa)	＜25	25～50	50～100	100～200	200～400	＞400

4. 评定地基土的承载力

国外，以标贯试验确定黏性土地基的承载力时，一般是由 N 值推求抗剪强度或无侧限抗压强度 q_u，再按理论公式计算承载力。

国内，着重开展标贯试验与载荷试验对比研究，提出经验关系。根据《建筑地基基础设计规范》GBJ 7—89，砂土承载力标准值见表 5-6，黏性土承载力标准值见表 5-7。但在《建筑地基基础设计规范》GB 50007—2011 中，这些经验表格已删除，表明该表在全国范围内还不具普遍意义，应结合当地经验使用。

N 值与砂性土承载力标准值 f_k（kPa） **表 5-6**

土类 \ N	10	15	30	50
中、粗砂	180	250	340	500
粉、细砂	140	180	250	340

注：N 值为人拉锤的测试结果，$N_{人拉锤}=0.74+1.12N_{自动锤}$。

N 值与黏性土承载力标准值 f_k（kPa） **表 5-7**

N	3	5	7	9	11	13	15	17	19	21	23
f_k(kPa)	105	145	190	235	280	325	370	430	515	600	680

注：N 值为人拉锤的测试结果，$N_{人拉锤}=0.74+1.12N_{自动锤}$。

5. 评定土的变形参数

用标贯试验估算土的变形参数时有两种途径：一种是与平板载荷试验对比，得出变形

模量 E_0；另一种是与室内压缩试验对比，得压缩模量 E_s值。一些经验关系见表 5-8。

N 值与 E_0 或 E_s 的经验关系 **表 5-8**

单　位	关系式	土类
中冶集团武汉勘察研究院有限公司	$E_s=1.04N+4.89$	中南、华东地区黏性土
湖北水利电力勘察设计院	$E_0=1.066N+7.431$	黏性土、粉土
武汉城市规划设计院	$E_s=1.41N+2.62$	武汉地区黏性土、粉土
西南综合勘察院	$E_s=0.276N+10.22$	唐山粉细砂

6. 判定砂土和粉土的液化

目前评价现场砂土液化的主要手段是标准贯入试验，个别也用静力触探试验。

我国《建筑抗震设计规范》GB 50011—2010 规定，当饱和砂土、粉土的初步判别认为需要进一步进行液化判别时，应采用标准贯入试验判别法判别地面下 20m 范围内土的液化。当饱和土的标准贯入锤击数实测值（未经杆长修正）N 小于或等于液化判别标准贯入锤击数临界值 N_{cr}时，应判定为液化土。

在地面下 20m 深度范围内，液化判别的标准贯入锤击数临界值 N_{cr}为：

$$N_{cr}=N_0\beta[\ln(0.6d_s+1.5)-0.1d_w]\sqrt{\frac{3}{\rho_c}} \tag{5-6}$$

式中 N_{cr}——液化判别标准贯入液化锤击数临界值；

N_0——液化判别标准贯入锤击数基准值，见表 5-9；

d_s——饱和土标准贯入点深度（m）；

d_w——地下水位深度（m）；

ρ_c——黏粒含量百分率，当小于 3 或为砂土时，应取 3；

β——与设计地震分组相关的调整系数，设计地震第一组取 0.8，第二组取 0.95，第三组取 1.05。

液化判别标准贯入锤击数基准值 N_0 **表 5-9**

设计基本地震加速度	0.10g	0.15g	0.20g	0.30g	0.40g
液化判别标准贯入锤击数基准值 N_0（击）	7	10	12	16	19

7. 确定桩基持力层的位置和单桩承载力

（1）选择桩尖持力层

利用标准贯入试验选择桩尖持力层，从而确定桩的长度是一个简便有效的方法，特别是地层变化较大时更具突出的优点。

根据国内外的实践，对于打入式预制桩，常选 $N=30\sim50$ 击作为持力层。对广州地区的残积层 $N=30$ 就可满足桩长 15～20m 对持力层的要求。应用时也应结合地区经验来考虑，如上海，一般在 60m 以下才出现 $N\geqslant30$ 击的地层，多用半支承半摩擦桩，则可把桩尖持力层选在地下 35m 及 50m 上下的 $N=15\sim20$ 击的中密粉细砂及黏土层上。实践证明，这也是合理可靠的。

（2）求单桩容许承载力

虽然《岩土工程勘察规范》和《建筑地基基础设计规范》中都没有将单桩容许承载力列入，但在积累了大量的实践经验后，一些文献提出了不少根据标贯锤出数估算单桩承载力的公式，如北京市勘察设计研究院，日本建筑钢桩基础设计规范，G. G. Meyerkof 等，这里不再详述。

5. 标准贯入试验检测搅拌桩

第五节　工程案例分析

——用取芯观察和 SPT 击数综合判定水泥土搅拌桩桩身质量（何开胜，2000）

一、工程概况

水泥土深层搅拌法是一种新型合理的软土地基加固技术，它不同于刚性的钢筋混凝土桩，也不同于柔性的碎石桩和砂桩，其加固体水泥土的强度介于混凝土和原状土之间，90d 龄期的无侧限强度一般为 0.8～3MPa。它具有造价低、工期短、沉降小、适用范围广的特点，在我国各行业的地基加固工程中得到了广泛的应用。

南京炼油厂拟兴建直径 60m、设计承载力为 240kPa 的 5 万方油罐。工程位于长江下游河漫滩地上，需加固的淤泥质土呈软塑状、含水量为 47.3%、孔隙比为 1.34、厚达 12～22m、埋深达 16～27m、承载力只有 70～80kPa。设计使用埋深 16～27m 水泥土搅拌桩进行加固。

由于深层搅拌桩属于半柔性半刚性桩，因而对其质量的检测不能照搬刚性桩或柔性桩的检测方法。本案例介绍用标贯试验检测搅拌桩桩身水泥土质量的方法。

二、现有水泥土桩质量检测方法评价

地基处理规范或规程对施工后搅拌桩的检测方法主要有：

（1）轻便触探法。该法只适用于深度 4m 以内的桩身水泥土质量，对整桩质量无法检查。

（2）钻取桩身芯样，测定桩身强度。规范规定只对触探检验有问题的桩采用此法进行检测，仍不能全面判断整桩质量。

（3）单桩载荷试验。水泥土搅拌桩桩身标准强度的养护龄期为 90d，静载试验要等待很长的时间，并花费较多的费用。此外，还有载荷试验的荷载传递深度问题，短时间、小面积的水泥土搅拌桩荷载试验不能体现大面积的长期荷载作用效果。

（4）开挖检查。只能检查桩顶部分外观质量，而且强度很低的水泥土桩，一旦开挖出来暴露在空气中，随着水分的蒸发，强度迅速增长。

（5）动测法和静力触探法。对半柔半刚性的水泥土桩是否适用还处于探索阶段。

可见，现有检测方法的主要不足之处在于对水泥土搅拌桩中下部质量判断不力，而搅拌桩的桩身薄弱环节也正在中下部。所以，好的检测方法必须对全长桩身质量作出全面评价。

三、取芯、标贯和无侧限试验检测法

水泥土搅拌桩的桩身质量主要取决于水泥土的均匀性和强度两个方面，检测工作必须紧紧围绕这两点。

（1）桩身水泥土质量特性分析

水泥土标贯击数和无侧限抗压强度既相互依存又相互对立。对天然地基土来说，标贯

击数愈大，则无侧限抗压强度愈高。搅拌桩水泥土则须分两种情况：① 搅拌均匀的水泥土桩，标贯击数和无侧限强度间的关系类似于天然地基土。②搅拌不均匀的水泥土桩，因存在大小不等的水泥碎块和片块，钻孔取样扰动较大，使水泥土无侧限强度偏低；而相应的标贯击数却偏大，因标贯筒带动水泥富集块体贯入，阻力增加。

这种搅拌不均匀的水泥土桩 q_u过小而 N 过大的现象说明水泥土桩的质量检测不能单从某个单方面来衡量，必须结合各方面进行综合判断。

（2）桩身水泥土质量检测方法

标贯击数，因是原位测试，受取样扰动影响较小，如桩身搅拌均匀，则其击数基本上反映了水泥土强度的高低。钻孔取得全长桩身水泥土芯样，不仅能直观地、定性地看出水泥土搅拌的均匀程度，而且，取出的芯样还能定量地测出其无侧限抗压强度。

从现场取芯得到的 q_u真实地反映了现场施工水平和养护条件下的桩身水泥土强度值，而不是室内人工制备的水泥土试样强度。虽然钻孔取样对水泥土有一定的扰动，但对搅拌均匀的水泥土桩来说，其结果可作为标贯试验的有效补充。

所以，水泥土桩桩身质量检测应以现场取芯观察、标准贯入试验为主，无侧限抗压试验为辅。

（3）质量合格评判

水泥土搅拌桩的质量合格标准与设计要求和土层类别有关，很难用一个统一的指标来衡量。但是，根据前述分析，可以用以下原则来确定具体工程的合格标准：首先，搅拌桩必须按规范要求进行承载力和沉降设计计算，确定合适的水泥掺量、桩径和布置形式。然后，对现场桩身取芯观察，若桩身有严重水泥富集、搅拌不均或桩身不连续，则应视为不合格桩；只有那些桩身水泥土搅拌均匀的桩才有资格评定合格桩。对某一土层，统计搅拌均匀的水泥土所在处标贯击数，其最小值可作为该土层水泥土质量合格的起点。为了防止后期水泥土强度过高造成标贯击数太大而失去参考意义，检测试验日期最好选在成桩 10d 左右。

四、检测结果和质量评估

本工程经过第 1 次 25 根试验桩、第 2 次 7 根试验桩的检测，对取芯显示水泥土搅拌均匀的桩，基本确定了 10d 龄期标贯击数不低于 10 击的合格标准（淤泥质黏土），且标贯击数沿深度减小。后经第 3 次 3079 根长 16～27m 的工程桩跟踪抽检 48 根，进一步证实了这一标准。水泥土桩质量具体可分四个等级，见表 5-10。

水泥土桩质量检测控制标准 **表 5-10**

等级	取芯水泥土搅拌状况	10d 龄期桩身各点的标贯击数
优质	连续、均匀	均大于 10 击，平均击数大于 30 击
良好	绝大部分连续、均匀，仅有少量水泥富集和搅拌不均	均大于 10 击，平均击数大于 20 击
及格	基本连续、均匀，有少量水泥富集和搅拌不均，并存在部分呈软塑状的桩段	在 15m 以下允许有 1 点低于 10 击，且其代表的桩段长度小于 1m。 平均击数大于 20 击
不合格	不连续、不均匀，有严重的水泥浆富集，呈软塑状的桩段较多较长	在 15m 以下桩段有 1 点低于 10 击，且其代表的桩段长度大于 1m，或全长桩段有 2 点以上低于 10 击

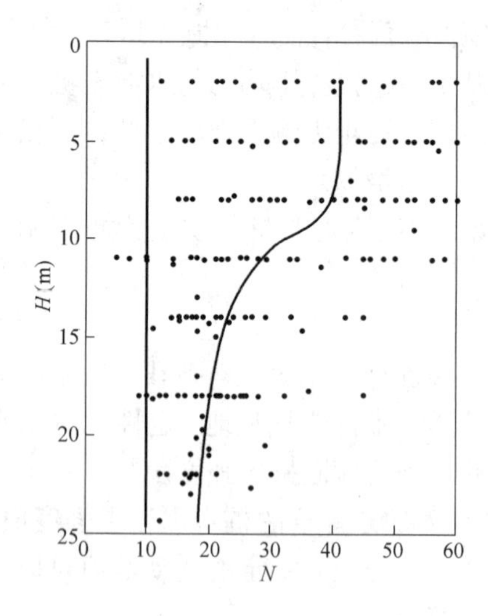

图 5-3　10d 龄期水泥土 N 分布

本油罐工程桩检测时每桩标贯 6 点，在 2m、5m、8m、11m、18m、24m 深度附近，48 根桩共 316 个标贯点。

从 48 根桩的取芯结果看，水泥土搅拌均匀，桩身连续，只是偶见小范围的少量水泥富集块。10d 龄期 37 根桩 246 个测点标贯击数随深度分布如图 5-3 所示：仅 3 个点的标贯击数 N 不足 10 击，且全部发生在桩顶 10m 以下，仅占 1%；上部 5m 填土中 N 平均 41.5 击，下部淤泥质黏土中 N 平均 27.2 击。上部填土层和下部淤泥质黏土中桩身取芯无侧限强度分别为 1086kPa 和 480kPa。

在成桩 150d 以后，又抽检了 6 根桩，各土层中的 N 大都大于 60 击。两种土层中桩身取芯无侧限强度分别为 4.05MPa 和 2.52MPa。

根据规范对 37 根 10d 龄期的工程桩进行了分类：优质桩 12 根，良好桩 13 根，及格桩 8 根，不合格桩 3 根，合格率占 92%。

采用 27m 深长搅拌桩加固的 5 万方油罐现已竣工投产，在 240kPa 的设计荷载作用下，地基沉降量仅为 29～67mm，南北径向倾斜率只有 0.6‰，远低于规范容许值 4‰，说明本检测方法和评价标准方便可行。

思　考　题

1. 什么是标准贯入试验？
2. 标准贯入试验成果在工程上有哪些应用？
3. 在应用标准贯入试验成果时，应注意哪些问题？
4. 标准贯入试验结果的影响因素有哪些？如何修正？有必要修正吗？
5. 简述圆锥重型动力触探与标准贯入试验的差异和联系。

第六章　十字板剪切试验

第一节　概　　述

十字板剪切试验（Vane Shear Test，简称 VST）是用插入土中的标准十字板探头，以一定速率扭转，量测土破坏时的抵抗力矩，测定土的不排水抗剪强度。

十字板剪切试验是原位测试技术中发展较早、技术比较成熟的一种方法，用于测定饱和软黏土（$\varphi=0$）不排水抗剪强度。美国 ASTM-STP1010（88）提出，适用于灵敏度 $S_t \leqslant 10$ 的均质饱和软黏土的十字板剪切试验方法。对于不均匀土层，特别是夹有薄层粉细砂或粉土的软黏性土，十字板剪切试验会有较大的误差。对于其他土，试验成果误差较大。

十字板剪切试验有很多优点：①可避免取土扰动的影响；②测得的强度能较好反映土的天然强度；③设备简单、操作方便。

此项技术最先由瑞典科研人员在 1919 年提出来，到 20 世纪 40 年代取得巨大进展。20 世纪 50 年代初南京水利科学研究院引进这项技术，并在沿海各省及多条河流的冲积平原软黏土地区，结合多项工程项目及现场破坏试验的研究，摸索了十字板剪切试验技术和试验指标的应用经验，历时十余年的工作，奠定了十字板剪切试验在我国的应用基础。此后，很多单位在设备的改进和试验应用方面做了大量的工作。

十字板剪切试验可达到以下目的：

（1）测定饱和软黏性土的原位不排水抗剪强度和灵敏度；

（2）计算地基的承载力；

（3）判断软黏性土的固结历史。

第二节　基本原理和仪器设备

一、基本原理

将规定形状和尺寸的十字板头压入土中试验的深度，施加扭矩使板头等速扭转，在土体中形成圆柱破坏面。测定土体抵抗剪切的最大扭矩，以计算土的不排水抗剪强度。

在十字板头旋转过程中，在土体内产生一个高度为 H（十字板头的高度）、直径为 D（十字板头的直径）的圆柱状剪损面，假定该剪损面的侧面和假定十字板头扭转形成的圆柱破坏面高度和直径与十字板头高度和直径相同，破坏面上、下底面上每一点土的抗剪强度都相等。土体扭剪过程中产生的最大抵抗力矩 M，等于圆柱体上下底面上的土体抵抗力矩 M_1 和侧面上的土体抵抗力矩 M_2 之和，即：

$$M=M_1+M_2=2c_u \cdot \frac{\pi D^2}{4} \cdot \frac{2}{3} \cdot \frac{D}{2}+c_u \cdot \pi DH \cdot \frac{D}{2} \tag{6-1}$$

即

$$c_u=\frac{2M}{\pi D^2\left(\frac{D}{3}+H\right)} \tag{6-2}$$

式中 c_u——土的不排水抗剪强度。

对于电测十字板仪，由于在十字板头和轴杆之间的扭力柱上贴有电阻应变片，扭力柱测定的只是作用在十字板头上的扭力，因此在计算土的抗剪强度时，不必进行轴杆与土体间的摩擦力和仪器机械摩阻力修正，土的不排水抗剪强度可直接按式（6-1）计算。

对于普通机械式十字板仪，式（6-1）中的 M 值等于试验测得的总力矩减去轴杆与土体间的摩擦力矩和仪器机械的摩阻力矩。

$$M=(p_f-f)R \tag{6-3}$$

式中 p_f——剪损土体的总作用力；

f——轴杆与土体间的摩擦力和仪器机械阻力，在试验时通过使十字板仪与曲杆脱离进行测定；

R——施力转盘半径。

二、仪器设备

十字板剪切试验的设备为十字板剪切仪，按传力方式分为机械式（图 6-1）和电测式（图 6-2）两类。机械式十字板剪切仪又有开口钢环式和轻便式。机械式十字板剪切试验需要用钻机预先成孔，然后将十字板头压入至孔底以下一定深度进行试验。电测式十字板仪剪切试验可采用静力触探贯入主机将十字板头压入指定深度进行试验。

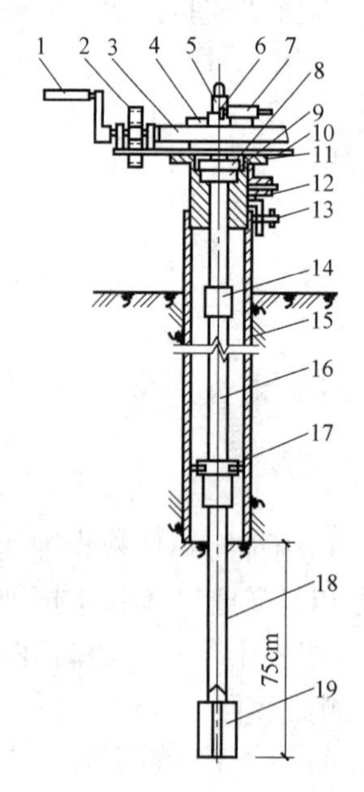

图 6-1 开口钢环式十字板剪切仪结构示意图

1—摇柄；2—齿轮；3—蜗轮；4—开口钢环；5—固定夹；6—导杆；7—百分表；8—底板；9—支圈；10—固定套；11—平面弹子盘；12—底座锁紧轴；13—制紧轴；14—接头；15—套管；16—钻杆；17—导杆；18—轴杆；19—十字板头

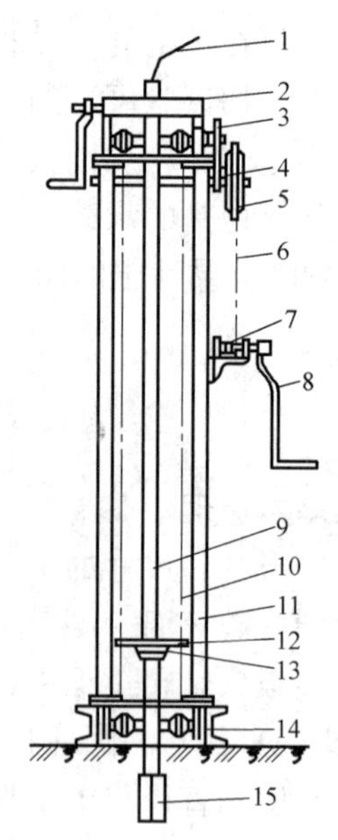

图 6-2 电测式十字板剪切仪的构造

1—电缆；2—施加扭力装置；3—大齿轮；4—小齿轮；5—大链条；6，10—链条；7—小链条；8—摇把；9—探杆；11—支架立杆；12—山形板；13—垫压板；14—槽钢；15—十字板头

压入设备采用触探主机或其他设备，能将十字板头垂直压入土中。

对轻便式十字板剪切仪，试验中难以准确掌握剪切速率和不易准确维持仪器的水平，测试精度不高，现基本不用。

开口钢环式十字板剪切仪是利用蜗轮旋转将十字板头插入土层中，借开口钢环测力装置测出总阻力矩，减去轴杆与土体间的摩擦力矩和仪器机械摩阻力矩后，再计算土的抗剪强度，现也很少使用。

电测式十字板剪切仪是在十字板头上方连接一贴有电阻应变片的受扭力柱的传感器。在地面用电子仪器直接量测十字板头的剪切扭力，不必进行钻杆和轴杆校正。实践表明，电测十字板剪切仪轻便灵活、操作容易，试验成果也比较稳定，目前使用最为广泛，基本取代了其他形式的十字板剪切仪。

下面分述十字板剪切仪各部件。

（1）十字板头

国外十字板头有矩形、菱形、半圆形等。国内多采用矩形，高径比（H/D）为 2。表 6-1 是国内常用的十字板头规格和尺寸。对于淤泥土，宜使用Ⅱ型板头进行试验。

国内常用的十字板头规格和尺寸 **表 6-1**

型号	板高（mm）	板宽（mm）	板厚（mm）	刃角（°）	轴杆（mm）		高宽比	厚宽比	面积比（%）
					直径	长度			
Ⅰ	100	50	2	60	13	50	2	0.04	≤14
Ⅱ	150	75	3	60	16	50	2	0.04	≤13

（2）轴杆

轴杆的直径一般为 20mm。按轴杆与十字板头的连接方式，国内广泛使用离合式，也有采用套筒式。离合式轴杆是利用一离合器装置，使轴杆与十字板头能够离合，以便分别作十字板总剪力试验和轴杆摩擦校正试验。

套筒式轴杆是在轴杆外套上一个带有弹子盘的可以自由转动的钢管，使轴杆不与土接触，从而避免两者的摩擦力。在套筒下端 10cm 与轴杆间的间隙内涂以黄油，上端间隙灌以机油，以防泥浆进入。

（3）测力装置

机械式十字板，一般用开口钢环测力装置（图 6-3），电测式十字板则采用电阻应变式测力装置（图 6-4），并配备相应的读数仪器。

开口钢环测力装置是通过钢环的拉伸变形来反应施加扭力的大小。这种装置使用方便，但有时由于推进蜗轮加工不够精密或沾有污物，转动时有摇晃现象，影响测力的精确度。

电阻应变式测力装置是在十字板头上端的轴杆部位安置测扭力传感器，在高强弹簧钢的扭力柱上贴有两组正交的，并与轴杆中心线呈 45°的电阻应变片，组成全桥接法。扭力柱的上部与轴杆相接。

套筒主要用以保护传感器，它的上端丝扣与扭力柱接头用环氧树脂固定，下端呈自由状态，并用润滑防水剂保持它与扭力柱的良好接触。这样，应用这种装置就可以通过电阻应变片直接测读十字板头所受的扭力，而不受轴杆摩擦、钻杆弯曲及坍孔等因素的影响，提高了测试精度。

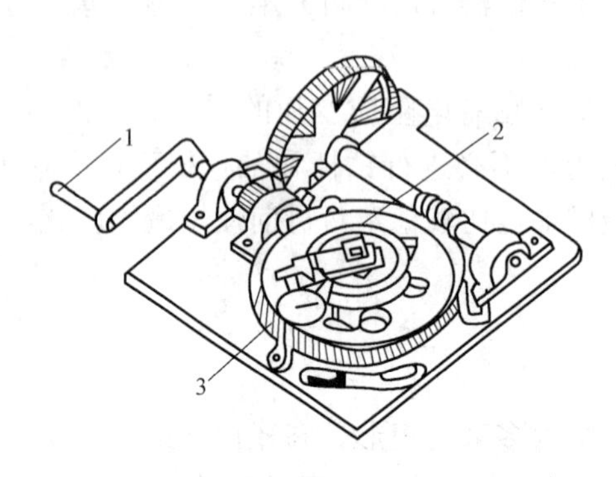

图 6-3　开口钢环测力装置

1—摇柄；2—开口钢环；3—百分表

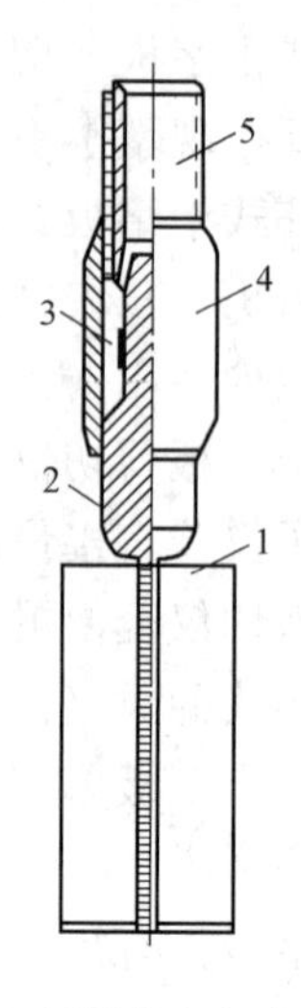

图 6-4　电测十字板头结构图

1—十字板头；2—扭力柱；3—应变片；4—护套；5—出线孔

（4）扭力装置

由蜗轮蜗杆、变速齿轮、钻杆夹具和手柄组成。

（5）其他

钻杆、水平尺、管钳等。

第三节　试验要点和影响因素

一、试验要点

1. 技术要求

（1）试验点的深度间距。对均质土，竖向间距可为 1m；对非均质或夹薄层粉细砂的软黏土，宜先作静力触探，结合土层变化，选择软黏土进行试验。

（2）十字板头压入。对机械式十字板仪，应先钻孔（如孔壁不稳定，还需用下套管护壁），清除孔内残土后，再将十字板头插入钻孔底以下不小于钻孔或套管直径 3～5 倍的深度，以保证十字板能在未扰动土中进行剪切试验。对电测式十字板仪，不用钻孔，直接从地面压入。

（3）静置。十字板插入至试验深度后，至少应静置 2～3min，方可开始试验。

（4）扭转剪切速率。宜采用（1°～2°）/10s，并应在测得峰值强度后继续测记 1min。

（5）测定重塑土强度。在峰值强度或稳定值测试完后，顺扭转方向快速连续转动 6 圈，使十字板头周围土体充分扰动，测定重塑土的不排水抗剪强度。

（6）对开口钢环十字板剪切仪，应修正轴杆与土间的摩阻力影响。对电测式，因在十字板头上方连接贴有电阻应变片的受扭力柱传感器，在地面上用电子仪器直接测十字板头的剪切扭力，故不必校正探杆及轴杆的摩擦。

(7) 水上进行十字板试验，当孔底土质较软时，为防止套管在试验过程中下沉，应采用套管控制器。

2. 试验步骤

以常用的电测式十字板为例，简述试验步骤：

(1) 安装及调平电测式十字板剪切仪机架，用地锚固定，并安装好施加扭力装置。

(2) 选择十字板头，并将其接在传感器上拧紧，连接传感器、电缆和量测仪器。

(3) 按静力触探的方法，将电测式十字板头贯入到预定试验深度处。

(4) 用回转部分的卡盘卡住钻杆，至少静置 2～3min，再开始剪切试验。

(5) 试验开始，用摇把慢慢匀速地回转蜗轮、蜗杆，剪切速率为 (1°～2°)/10s。摇把每转一圈，测记仪器读数一次。当读数出现峰值或稳定值后，继续测记 1min。

(6) 松开卡盘，用扳手或管钳将探杆顺时针旋转 6 圈，再用卡盘卡紧探杆，按要求(5) 继续进行试验，测记重塑土抵抗扭剪的最大读数。

(7) 完成上述一次试验后，再松开卡盘，用静力触探的方法继续下压至下一试验深度，按要求重复 (4)～(6) 进行试验，测记原状土和重塑土剪损时的最大读数。

(8) 试验完成后，按静力触探的方法上拔探杆，取出十字板。

二、影响因素

在十字板剪切试验方法及成果计算公式的推导中作了一些人为的假定。实际上影响十字板剪切试验的因素很多，各项因素对不排水抗剪强度的影响，见表 6-2。

十字板剪切试验的影响因素 **表 6-2**

因　　素		影响
(1)十字扳厚度		−10%～−25%
(2)十字板插入对土的扰动		−15%～25%
(3)插入后间歇时间长于标准		10%～20%
(4)土的各向异性比各向同性		5%～10%
(5)应变软化		10%
(6)剪切面剪应力的非均匀分布		6%～9%
(7)破坏圆柱直径大于十字板直径		5%
(8)扭转速率	对 I_p<19 的土	−20%～−5% 或 5%～20%
	对 I_p=40～90 的土	30%～40% 或−40%～−30%

下面分别介绍几项主要的影响因素：

(1) 十字板头的规格

包括十字板的高度 H、径宽 D、板厚及轴杆直径。这些尺寸对总扭矩测量值、周围土体扰动程度有直接的影响。国内外已有较统一的规格，$H/D=2$，板厚＝2～3mm、十字板的面积比约为 12%～13%。此外，十字板和轴杆都采用高强度钢，以保证十字板头具有足够的刚度。

(2) 十字板头的旋转速率

测试实践表明，旋转速率对测试结果影响很大，对高塑性黏土（$I_p=40\sim30$），剪切速率越大抗剪强度越大，增长的很快；对低塑性黏土（$I_p<20$）变化幅度不大。目前，国内外大多采用1°/10s的旋转速率。对于一般软黏土，其最大抗剪强度多出现在十字板转角为20°～30°时，所用时间为3～5min，基本上属于不排水剪切试验，所求出的抗剪强度为不排水抗剪强度。

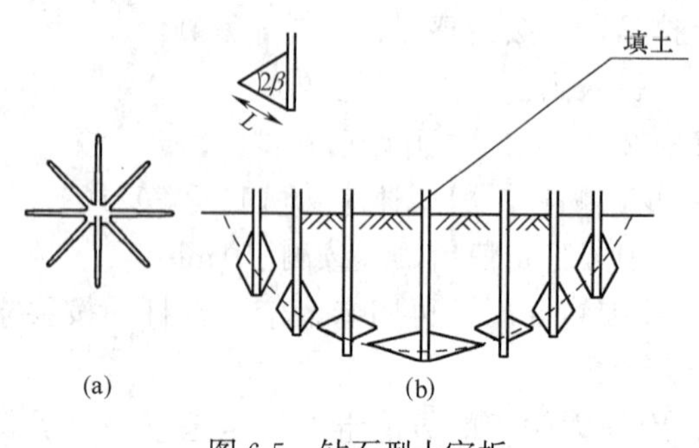

图6-5　钻石型十字板

（3）土的各向异性

土的各向异性是指抗剪强度在土体空间的变化规律。产生各向异性的原因在于土的成层性和土中应力状态的不同。实际土体是各向异性，有不少学者进行过研究，其中最具代表性的测试技术为英国发展的钻石型十字板头（或称三角形十字板），如图6-5所示，可求出不同方向上土的抗剪强度。

（4）插入土层的扰动影响

十字板厚度愈大、轴杆愈粗，则插入土中引起的扰动愈大。一般用十字板的面积比R_A来衡量这种扰动的大小：

$$R_A=A_v/A_c \tag{6-4}$$

式中　A_v——十字板头（包括轴杆）的横截面积；

A_c——受剪土圆柱体的横截面积。

实用上，总是在不影响十字板的刚度和强度的前提下，尽可能使R_A取较小值。

（5）逐渐破损的影响

当十字板在土中旋转时，不但板头上下两端面上应力和位移不均匀，而且圆柱体侧向剪应力和剪应变也不均匀。所以，在剪切面上各点土的峰值强度不可能在同一转角时发挥出来，会在翼板外缘前方先产生应力集中，出现局部破坏，随着扭矩增大，剪损面逐渐向前方扩展，最终在整个圆柱体侧面形成完整的圆柱形剪损面。因此，试验所得的扭矩峰值并不能反映土的真正峰值强度，仅仅是一种平均抗剪强度。

总的来说，影响十字板剪切试验的因素很多，所有这些因素的影响程度都与土类、土的塑性指数和灵敏度密切关系。试验时，应尽量采用标准化的设备、统一的操作方法，使一些影响因素能加以控制；对另一些无法控制的因素，则应从实用角度出发，与其他方法对比，综合加以考虑。

第四节　资料整理和成果应用

一、资料整理

这里主要介绍电测式十字板剪切试验的资料整理。

（1）计算原状土的抗剪强度c_u

$$c_u=K'\xi R_y \tag{6-5}$$

$$K'=\frac{2}{\pi D^2\left(\frac{D}{3}+H\right)} \tag{6-6}$$

式中　c_u——原状土的抗剪强度（kPa）；

ξ——电测十字板头传感器的率定系数（kN·m/$\mu\varepsilon$）；

R_y——原状土剪损时最大微应变值（$\mu\varepsilon$）；

K'——电测十字板常数（m^{-3}）。

（2）计算重塑土的抗剪强度 C'_u

计算公式见式（6-5）、式（6-6）。

（3）计算土的灵敏度

$$S_t=\frac{c_u}{c'_u} \tag{6-7}$$

（4）绘制抗剪强度与深度的关系曲线，抗剪强度与回转角的关系曲线。

二、成果应用

1. 软土不排水抗剪强度

研究资料表明：十字板抗剪强度随剪切速率的增大而增大，而一般加荷速率比工程实际的加荷速率大。

我国《铁路工程地质原位测试规程》TB 10018—2003 建议，将现场实测土的十字板抗剪强度用于工程设计，当缺乏地区经验时可按式（6-8）进行修正：

$$c_u(\text{设计值})=\mu\cdot S_u(\text{实测值}) \tag{6-8}$$

式中　μ——修正系数，当 $I_p\leqslant 20$ 时，取 1；当 $20<I_p\leqslant 40$ 时，取 0.9；I_p为塑性指数。

Bjerrum 依据软基上筑堤的破坏实例，绘出理论的破坏安全系数与地基土塑性指数的关系，如图 6-6 所示。在综合分析比较实测的十字板强度与实际破坏工程反算的平均强度的基础上，提出了综合的修正系数 μ，它随土的塑性指数变化而变化，如图 6-6 所示。

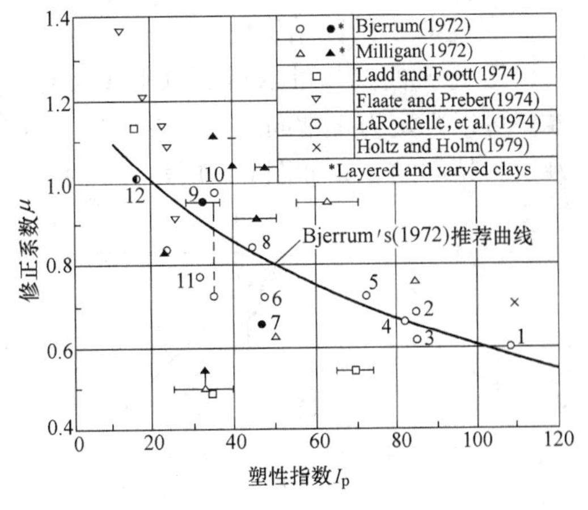

图 6-6　修正系数 μ 与 I_p的关系曲线

2. 计算软土地基承载力

根据中国建筑科学研究院和华东电力设计院积累的经验，可按下式评定地基土的承载力。

$$f_k=2c_u+\gamma h \tag{6-9}$$

式中　f_k——地基承载力标准值（kPa）；

γ——土的重度（kN/m³）；

h——基础埋置深度（m）；

c_u——修正后的十字板强度（kPa）。

3. 软土地基抗滑稳定性分析

用十字板能较准确圈定滑动面位置，并为复核和采取工程措施提供可靠的抗剪强度指标。对饱和软黏土地基施工期的稳定问题，采用 $\varphi=0$ 分析方法，其抗剪强度应选天然强度，可选十字板强度、无侧限抗压强度或三轴不固结不排水强度。

在 20 世纪 50～60 年代，国内外都以破坏工程实例总结使用十字板强度的经验。瑞典的 Cadling 和 Odenstad（1950）根据 11 处滑坡工程，以十字板强度计算安全系数，其平均值为 1.03。南京水利科学研究院根据多年的经验积累认为，以十字板强度用总应力分析方法进行稳定分析时，稳定安全系数为 1.30 左右。

4. 检验软土地基的加固效果

实践表明，十字板强度能十分敏感地反映出地基强度增长的状态，已经成为检验加固效果的主要手段。例如，浙江杜湖土坝地基加固效果的检验，时间的跨度长达 10 年，有很好的规律性，如图 6-7 所示。

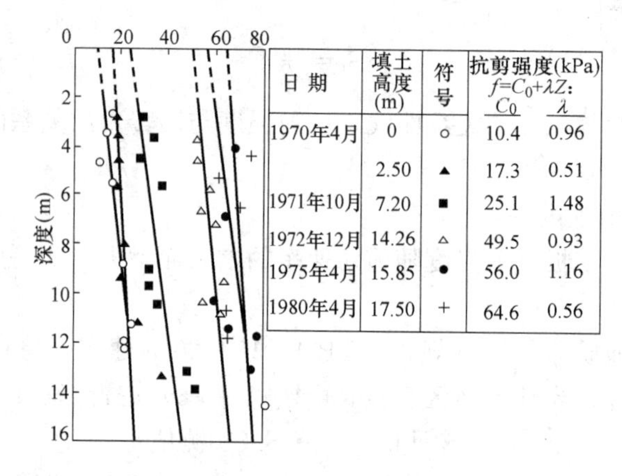

日期	填土高度(m)	符号	抗剪强度(kPa) $f=C_0+\lambda Z$: C_0	λ
1970年4月	0	○	10.4	0.96
	2.50	▲	17.3	0.51
1971年10月	7.20	■	25.1	1.48
1972年12月	14.26	△	49.5	0.93
1975年4月	15.85	●	56.0	1.16
1980年4月	17.50	+	64.6	0.56

图 6-7　1970～1980 年浙江杜湖土坝地基加固效果检验

5. 判定软土的固结历史

根据 c_u-h 曲线，可以判定饱和软土的固结历史。如果曲线大致呈一通过地面原点的直线，可以判定为正常固结土；若直线不通过原点，而与纵坐标的向上延长轴线相交，则可判定为超固结土，如图 6-8 所示。

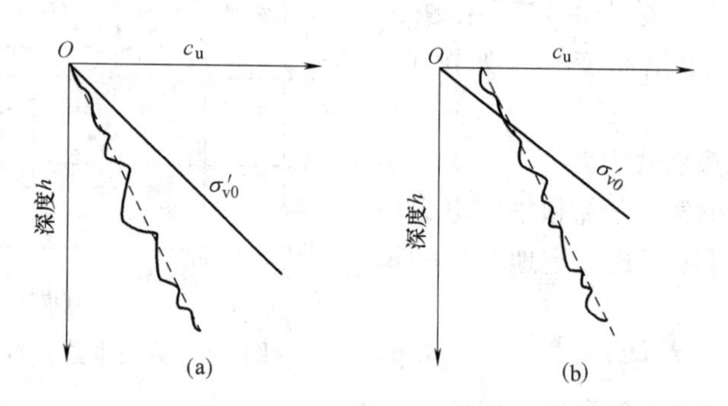

图 6-8　土的十字板不排水抗剪强度随深度的变化

（a）正常固结土；（b）超固结土

第五节　工程案例分析

——十字板试验确定软土预压加固前后的强度变化（何开胜，2007）

本工程案例与第三章属一个工程，概述部分参见第三章所述。

通过对滑坡区土性和滑动面的勘察，就可以科学地对滑坡土体进行治理。

一、滑坡治理方案设计

常规的滑坡处理，多采用减小边坡坡度、堤顶减载、堤脚压载的办法。由于进水渠的河道断面及堤顶高程必须满足过流和防洪要求，这些方法均不适用。经过多方案比较和安全分析，再经专家会议讨论，最后确定了真空预压处理法。

本处加固对象主要是淤泥质粉质黏土②$_3$，加固设计图如图 6-9 所示。根据最危险滑动面位置、安全系数，经稳定分析计算来确定排水板设计深度，本处排水板底高程为 －9.0m。滑坡区排水板间距 1.3m，滑坡区两侧各 18m 范围内，间距依次为 1.5m、2.0m、2.5m。

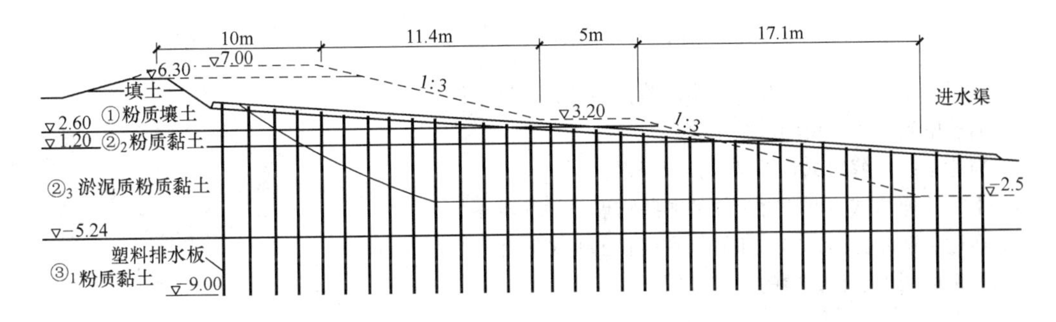

图 6-9　进水渠设计断面和真空预压加固设计

二、加固效果检测

为了检测加固后滑坡区土体强度状况，在真空预压历时 70d，对加固区进行了 3 孔十字板试验和 1 孔静力触探试验，试验结果如图 6-10 所示。

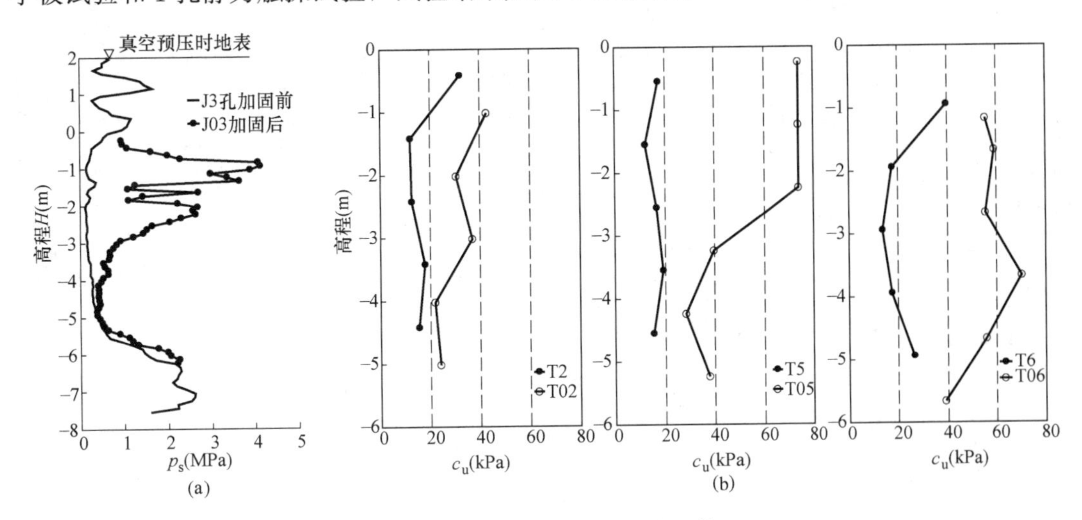

图 6-10　真空预压前后强度比较

（a）静力触探；（b）十字板

从真空预压区内的静力触探曲线可以看出：②$_3$层淤泥质粉质黏土加固后的比贯入阻力 p_s达到 1409kPa（－0.6～－5.4m 区域的平均值），为加固前该处 p_s值（221kPa）的

6.4 倍，加固效果明显。同时也应看到，上部 5m 土层强度增加很大，下部 5m 强度增加不多，衰减迅速，这与真空预压时间不长，真空度向下传递深度还较浅有关。

从真空预压区内的十字板试验曲线可以看出：加固后软土强度上面高，往下渐小；坡脚处较坡顶处小。预压后淤泥质粉质黏土不排水强度最大 74kPa，最小 21.9kPa，平均值为 47.3kPa。而该区域内预压前的不排水强度仅有 16.4kPa，加固后强度为预压前的 2.9 倍，达到了设计要求的强度值 31kPa，基本可以终止真空预压过程。为了加强真空度在土层深处的作用，提高深层软土的加固效果，建议继续抽真空至恒压时间达到 90d 时再卸荷。

工程实际卸荷时间为 95d，后续工程施工安全完成，竣工后运营期工程也处安全状态，表明真空预压法处理堤坝开挖引起的软土滑坡是可靠的。

思考题

1. 什么是十字板剪切试验？说明试验目的及其适用条件。
2. 简述电测式十字板的试验步骤。
3. 简述十字板剪切试验成果的影响因素。
4. 十字板剪切试验能获得土体的哪些物理力学性质参数？
5. 通过十字板剪切试验，如何得到饱和土的灵敏度指标？
6. 举例说明十字板试验的工程应用。

第七章　旁压试验

第一节　概　　述

旁压试验（Pressuremeter Test，简称 PMT）是用可侧向膨胀的旁压器，对钻孔孔壁周围土体施加径向压力的原位测试，根据压力和变形关系，计算土的模量和强度。它又称横压试验，实质上是一种利用钻孔做的原位横向载荷试验。

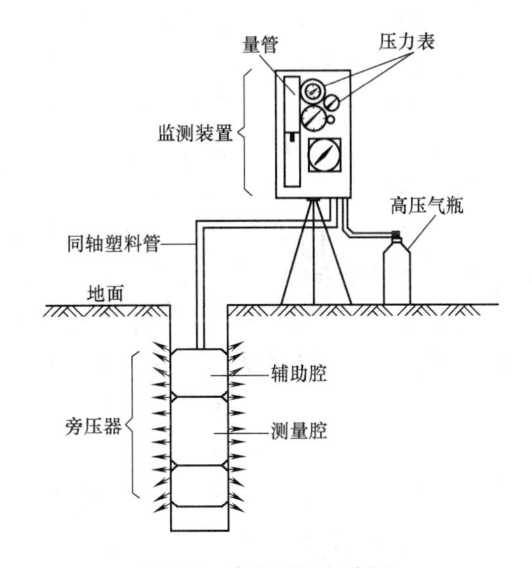

图 7-1　旁压测试示意图

旁压试验仪器称旁压仪，有预钻式、自钻式和压入式三种。预钻式是在预先钻好的孔内放入旁压器，自钻式是用自钻钻头钻进将旁压器放入预定位置。试验原理如图 7-1 所示。

在 1930 年前后，德国工程师 Kogler 发明了可在钻孔中进行横向载荷测试的仪器，这可以说是最早的旁压仪。1957 年法国道路桥梁工程师梅纳德研制成功了三腔式旁压仪，即梅纳德预钻式旁压仪，后经完善和开发，应用效果好，现已普及到全世界。

法国道桥研究中心、英国剑桥大学，从 20 世纪 60 年代末到 70 年代初分别开始研制自钻式旁压仪，其原理是一种自行钻进、定位和测试的钻孔原位试验装置，使旁压技术达到了一个更高的发展阶段。

我国 1962 年仿制了梅纳德预钻式旁压仪，尤其是在 20 世纪 80 年代，由建设部综合勘察院研制了 MIM-1 型单腔气压式应变控制自钻式旁压仪；兵器工业部勘测公司、常州市建筑设计院和溧阳仪器厂等单位研制 WKP-1 型等旁压仪，限定压力为 1000～1600kPa，测试深度一般在 15m 以内。

旁压试验优点是设备轻便，操作简易，测试迅速，可在不同深度进行试验。

预钻式旁压试验适用于黏性土、粉土、砂土、碎石土、残积土、极软岩和软岩。自钻式旁压试验仅适用于黏性土、粉土、砂土，尤其适用于软土。

根据旁压试验，结合地区经验，成果可用于：

（1）测定地基土的初始压力、临塑压力、极限压力；

（2）测定地基土的旁压模量和变形参数；

（3）估算地基承载力；

（4）自钻式旁压试验，还可求土的原位水平应力、静止侧压力系数、不排水抗剪强度等。

国内目前以预钻式为主，压入式目前尚无产品。本章内容以预钻式旁压仪为主，还介绍了自钻式旁压仪。

第二节　基本原理和仪器设备

一、基本原理

对旁压机理的认识，目前主要有两种：一是基于圆柱扩张轴对称平面应变问题的弹性理论解，二是考虑塑性区体变时的孔穴扩张计算理论。

（1）基于圆柱扩张轴对称平面应变问题的弹性理论解

旁压试验可理想化为圆柱孔穴扩张课题，为轴对称平面问题。即在分析中常把主腔孔壁四周的土体受力当作一个平面问题来处理。

如图 7-2 所示，根据基本方程和线弹性理论经典解可知：试验时柱状孔穴的孔壁受到一个附加的均布压力 Δp（$\Delta p=p-p_0$，p 为孔壁处的作用压力；p_0 为土的原始水平应力）时，孔壁周围土体中半径为 r 处的点将产生一个位移 u；位移后，该点的位置将移至 $\rho=r+u$ 处。由此引起的应力分量为 $\Delta\sigma_r+\Delta\sigma_\theta$，其对应的应变分量则为 ε_r 和 $\Delta\varepsilon_\theta$。

对于极坐标轴对称问题，根据平衡方程式和几何方程，并假定土体为各向同性、均质的弹性体，处于小变形状态，就可推导出位移量 u 和压力 σ_r 的理论解。

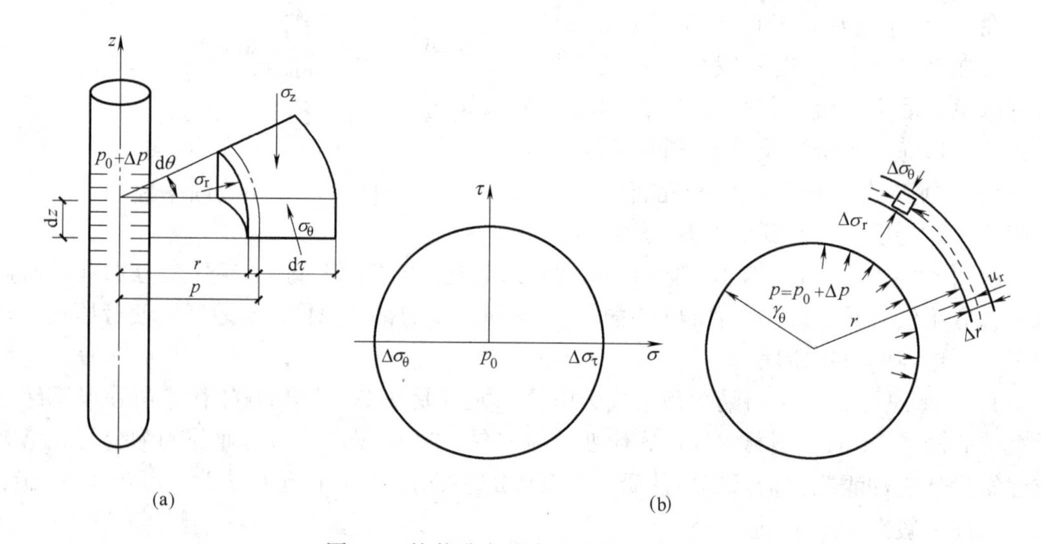

图 7-2　柱状孔穴的应力和位移示意图

（2）考虑塑性区体变时的孔穴扩张计算理论

根据维西克（Vesie）提出的半无限孔穴扩张理论（图 7-3），孔周土体的变形状态可划分成塑性区和弹性区两部分。塑性条件采用莫尔-库仑破坏准则。塑性区是由孔壁 $\rho=\rho_0$ 至半径为 ρ_F 之间的一个环区，并假定 ρ_0 系由点穴扩张而成，故从点穴变形至任一半径 ρ_0 时，$\varepsilon_0\to\infty$，$p=p_L$。

在 $\rho>\rho_F$ 的外区为弹性区，该区的应力应变仍可按弹性理论求解。

弹塑性边界上的径向位移为 u_f，维西克提出用平均体应变来表征塑性区体应变。平

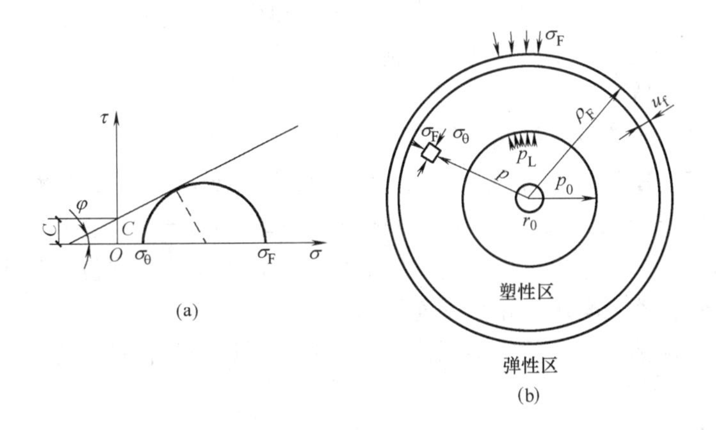

图 7-3　维西克的理论模式图

均体应变的大小由试验决定，它与塑性区的应力条件以及体应变与应力之间的关系等因素有关。在此基础上，他推导出了极限膨胀压力 p_L 的计算公式。

二、仪器设备

1. 设备组成

预钻式旁压仪设备轻便，测试时间短。其最大缺点是预先钻孔，孔壁土层中的天然应力卸除，加之钻孔孔径与旁压器外径难以有效配合，土层的扰动在所难免，使测试效果不甚理想。

自钻式旁压仪具有自钻功能，当钻到预定深度后进行旁压试验，旁压器周围土体的应力状态基本保持原位的应力状态，这是它的优点。但其设备和操作较复杂，人员要求高，且所获得的数据仍需有丰富的使用经验者才可取得较好的使用效果，没有预钻式普及。

国内生产的旁压仪结构和梅纳德型旁压仪基本相同，主要为预钻式。它由四部分组成：旁压器（也称探头）；加压稳压装置；变形量测系统和管路系统。

（1）旁压器

旁压器是旁压仪中的最重要部件，是对土体施加压力的部分，由圆形金属骨架和包在其外的橡皮膜所组成。它一般分为三腔，中间为主腔（也称测试腔），上、下为护腔。主腔和护腔互不相通，而护腔之间则是相通的，把主腔夹在中间。

试验时，有压力的高压水从控制单元通过中间管路系统进入主腔（即测试腔），使橡皮膜沿径向（横向）对周围土体膨胀，压迫周围土体而对其施加压力，从而建立主腔压力和土体体积变形增量之间的相互关系。同时，也向两护腔同步地输入同样压力的水使其压力和主腔保持一致，以便迫使主腔向四周沿水平方向同步变形，这样就可以把主腔周围的土体变形作为一个平面应变问题来处理。

旁压器中央有导水管，用来排泄地下水，使旁压器能顺利地置于测试深度。

目前，PY-2 型和 PY-3 型旁压器的外径均为 50mm（带金属鞘装护套时，为 55mm），总长为 500mm，其中测试腔长度均为 250mm，上、下护腔之间用铜导管沟通而与中腔隔离。

（2）加压稳压装置

由高压氮气瓶或人工打气筒、储气罐、调压阀和相应的压力表组成。加压稳压均通过调压阀控制。这部分装置的主要功能是控制进入旁压器的压力。

(3) 变形量测装置

由测管、辅管、水箱及各类阀门等部件构成。

测管和辅管皆用有机玻璃制造，最小刻度为 1mm，PY-2 型测管内截面积为 $15.28cm^2$，PY-3 型还配有液位显示仪，分辨率可提高到 0.1mm。这部分的主要功能是控制进入旁压器的水量。孔壁土体受压后相应的变形值，可用测量水位下降或水体积消耗量表示。控制膜与旁压器之间用管路系统连接。

一般情况下，预钻式旁压仪的加压稳压装置和变形量测装置是设置在三脚架上的一个箱式结构。

(4) 管路系统

管路是连接旁压器和控制箱的“桥梁”。其作用是将压力和水从控制箱送到旁压器。

PY-2 型有两根导压管和两根注水管，PY-3 型有两根导压管，但只有一根注水管。管路由 1010 尼龙材料制成，能经受高压，其长度由最大测试深度决定，一般有十余米长。

连在旁压器上的管路通过快速接头和控制箱连接在一起。

2. 试验原理

旁压仪构造原理如图 7-4 所示。当水箱中的水注满旁压仪的三腔并返回测管和辅管后，加压装置所加的气压，通过高压调压阀控制的预定压力，直接传到测管的辅管水面，使气压转变为水压，并将压力传递给在钻孔中的旁压器；旁压器弹性膜受力后膨胀，从而对孔壁土体施加侧向压力，形成均匀圆柱形应力区，导致土体变形并引起测管水位下降。根据试验压力和测管水位下降的关系，得到应力大小和土体变形随时间变化的规律。然后，绘制应力应变关系曲线，通过曲线形态分析及有关公式，求得土体力学性质参数。

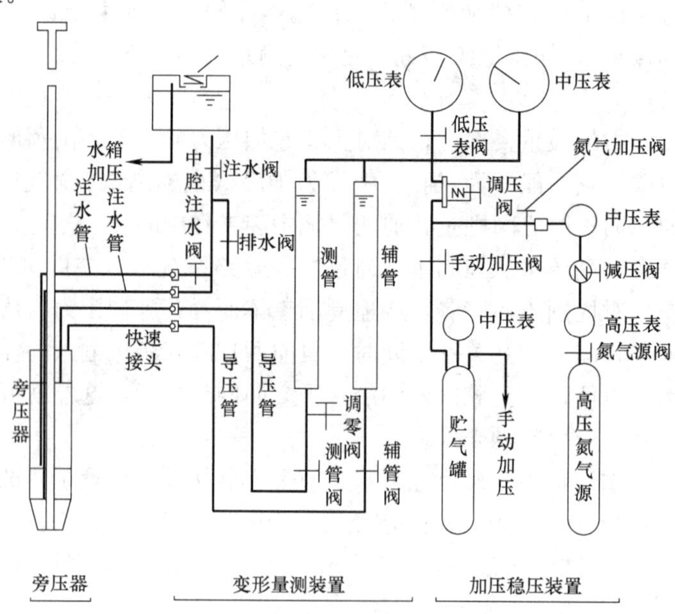

图 7-4　旁压仪构造示意图

第三节　试验要点和影响因素

一、试验要点

1. 仪器率定和校准

旁压试验时，仪器材料因受力变形而引起的误差包括两部分：一是向土体施加压力时弹性膜本身的约束力消耗了部分压力；二是仪器管路受压产生的变形，加大了测管的水位下降。为了消除这些影响，试验前必须进行此两项率定。

（1）弹性模约束力的校准

一般在每个工程试验前、新装或更新弹性膜、放置时间较长、膨胀次数超过 10～20 次，或温差超过 4℃时，需要重新进行弹性模约束力校准。

率定的目的是确定在某一体积增量时消耗于弹性膜本身的压力值。率定前，要先使弹性膜预膨胀 5 次，之后旁压器中腔的中点与量管水位齐平，使弹性膜呈不受压的状态，之后开始率定。率定时，按试验的压力增量逐级加压，测读时间记录测管水位下降值（或体积扩张值）。各级压力下观测时间和正式试验一样（15、30、60、120s），根据仪器容许极限膨胀量终止试验。最后绘压力 p 与水位下降值 S 的曲线，如图 7-5 所示，求得相应于不同变形量时的弹性膜约束力。

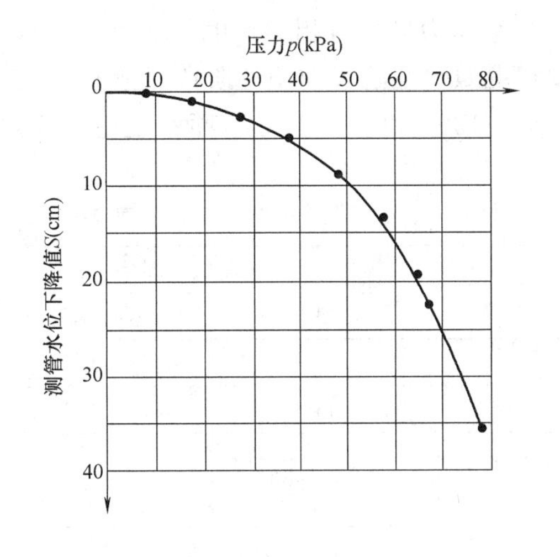

图 7-5　弹性膜约束力校正曲线

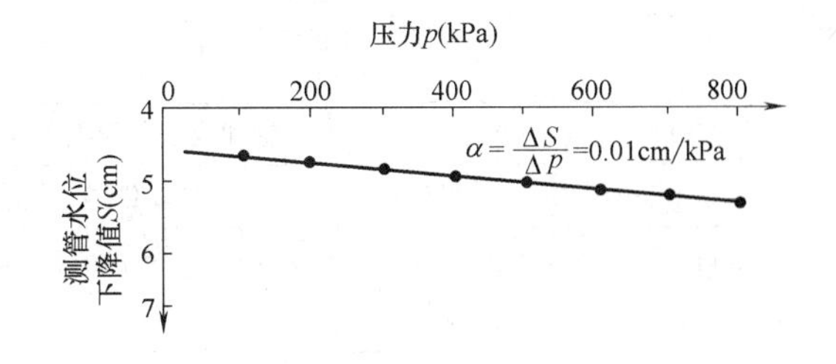

图 7-6　仪器综合变形校正曲线

（2）仪器综合变形的率定

率定量管中的液体在到达旁压器主腔以前的体积损失值。此损失值主要是测管及管路中充满受压液体后所产生的膨胀。率定前将旁压器放在一内径比旁压器外径略大的厚壁钢管内，使旁压器在侧限条件下逐级加压，压力增量一般为 100kPa，加压 5～7 级后终止试验。在各级压力下的观测时间与正式试验一样（即 15、30、60、120s），测量压力与扩张体积的关系，通常为直线关系。取直线的斜率为综合变形校正系数 α，如图 7-6 所示。

2. 试验点的布置

旁压试验应在有代表性的位置和深度进行，旁压器的量测腔应在同一土层内。试验点的垂直间距应根据地层条件和工程要求确定，但不宜小于 1m，试验孔与已有钻孔的水平距离不宜小于 1m。

3. 成孔要求

成孔质量是预钻式旁压试验成败的关键，成孔质量差，会使旁压曲线反常失真，无法应用。为保证成孔质量，要注意：①孔壁垂直、光滑、呈规则圆形，尽可能减少对孔壁的扰动；②软弱土层（易发生缩孔、坍孔）用泥浆护壁；③钻孔孔径应略大于旁压器外径，一般宜大 2～8mm。④成孔后应尽快进行试验以免缩孔，间隔时间一般不宜超过 15min。

4. 充水和除气

旁压仪的充水和除气要仔细进行，所用的水应是蒸馏水或无气的冷开水。具体的操作方法是：向水箱施压，打开各阀门，使水自水箱注入各个腔室，并返回量管及辅管。在此过程中排除旁压器和管路中的气泡。如气泡未除净滞留在腔室和管路内，则在压力作用下气泡压缩，使测试结果不正确。

5. 调零

调零就是确定试验前的初始值，以此时的水位及压力作为“零读数”，测读试验时的变化量。做法是把旁压器抬高到使中腔的中点与量管的零位齐平，打开调整阀，并密切注意水位的变化，当水位下降到零时，立即关闭调零阀、量管阀和辅管阀，记录初读数，然后放下旁压器。此时，弹性膜处于不膨胀状态。

6. 加荷等级和变形稳定标准

加荷等级一般为预计极限压力的 1/8～1/12。各级压力增量可相等，也可不等。如不相等，为准确的确定 p_0 及 p_f 的需要，可在初始段和由似弹性阶段向塑性阶段过渡时，压力增量可小些。表 7-1 为《土工试验规程》SL 237—1999 和《岩土工程勘察规范》GB 50021—2001（2009 年版）给出的加荷等级建议值。

试验加荷等级 **表 7-1**

土的工程特性	加压等级(kPa)	
	临塑压力前	临塑压力后
淤泥、淤泥质土、流塑状态的黏质土、饱和或松散粉细砂	<15	<30
软塑状态的黏质土、疏松的黄土、稍密很湿的粉细砂，稍密的中、粗砂	15～25	30～50
可塑至硬塑状态的黏质土，一般黄土，中密至密实很湿的粉细砂，稍密至中密的中、粗砂	25～50	50～100
坚硬状态的黏质土，密实的中、粗砂	50～100	100～200
中密至密实的碎石类土	≥100	≥200

每级压力下测体积变化的观测时间，国内采用每级压力维持 1min 或 2min。维持 1min 时，加荷后 15s、30s、60s 测读变形量；维持 2min 时，加荷后 15s、30s、60s、120s 测读变形量。国际上一般将稳定时间小于 5min 的称为快速法，大于 5min 的称为慢速法。快速法试验对于饱和黏性土来说，属于不排水试验，而对于砂土而言，属于完全排水试验。

7. 旁压试验终止试验

（1）加荷接近或达到极限压力；

（2）量测腔的扩张体积相当于量测腔的固有体积，避免弹性膜破裂；

(3) 使用国产 PY2-2A 型旁压仪，当量管水位下降刚达 36cm 时（绝对不能超过 40 cm)，即应终止试验；

(4) 法国 GA 型旁压仪规定，当蠕变变形大于或等于 $50cm^3$ 或量筒读数大于 $600cm^3$ 时应终止试验。

二、影响因素

(1) 仪器构造和规格

旁压器的长径比（L/D）是旁压仪的关键参数，当 $L/D=4\sim10$ 时，土的变形近似于圆柱形，这时对旁压仪试验成果影响不大。

(2) 成孔质量

成孔质量的高低是预钻式旁压试验成败的关键。图 7-7 中 a、c、d 都是反常的试验曲线。b 线是正常的旁压曲线；a 线反映钻孔直径太小或有缩孔现象；c 线说明钻孔太大；d 线反映孔壁扰动太严重。这些影响因素中，孔壁扰动对旁压模量影响最大。

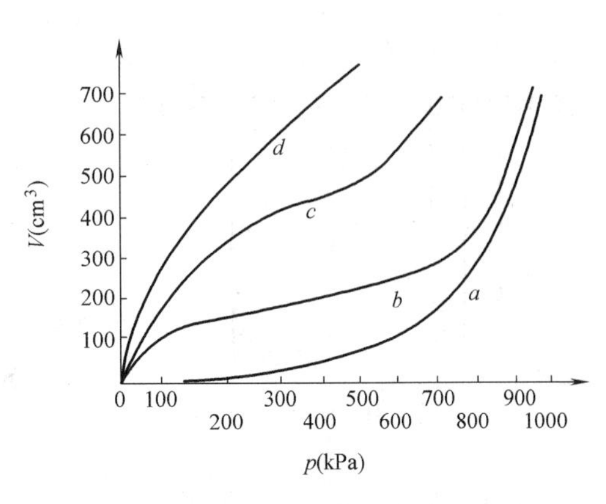

图 7-7 成孔质量对旁压曲线的影响

(3) 加压等级和速率

加压等级和加压速率对旁压试验成果有影响。试验表明，加压等级选择不当会造成在旁压曲线上不易获得初始压力 p_0 和临塑压力 p_f。加压速率快慢则会造成土的排水条件不同，一般认为，加压速率对极限压力 p_L 影响较大，而对 p_f、E_m 影响不大。

(4) 稳定变形标准

加压稳定变形标准不同，对试验有一定的影响，特别是对水平极限压力的影响较大。1min 和 5min 产生的孔隙水压力是不相同的，土体排水的不同，其效果也不尽相同。国内规范规定了稳定时间以 1min、2min 为标准。

(5) 旁压测试临界深度

在均质土层中进行旁压测试中，p_f 或 p_L 自地表随埋深加大而明显增加，但到某一深度之后，随埋深加大基本保持不变或增加趋势明显减缓。这一深度，称为旁压测试的临界深度。临界深度在砂土中表现明显，大小为 1～3m，随砂土密实度的增加而增加。在黏性土中还未发现存在临界深度。

第四节 资料整理和成果应用

一、资料整理

1. 压力与测管水位校正

(1) 压力的校正公式

$$p=p_m+p_w-p_i \tag{7-1}$$

式中 p——校正后的压力（kPa）；

p_m——压力表读数（kPa）；

p_w——静水压力（kPa）；

p_i——弹性膜约束力，可查弹性膜约束力校正曲线（kPa）。

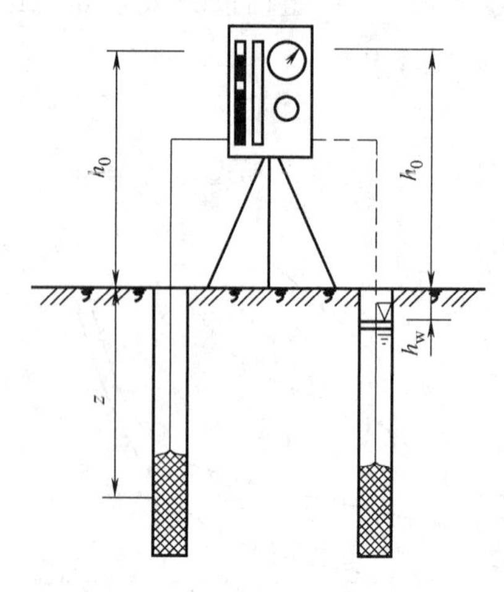

图 7-8　静水压力计算示意图

对式中 p_w 的计算应考虑无地下水和有地下水两种条件，见图 7-8 静水压力计算示意图。

无地下水时　$p_w=(h_0+z)\gamma_w$　(7-2)

有地下水时　$p_w=(h_0+h_w)\gamma_w$　(7-3)

式中　h_0——测管水面离孔口的高度（m）；

z——地面至旁压器中腔中点的距离（m）；

h_w——地下水位离孔口的距离（m）；

γ_w——水的密度（g/cm^3）。

（2）测管水位下降值校正公式

$$S=S_m-(p_m+p_w)\cdot\alpha \tag{7-4}$$

式中　S——校正后的测管水位下降值（cm）；

S_m——实测测管水位下降值（对应 p_m+p_w 压力下）（cm）；

α——仪器综合变形校正系数（cm/kPa）。

2. 绘制旁压曲线并确定压力特征值

绘制压力 p 和测管水位下降值 S 曲线。国外常用 p-V 曲线代替 p-S 曲线，V 为测管内水的体积变化量。由 p-S 曲线经换算后绘 p-V 曲线。换算公式为：

$$V=S\cdot A \tag{7-5}$$

式中　V——换算后的体积变形量（cm^3）；

A——测管内截面积（cm^2）；

S——测管水位下降值（cm）。

由此可绘制预钻式旁压曲线 p-V 曲线，如图 7-9 所示。

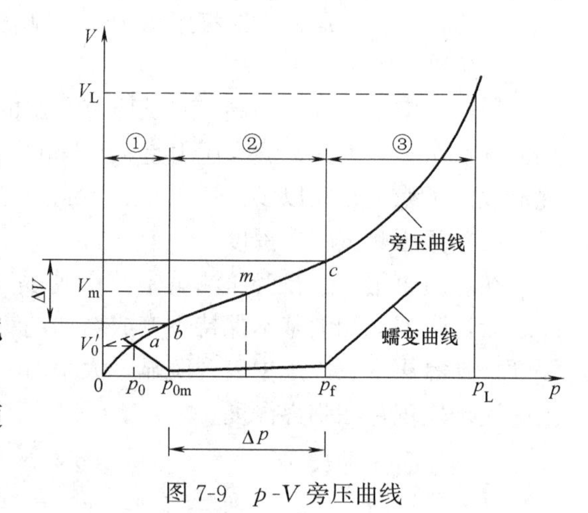

图 7-9　p-V 旁压曲线

由此图可以看出 p-V 曲线可分为三段：

①段——首曲线段，为初步阶段；

②段——似弹性阶段，压力与体积变化量大致呈直线关系；

③段——尾曲线段，处于塑性阶段，随压力的增大，体积变化量迅速增加。

由此可以确定三个压力特征值：

（1）初始压力 p_0 值，一般将旁压曲线中间直线段延长与纵轴相交于 V_0'，与 V_0' 对应的压力为 p_0。

（2）临塑压力 p_f 值，为旁压曲线中段直线的末尾点相应的压力。当该点难以直观确定时，可用蠕变曲线 p-$V_{60''-30''}$ 第二拐点对应压力值作为 p_f，其中 $V_{60''-30''}$ 为该级压力下经 60s 与 30s 的体积差。

（3）极限压力 p_L，趋向与纵轴平行的渐近线时所对应的压力为 p_L。当该点难以直观确定时，可把临塑压力 p_f 以后曲线部分各点的体积 V（或 S）取倒数 $1/V$（或 $1/S$），作

p-$1/V$ 关系直线，该线近似直线，在直线上取 $1/(2V_c+V_0)$ 所对应的压力值即为极限压力。其中 V_c 为旁压器固有体积，V_0 为初始压力 p_0 对应的体积（即 S_0 对应的体积）。

二、成果应用

1. 旁压模量 E_m

旁压模量是反映土层中应力与体积变形关系的一个重要指标，其值与直线段的压力增量与体积增量之比值呈正比。

根据压力与体积曲线的直线段斜率，按式（7-6）计算旁压模量：

$$E_m=2(1+\mu)\left(V_e+\frac{V_0+V_f}{2}\right)\frac{\Delta p}{\Delta V} \tag{7-6}$$

式中 E_m——旁压模量（kPa）；

μ——泊松比；

V_e——旁压器量测腔初始固有体积（cm^3）；

V_0——与初始压力 p_0 对应的体积（cm^3）；

V_f——与临塑压力 p_f 对应的体积（cm^3）；

$\frac{\Delta p}{\Delta V}$——旁压曲线直线段的斜率（$kPa/cm^3$）。

对于自钻式旁压试验，仍可用上式计算旁压模量。但自钻式旁压试验的初始条件与预钻式旁压试验不同，预钻式旁压试验的原位侧向应力经钻孔后已释放。两种试验对土的扰动也不相同，求得的旁压模量并不相同，因此应说明试验所用旁压仪类型。

关于变形模量，国内原有用旁压系数及旁压曲线直线段计算变形模量的公式，由于采用慢速法加荷，考虑了排水固结变形。而《岩土工程勘察规范》GB 50021—2001（2009年版）规定统一使用快速加荷法，故不再推荐旁压试验变形模量的计算公式。

2. 地基承载力 f_k

地基承载力常用两种计算方法：

（1）临塑压力法

$$f_k=p_f-p_0 \tag{7-7}$$

（2）极限压力法

$$f_k=(p_L-p_0)/F \tag{7-8}$$

式中 p_0、p_f、p_L——土的静止侧压力、临塑压力、极限压力（kPa）；

F——安全系数，一般取 2。

3. 土的侧向基床反力系数 K_m

根据上海市《岩土工程勘察规范》DGJ 08—37—2012，可按式（7-9）估算土的侧向基床反力系数：

$$K_m=\Delta p/\Delta r \tag{7-9}$$

式中 Δp——压力差（kPa）；

Δr——Δp 对应的半径差（m）。

4. 软黏性土不排水抗剪强度 c_u

根据上海市《岩土工程勘察规范》DGJ 08—37—2012，可按式（7-10）估算软黏性土不排水抗剪强度：

$$c_u=(p_L-p_0)/N_p \tag{7-10}$$

式中　N_p——系数，可取6.18。

5. 砂土的有效内摩擦角 φ'

根据上海市《岩土工程勘察规范》DGJ 08—37—2012，可按式（7-11）估算砂土的有效内摩擦角：

$$\varphi'=5.77\ln\frac{p_L-p_0}{250}+24 \tag{7-11}$$

第五节　工程案例分析

——旁压试验在苏通大桥工程地质勘查中的应用（胡建华等，2005）

一、工程概况

苏通大桥位于江苏省常熟市和南通市之间，江面宽约6km。主桥长约8206m，其中主航道桥设计为双塔双索面斜拉桥，长2088m，主跨1088m，是目前世界第一跨径双塔双索面斜拉桥，也是目前世界上规模最大、技术难度最高的斜拉桥。但工程地质勘察中，由于受到取样扰动，以及难以获取原状砂样等因素影响，使室内试验的成果难以应用，为提供准确的基础设计参数，在设计阶段的详勘中采用旁压试验的原位测试手段，对地基土的承载力、变形性质进行评价。

二、仪器和试验方法

试验仪器为法国APAGEOSEGELM公司制造的MENADRD（GA型）预钻式旁压仪。其结构由3个部分组成，即读数箱、管路和旁压器。设备最大工作压力可达10MPa，体积测量精度5cm³。试验用工程钻机在土层中大孔径成孔至试验深度以上1m，再采用孔径62mm钻头钻孔试验，并采取泥浆护壁。

针对本次试验场地和水文地质条件特点，旁压试验前采取了一系列措施控制试验的精度。①通报每次试验前后水位，了解水位变化带来的水压力对土体试验压力的变化；②试验时间控制在平潮期间，对于每天两次的涨落潮间不进行试验，减少水位变化的压力误差；③每次试验前进行旁压膜约束力的校正，对于新内膜或导管长度改变还应进行仪器综合变形校正；④严格控制钻孔质量，保证孔径在允许值的范围。

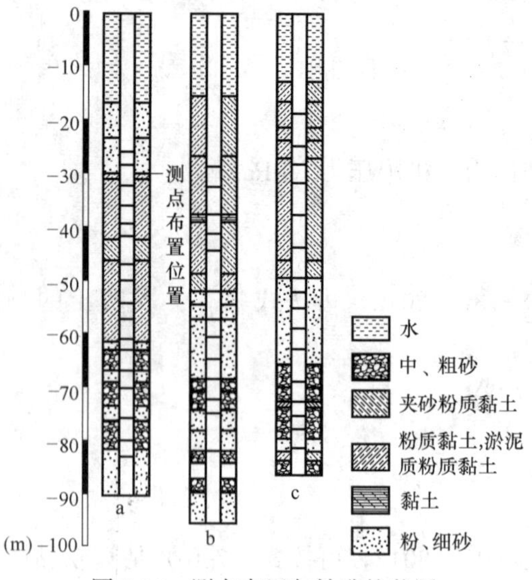

图7-10　测点布置与钻孔柱状图
a—69号墩XK112孔；b—71号墩XK127孔；c—72号墩XK131孔

试验的土体加荷等级一般根据土的临塑压力或极限压力而定。在无法预估的情况下，根据预估的土层类别，依土类按规范加荷等级表确定。

旁压试验在主航道桥69号桥墩XK112钻孔、主航道桥71号桥墩XK127钻孔、主航道桥72号桥墩XK131钻孔共3个钻孔内进行。测点布置及钻孔柱状图如图7-10所示。旁压试验地层主要包括：③淤泥质粉质黏土和粉质黏土，④淤泥质粉质黏土和粉质黏土，⑤细砂和粉砂以及⑥中砂和粗砂，其中部分粉质黏土夹砂。

旁压试验的典型曲线如图 7-11 所示，每条曲线均包括典型旁压曲线的 3 个阶段，即初始阶段、弹性阶段和塑性阶段。但由于不同土层强度参数与变形参数的差异，试验的直线段斜率和长度都不一致。

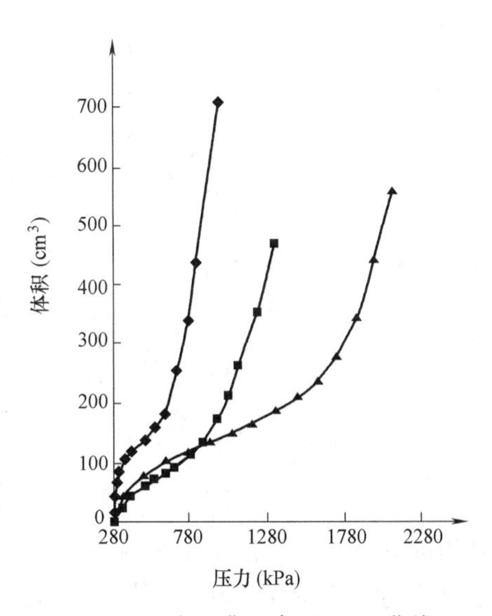

图 7-11 实测典型旁压 p-V 曲线

三、试验结果分析与应用

1. 变形参数

试验后，除根据规范公式计算旁压模量和旁压剪切模量外，还按下式计算变形模量。

对于砂性土：

$$E_0 = E_m / \alpha \tag{7-12}$$

式中 α——土的结构系数，与土的类型、固结状态有关，一般小于 1。

对于黏性土，根据《铁路工程地质原位测试技术规则》TB 10018—2003，通过对室内土工试验土的压缩模量 E_s 对比关系的研究，得到 E_s 和 G_m 关系如下：

$$E_s = 2.092 + 2.52 G_m \tag{7-13}$$

2. 强度参数

浅基础承载力 f_0：采用极限压力法计算，该方法以净极限压力为依据。考虑水上作业的特点，其安全系数取陆地上的 1.4 倍。

桩侧极限摩阻力 τ_L：旁压试验孔周围土体受到的作用以剪切为主，与桩的作用机理相似，可以利用旁压试验极限压力 p_L 和旁压试验初始压力 p_0 与桩的极限摩阻力建立关系。可用式（7-14）估算桩的桩侧摩阻力：

$$\tau_L = p_L^* / 20 \tag{7-14}$$

式中 p_L^*——净极限压力，$p_L^* = p_L - p_0$。

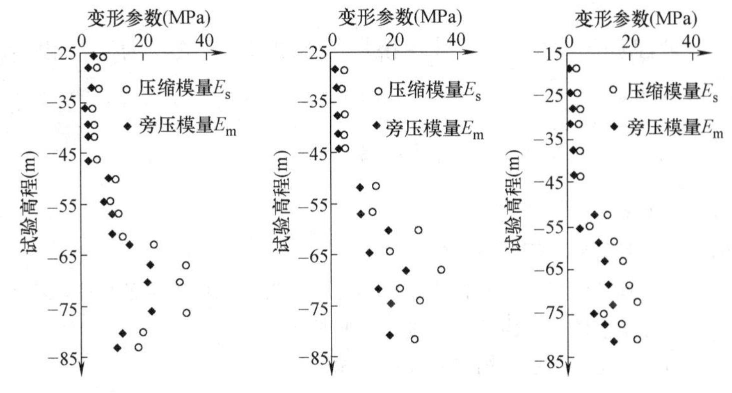

图 7-12 土层变形参数沿高程分布

由实测资料计算各点变形参数（旁压模量和压缩模量）、强度参数（浅基础地基承载

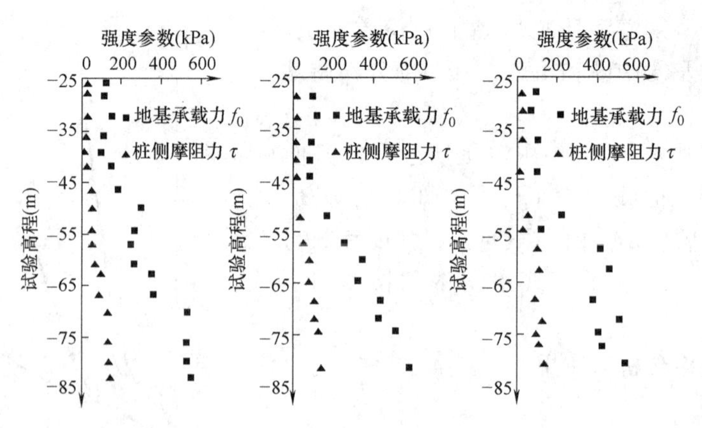

图 7-13　土层强度参数沿高程分布图

力和桩侧摩阻力）的结果分别如图 7-12 和图 7-13 所示。旁压试验各点的强度参数和变形参数值均与测试深度和土层性质有关，经对四种试验点数超过六个土层进行统计分析，发现各土层具有一致性，变异性属于很小～小的范围，见表 7-2。

旁压试验统计分析结果表　　**表 7-2**

土层名称	样本数	项目名称	旁压模量 E_m(MPa)	压缩模量 E_s(MPa)	地基承载力 $[f_0]$(kPa)	桩侧摩阻力 τ_1(kPa)	备注
③淤泥质粉质黏土和粉质黏土	7	平均值	1.97	3.85	96/(90～100)	35/(20～30)	地基承载力和桩侧摩阻力表示方式为:实测结果统计值/详勘推荐值
		变异系数	0.17	0.08	0.07	0.11	
④淤泥质粉质黏土和粉质黏土	15	平均值	2.51	4.35	114/(90～110)	47/(30～50)	
		变异系数	0.08	0.09	0.09	0.06	
⑤细砂和粉砂	9	平均值	11.04	24.41	295/(200～300)	72/(35～60)	
		变异系数	0.13	0.13	0.13	0.10	
⑥中砂和粗砂	10	平均值	16.33	36.11	499/(400～500)	93/(60～70)	
		变异系数	0.11	0.11	0.05	0.04	

试验结果与《公路工程地质勘察规范》中推荐值较一致，并与详勘其他试验综合分析，为苏通大桥施工图设计提供了参数。详勘最终提供的设计推荐值范围与旁压试验计算结果见表 7-2，两者非常接近。

四、结论

应用旁压仪对拟建苏通大桥主航道的桥墩土层原位测试，为工程设计提供了基础数据，取得了较好的效果。

思　考　题

1. 旁压试验有几种类型？
2. 旁压试验的仪器设备由哪几部分组成？
3. 典型的旁压曲线上有哪些特征点？各代表土的什么状态？如何确定各特征压力？
4. 旁压试验前要进行哪些校正？为什么要进行这些校正？
5. 预钻式旁压试验成孔质量对试验结果有什么影响？
6. 预钻式和自钻式旁压试验得出的旁压模量能通用吗？为什么？

第八章　基桩静载试验

第一节　概　　述

基桩在工程中应用广泛，承受荷载大，其质量事关整个工程的成败，检测基桩质量非常重要。基桩质量的检测与评价一般包括基桩的承载力和桩身完整性两个部分。

基桩检测可分两大类：试验桩检测（施工前为设计提供依据）和工程桩检测（施工后为验收提供依据）。

基桩检测应根据设计条件、成桩工艺等，按表 8-1 合理选择检测方法。

基桩检测目的和方法　　**表 8-1**

检 测 目 的	检测方法
确定单桩竖向抗压极限承载力； 判定竖向抗压承载力是否满足设计要求； 通过桩身应变、位移测试，测定桩侧、桩端阻力，验证高应变法的单桩竖向抗压承载力检测结果	单桩竖向抗压静载试验
确定单桩竖向抗拔极限承载力； 判定竖向抗拔承载力是否满足设计要求； 通过桩身应变、位移测试，测定桩的抗拔侧阻力	单桩竖向抗拔静载试验
确定单桩水平临界荷载和极限承载力，推定土抗力参数； 判定水平承载力或水平位移是否满足设计要求； 通过桩身应变、位移测试，测定桩身弯矩	单桩水平静载试验
检测灌注桩桩长、桩身混凝土强度、桩底沉渣厚度，判定或鉴别桩端持力层岩土性状，判定桩身完整性类别	钻芯法
检测桩身缺陷及其位置，判定桩身完整性类别	低应变法
判定单桩竖向抗压承载力是否满足设计要求； 检测桩身缺陷及其位置，判定桩身完整性类别； 分析桩侧和桩端土阻力； 进行打桩过程监控	高应变法
检测灌注桩桩身缺陷及其位置，判定桩身完整性类别	声波透射法

桩的承载力虽然有许多公式可以计算，由于种种因素的影响，很难有两个公式给出相同的结果。因此桩的静载试验就显得十分重要。桩的现场静载试验可获取基桩设计所必需的计算参数，是国际上公认获得单桩承载力的最为可靠的方法。

单桩静载试验有多种类型，如单桩竖向抗压静载试验，单桩竖向抗拔静载试验，单桩水平静载试验，单桩抗压、水平共同作用静载试验，单桩抗拔与水平共同作用静载试验，以及大吨位及困难条件下的 Osterberg 试桩法等。

本章着重介绍单桩竖向抗压、抗拔、水平静载试验及 Osterberg 试桩法。

第二节　单桩竖向抗压静载试验

一、试验目的

竖向抗压静载试验，得到试桩的荷载沉降曲线即 Q-s 曲线，检测单桩竖向抗压承载力。当桩身埋设有应力、应变、位移传感器或位移杆时，可测定桩身应变或截面位移，计算桩的分层侧阻力和端阻力，研究桩的荷载传递机理。

为设计提供依据的试验桩，应加载至桩侧与桩端的岩土阻力达到极限状态；当桩的承载力由桩身强度控制时，可按设计要求的加载量进行加载。对工程桩抽样检测时，加载量不应小于设计要求的单桩承载力特征值的 2.0 倍。

二、加载装置及安装

试验加载装置一般采用液压千斤顶，可单台或多台同型号千斤顶并联同步加载。当采用多台千斤顶加载时，千斤顶型号、规格应相同，千斤顶的合力中心应与受检桩的横截面形心重合，千斤顶应严格进行几何尺寸对中，使其合力通过试桩中心。

加载反力装置可根据现场条件，选择锚桩反力装置、压重平台反力装置、锚桩压重联合反力装置、地锚反力装置等。

6. 基桩竖向静载试验

1. 锚桩反力装置

装置利用主梁与次梁组成反力架，该装置将千斤顶的反力传给锚桩。图 8-1 是锚桩横梁装置的现场照片和试桩平面布置图。图 8-2 为锚桩横梁装置装配图。

锚桩与反力梁装置能提供的反力不小于预估最大试验荷载的 1.2 倍。采用工程桩作锚桩时，锚桩数量不应少于 4 根，锚桩入土深度不应小于试桩深度，并应监测锚桩上拔量。

(a)

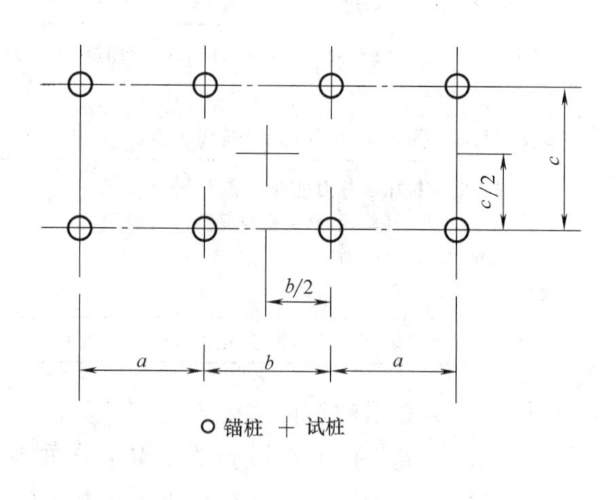

(b)

图 8-1　锚桩反力装置和试桩平面布置图

对于预制桩作锚桩，要注意接头的连接。对于灌注桩作锚桩，钢筋笼要通长配置。锚桩要按抗拔桩的有关规定计算确定，在试验过程中对锚桩上拔量进行监测，通常不宜大于

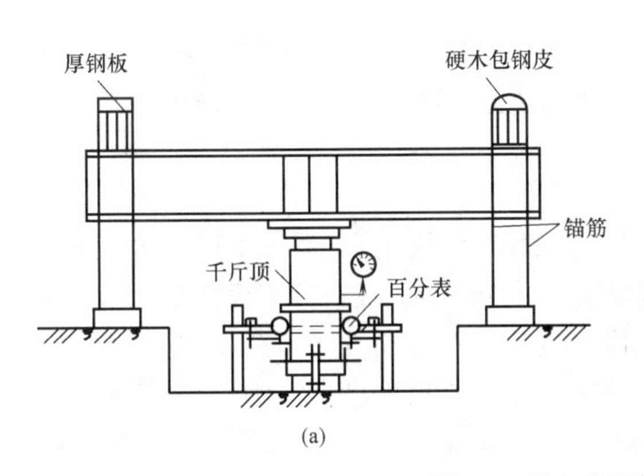

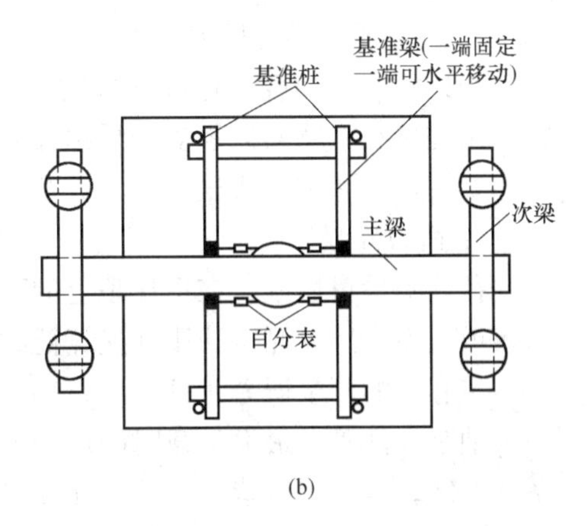

图 8-2　竖向抗压静载试验装置示意图

7～10mm。试验前对钢梁进行强度和刚度验算，并对锚桩的拉筋进行强度验算。锚桩横梁反力装置不足之处是进行大吨位试验时无法随机抽样。

除了工程桩当锚桩外，也可用地锚的办法。小吨位（1000 kN 以内）试验，小巧易用的地锚就显示出了工程上的便捷性，但同样也存在荷载不易对中，油压会产生过冲的问题，且在试验过程中一旦地锚被拔出，试验就无法继续。

2. 压重平台反力装置

压重量不得少于预估试桩破坏荷载的 1.2 倍，压重宜在检测前一次加足，并均匀稳固地放置于平台上，如图 8-3 所示。

压重可用钢锭、混凝土块、袋装砂或水箱等。在用袋装砂或袋装土、碎石等作为堆重物时，在安装过程中尚需作技术处理，以防鼓凸倒塌。高吨位试桩时，要注意大量压载将引起的地面下沉，对基准桩应进行沉降观测。除了对钢梁进行强度和刚度计算外，还应对压载的支承进行验算。以防压载平台出现较大不均匀沉降，压重法的优点是对工程桩能随机抽样检测。

(a)

(b)

图 8-3　压重平台反力装置

(a) 混凝土块；(b) 砂包

3. 锚桩压重联合反力装置

当试验最大加载量超过锚桩的抗拔能力时，可在锚桩上和横梁上放置或悬挂一定重物，由锚桩和重物共同承受千斤顶加载反力。这样的装置，可以解决前面两种单一装置的不足，快速、顺利完成试验，大大节省试验费用。

4. 荷载测量

荷载测量可用放置在千斤顶上的荷重传感器直接测定。当通过并联于千斤顶油路的压力表或压力传感器测定油压并换算荷载时，应根据千斤顶率定曲线进行荷载换算。

传感器的测量误差不应大于 1%，压力表准确度应优于或等于 0.5 级。试验用千斤顶、油泵、油管在最大加载时的压力不应超过规定工作压力的 80%。千斤顶应定期进行系统标定。也可用放置于千斤顶上的应力环或压力传感器直接同时测定荷载，实行双控校正。

5. 沉降测量和桩间距

沉降测定平面宜在桩顶 200mm 以下位置，测点应牢固地固定于桩身。直径或边宽大于 500mm 的桩，应在其两个方向对称安置 4 个位移测试仪表，直径或边宽小于等于 500mm 的桩可对称安置 2 个位移测试仪表。

沉降测量宜采用位移传感器或大量程百分表，并应符合下列规定：

（1）测量误差不大于 0.1%FS，分辨力应优于或等于 0.01mm。

（2）基准梁应具有足够的刚度，通常采用型钢，梁的一端应固定在基准桩上，另一端应简支于基准桩上。当采用压重平台反力装置时，基准桩应进行监测，以防堆载引起的地面下沉而影响测读精度。

（3）固定和支撑位移计的夹具及基准梁应避免气温、振动及其他外界因素的影响。

为准确测读沉降，试桩、锚桩和基准桩之间的中心距离应符合表 8-2 规定。当试桩或锚桩为扩底桩或多支盘桩时，试桩与锚桩的中心距尚不应小于 2 倍扩大端直径。即使如此，试桩、锚桩、压重平台支墩还是对基准桩有影响，其影响大小与它们的尺寸及试验荷载有关。软土场地压重平台堆载重量较大时，宜增加支墩边与基准桩中心和试桩中心之间的距离，并在试验过程中观测基准桩的竖向位移。简易办法是在较远处用水准仪观测基准桩的竖向位移，而后对桩的沉降量进行修正。

为了保证试验安全起见，特别当试验加载临近破坏时，应遥控测读沉降，即采用电子位移计或遥控摄像机测读。

试桩、锚桩（或压重平台支墩边）和基准桩之间的中心距离 **表 8-2**

反力装置	试桩中心与锚桩中心（或压重平台支墩边）	试桩中心与基准桩中心	基准桩中心与锚桩中心（或压重平台支墩边）
锚桩横梁	≥4D(3D)且>2.0m	≥4D(3D)且>2.0m	≥4D(3D)且>2.0m
压重平台	≥4D 且>2.0m	≥4D(3D)且>2.0m	≥4D 且>2.0m
地锚装置	≥4D 且>2.0m	≥4D(3D)且>2.0m	≥4D 且>2.0m

注：1. *D* 为试桩、锚桩或地锚的设计直径或边宽，取其较大者；

2. 括号内数值可用于工程桩验收检测时多排桩基础设计桩中心距离小于 4*D* 的情况。

6. 桩身传感器

当需要测试桩侧阻力和桩端阻力时，应在桩身内埋设传感器。国内较多的是采用电阻应变式钢筋计、振弦式传感器、滑动测微计或光纤式应变传感器。混凝土桩可采用焊接或绑焊工艺将传感器固定在钢筋笼上。弦式钢筋计应按主筋直径大小选择，并采用与之匹配的频率仪进行测量。

传感器测量断面应设置在两种不同性质土层的界面处，且距桩顶和桩底的距离不宜小于 1 倍桩径。在地面处或地面以上应设置一个测量断面作为传感器标定断面。传感器标定断面处应对称设置 4 个传感器，其他测量断面处可对称埋设 2～4 个传感器。

采用滑动测微计时，可在桩身内通长埋设 1 根或 1 根以上的测管，测管内宜每隔 1m 设测标或测量断面一个。测管的埋设应确保测标同桩身位移协调一致，并保持测标清洁。对灌注桩，可在灌注混凝土前将测管绑扎在主筋上，并应采取防止钢筋笼扭曲的措施。

指定桩身断面的沉降以及两个指定桩身断面之间的沉降差，可采用位移杆测量。位移杆应具有一定的刚度，宜采用内外管形式：外管固定在桩身，内管下端固定在需测试断面，顶端高出外管 100～200mm，并能与测试断面同步位移。

三、现场检测

1. 检测前休止时间

试桩从成桩到开始试验的休止时间，在桩身混凝土强度等级达到设计要求的情况下，砂类土不少于 7d，粉土不少于 10d，非饱和黏性土不少于 15d，饱和黏性土，不少于 25d。这是因为打桩过程对土体有扰动，所以试桩必须待桩周土体的强度恢复后方可开始。

2. 检测数量

采用静载试验方法确定单桩极限承载力，检测数量应满足设计要求，且在同一条件下不应少于 3 根。当预计工程桩总数小于 50 根时，检测数量不应少于 2 根。

当采用单桩竖向抗压静载试验进行承载力验收检测时，检测数量不应少于同一条件下桩基分项工程总桩数的 1%，且不应少于 3 根。当总桩数小于 50 根时，检测数量不少于 2 根。

3. 试坑和混凝土桩头处理

（1）试验桩桩顶宜高出试坑底面，试坑底面宜与桩承台底标高一致。

（2）试桩顶部的破碎层以及软弱或不密实的混凝土应凿掉。桩头主筋应全部直通至桩顶混凝土保护层之下，各主筋应在同一高度上。桩头顶面应平整，桩头中轴线与桩身上部的中轴线应重合。

（3）距桩顶 1 倍桩径范围内，宜用厚度为 3～5mm 的钢板围裹或距桩顶 1.5 倍桩径范围内设置箍筋，间距不宜大于 100mm。桩顶应设置钢筋网片 1～2 层，间距 60～100mm。

（4）桩头混凝土强度等级宜比桩身混凝土提高 1～2 级，且不得低于 C30。

4. 加载方式和分级

为设计提供依据的单桩竖向抗压静载试验应采用慢速维持荷载法。工程桩验收检测宜采用慢速维持荷载法，当有成熟的地区经验时，也可采用快速维持荷载法。

（1）加载方式

① 慢速维持荷载法。这是国内外常用的一种方法，试验时按一定要求将荷载分级，逐级加载，每级荷载下桩顶沉降达到某一规定的相对稳定标准，再加下一级荷载，直到破坏，或达到规定的终止试验条件时，停止加载，然后分级卸载到零。

② 快速维持荷载法。试验时，桩顶沉降不要求相对稳定，而以等时间间隔连续加载，

可以缩短试桩历时。一般采用1h加一级荷载，每级荷载下，快速维持荷载法的沉降量要小于慢速维持荷载法的沉降量，一般偏小5%～10%。快速维持荷载法得出的极限承载力比慢速法高约10%。

③ 等贯入速率法。试验时保持桩顶沉降量等速率贯入土中，连续施加荷载，按荷载-沉降曲线确定极限荷载。对黏性土贯入速率一般为0.25～1.25mm/min；对砂性土贯入速率一般为0.75～2.5mm/min。试验一般进行到累计贯入量50～75mm，或至少等于平均桩径的15%，也可以加到设计荷载的3倍或试桩反力系统的最大能力，试验在1～3h就可完成。

（2）加卸载分级

采用逐级等量加载。分级荷载为最大加载值或预估极限承载力的1/10，其中，第一级加载量可取分级荷载的2倍。

卸载应分级进行，每级卸载量宜取加载时分级荷载的2倍，且应逐级等量卸载。

加卸载时，应使荷载传递均匀、连续、无冲击，且每级荷载在维持过程中的变化幅度不得超过分级荷载的±10%。

5. 测读时间及稳定标准

（1）慢速维持荷载法

① 每级荷载施加后按第5、15、30、45、60min测读桩顶沉降量，以后每隔30min测读一次。

② 试桩沉降相对稳定标准：每小时内的桩顶沉降量不超过0.1mm，并连续出现两次（从分级荷载施加后的第30min开始，按1.5h连续三次每30min的沉降观测值计算）。

③ 当桩顶沉降速率达到相对稳定标准时，可施加下一级荷载。

④ 卸载时，每级荷载维持1h，分别按第15、30、60min测读桩顶沉降量后，即可卸下一级荷载；卸载至零后，应测读桩顶残余沉降量，维持时间为3h，测读时间为15、30min，以后每隔30min测读一次。

（2）快速维持荷载法

快速维持荷载法的每级荷载维持时间不应少于1h，且当本级荷载作用下的桩顶沉降速率收敛时，可施加下一级荷载。

6. 终止加载条件

当出现下列情况之一时，即可终止加载：

（1）某级荷载作用下，桩顶沉降量大于前一级荷载作用下沉降量的5倍，且桩顶总沉降量超过40mm；

（2）某级荷载作用下，桩顶沉降量大于前一级荷载作用下沉降量的2倍，且经24h尚未达到稳定标准；

（3）已达到设计要求的最大加载量且桩顶沉降达到相对稳定标准；

（4）当工程桩作锚桩时，锚桩上拔量已达到允许值；

（5）当荷载-沉降曲线呈缓变型时，可加载至桩顶总沉降量60～80mm；当桩端阻力尚未充分发挥时，可根据具体要求加载至桩顶累计沉降量超过80mm。

四、数据分析与判定

1. 数据分析

确定单桩竖向抗压承载力时，应绘制竖向荷载-沉降（Q-s）曲线、沉降-时间对数（s-lg$t$）曲线；也可绘制其他辅助分析曲线。

当进行桩身应变和桩身截面位移测定时，整理测试数据，绘制桩身轴力分布图，计算不同土层的桩侧阻力和桩端阻力。

2. 单桩竖向抗压极限承载力确定

（1）根据沉降随荷载变化的特征确定：对于陡降型 Q-s 曲线，取其发生明显陡降的起始点对应的荷载值。

（2）根据沉降随时间变化的特征确定：取 s-lg$t$ 曲线尾部出现明显向下弯曲的前一级荷载值。

（3）出现某级荷载作用下，桩顶沉降量大于前一级荷载作用下沉降量的 2 倍，且经 24h 尚未达到稳定标准，取前一级荷载值。

（4）对于缓变型 Q-s 曲线可根据桩顶沉降量确定，取 s＝40mm 对应的荷载值；对 $D\geqslant$800mm（D 为桩端直径）的桩，可取 s＝0.05D 对应的荷载值；当桩长大于 40m 时，宜考虑桩身弹性压缩。

（5）不满足上面 4 种情况时，桩的竖向抗压极限承载力宜取最大加载值。

3. 为设计提供依据的单桩竖向抗压极限承载力的统计取值

（1）对参加算术平均的试验桩检测结果，当极差不超过平均值的 30％时，可取其算术平均值作为单桩竖向抗压极限承载力；当极差超过平均值的 30％时，应分析原因，结合桩型、施工工艺、地基条件、基础形式等工程具体情况综合确定极限承载力；不能明确极差过大的原因时，宜增加试桩数量。

（2）试验桩数量小于 3 根或桩基承台下的桩数不大于 3 根时，应取低值。

4. 单桩竖向抗压承载力特征值

取单桩竖向抗压极限承载力的一半值。

第三节　单桩竖向抗拔静载试验

一、试验目的

高层建筑的基础及高耸水塔的桩基、发射塔的锚缆、输电线塔杆的基础，以及许多工业设备装置都要求承受上拔力。

单桩竖向抗拔静载试验是检测单桩竖向抗拔承载力最直观、可靠的方法。国内外抗拔桩试验多采用维持荷载法。

为设计提供依据的试验桩，应加载至桩侧岩土阻力达到极限状态或桩身材料达到设计强度；工程桩验收检测时，施加的上拔荷载不得小于单桩竖向抗拔承载力特征值的 2.0 倍或使桩顶产生的上拔量达到设计要求的限值。

二、加载装置及安装

试验反力系统宜采用反力桩提供支座反力，反力桩可采用工程桩。也可根据现场情况，采用地基提供支座反力。图 8-4 为两种抗拔试验装置图。

反力架的承载力应具有 1.2 倍的安全系数，反力梁的支点重心应与支座中心重合。采用地基提供反力时，施加于地基的压应力不宜超过地基承载力特征值的 1.5 倍。

试验加载设备宜采用液压千斤顶，加载方式同抗压试验。

千斤顶的安装方式：一种是放在试桩上方的主梁上面，千斤顶施压主梁；一种是将两个千斤顶分别放在反力桩上方的主梁下面，千斤顶从试桩两侧分别顶主梁。

上拔量测量点宜设置在桩顶以下不小于1倍桩径的桩身上，不得设置在受拉钢筋上。对于大直径灌注桩，可设置在钢筋笼内侧的桩顶面混凝土上。

其他技术要求均同抗压试验。

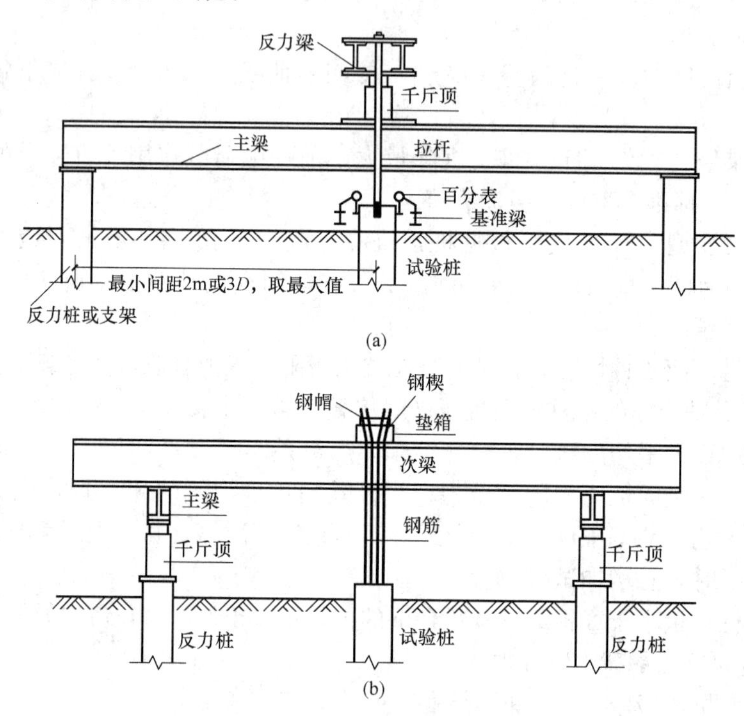

图 8-4　两种典型的抗拔试验装置

三、现场检测

单桩抗拔试验应采用慢速维持荷载法。加、卸载分级以及桩顶上拔量的测读方式同抗压试验。

当出现下列情况之一时，可终止加载：

（1）在某级荷载作用下，桩顶上拔量大于前一级上拔荷载作用下上拔量的5倍；

（2）按桩顶上拔量控制，累计桩顶上拔量超过100mm；

（3）按钢筋抗拉强度控制，钢筋应力达到钢筋强度设计值，或某根钢筋拉断；

（4）对于工程桩验收检测，达到设计或抗裂要求的最大上拔量或上拔荷载值。

四、数据分析与判定

1. 数据分析

绘制上拔荷载-桩顶上拔量（U-δ）关系曲线和桩顶上拔量-时间对数（δ-$\lg t$）关系曲线。

2. 单桩竖向抗拔极限承载力确定

（1）根据上拔量随荷载变化的特征确定：对陡变型U-δ曲线，取陡升起始点对应的荷载值。

（2）根据上拔量随时间变化的特征确定：取 δ-lg$t$ 曲线斜率明显变陡或曲线尾部明显弯曲的前一级荷载值。

（3）当在某级荷载下抗拔钢筋断裂时，应取前一级荷载值。

当验收检测的受检桩在最大上拔荷载作用下，未出现上面 3 种情况时，单桩竖向抗拔极限承载力取值如下：①设计要求最大上拔量控制值对应的荷载；②施加的最大荷载；③钢筋应力达到设计强度值时对应的荷载。

3. 为设计提供依据的单桩竖向抗拔极限承载力的统计取值

同单桩竖向抗压试验中的规定。

4. 单桩竖向抗拔承载力特征值

按单桩竖向抗拔极限承载力的 50%取值。

当工程桩不允许带裂缝工作时，应取桩身开裂的前一级荷载作为单桩竖向抗拔承载力特征值，并与按极限荷载 50%取值确定的承载力特征值相比，取低值。

第四节　单桩水平静载试验

一、试验目的

水平荷载有多种形式，如制动力、波浪力、风力、地震作用和船舶撞击力等产生的水平力和弯矩。对于受水平荷载较大的一级建筑桩基，单桩的水平承载力设计值应通过单桩静力水平荷载试验确定。

单桩水平静载试验适用于在桩顶自由的试验条件下，检测单桩的水平承载力，推定地基土水平抗力系数的比例系数。当桩身埋设有应变测量传感器时，可测定桩身横截面的弯曲应变，计算桩身弯矩以及确定钢筋混凝土桩受拉区混凝土开裂时对应的水平荷载，研究土抗力与水平位移关系。

为设计提供依据的试验桩，宜加载至桩顶出现较大水平位移或桩身结构破坏。对工程桩抽样检测，可按设计要求的水平位移允许值控制加载。

二、加载装置及安装

反力装置应充分根据现场具体条件选用，最常用的方法是两根试桩对顶，见图 8-5，也可利用周围现有结构物作为反力装置，必要时可浇筑反力支座。

采用卧式千斤顶施加水平力，用测力环或测力传感器测定施加的荷载值。水平力作用点宜与实际工程的桩基承台底面标高一致。千斤顶与试桩之间需安置一个球形铰座，使试验过程中千斤顶对试桩的施力点位置保持不变。

桩的水平位移宜采用大量程位移计测量。在水平力作用平面的受检桩两侧对称安装两

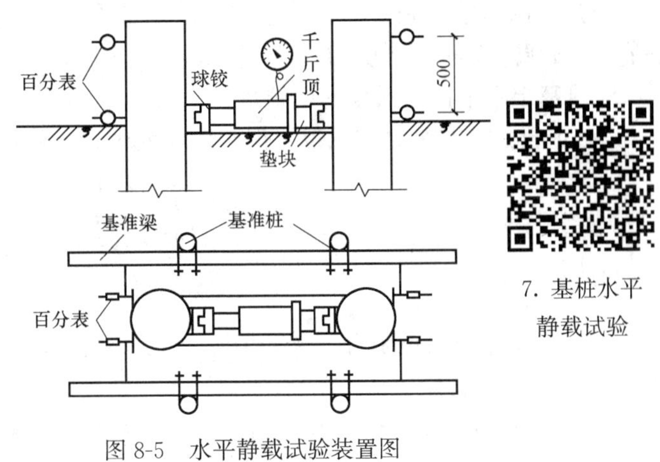

图 8-5　水平静载试验装置图

个位移计。当测量桩顶转角时，在水平力作用平面以上 50cm 的受检桩两侧对称安装两个位移计。

基准桩宜打设在试桩影响范围以外，与试桩的净距不少于 1 倍试桩直径。搁置在基准桩上的基准梁要有一定的刚度，采取简支形式。

三、现场检测

1. 加载方法和水平位移测量

根据工程桩实际受力特性，选用单向多循环加载法或按桩抗压承载力试验规定的慢速维持荷载法。当对试桩桩身横截面弯曲应变进行测量时，宜采用维持荷载法，数据的测读宜与水平位移测量同步。

（1）单向多循环加载法的分级荷载，不应大于预估水平极限承载力或最大试验荷载的 1/10。每级荷载施加后，恒载 4min，测读水平位移，然后卸载至零，停 2min 测读残余水平位移，至此完成一个加卸载循环。如此循环 5 次，完成一级荷载的位移观测。试验中间不得停顿。

（2）慢速维持荷载法的加、卸载分级以及水平位移的测读方式，同单桩抗压试验。

2. 终止加载条件

当出现下列情况之一时，可终止加载：

（1）桩身折断；

（2）水平位移超过 30～40mm，软土中的桩或大直径桩时可取高值；

（3）水平位移达到设计要求的水平位移允许值。

四、数据分析与判定

1. 数据分析

单向多循环加载法时，应分别绘制水平力-时间-作用点位移（H-t-Y_0）关系曲线和水平力-位移梯度（H-$\Delta Y_0/\Delta H$）关系曲线，如图 8-6（a）、（b）所示。

慢速维持荷载法时，应分别绘制水平力-力作用点位移（H-ΔY_0）关系曲线、水平力-位移梯度（H-$\Delta Y_0/\Delta H$）关系曲线、力作用点位移-时间对数（Y_0-$\lg t$）关系曲线和水平力-力作用点位移双对数（$\lg H$-$\lg Y_0$）关系曲线。

绘制水平力、水平力作用点水平位移与地基土水平抗力系数的比例系数的关系曲线（H-m、Y_0-m）。

对进行桩身横截面弯曲应变测定的试验，绘制各级水平力作用下的桩身弯矩分布图，水平力-最大弯矩截面钢筋拉应力（H-σ_s）曲线，如图 8-6（c）所示，并列表给出相应的数据。

2. 地基土水平抗力系数的比例系数 m

当桩顶自由且水平力作用位置位于地面处时，m 值按下列公式确定：

$$m=\frac{(\nu_y \cdot H)^{\frac{5}{3}}}{b_0 Y_0^{\frac{5}{3}}(EI)^{\frac{2}{3}}} \tag{8-1}$$

$$\alpha=\left(\frac{mb_0}{EI}\right)^{\frac{1}{5}} \tag{8-2}$$

式中 m——地基土水平抗力系数的比例系数（kN/m^4）；

α——桩的水平变形系数（m^{-1}）；

ν_y——桩顶水平位移系数，由式（8-2）试算 α，当 $\alpha h \geqslant 4.0$ 时（h 为桩的入土深

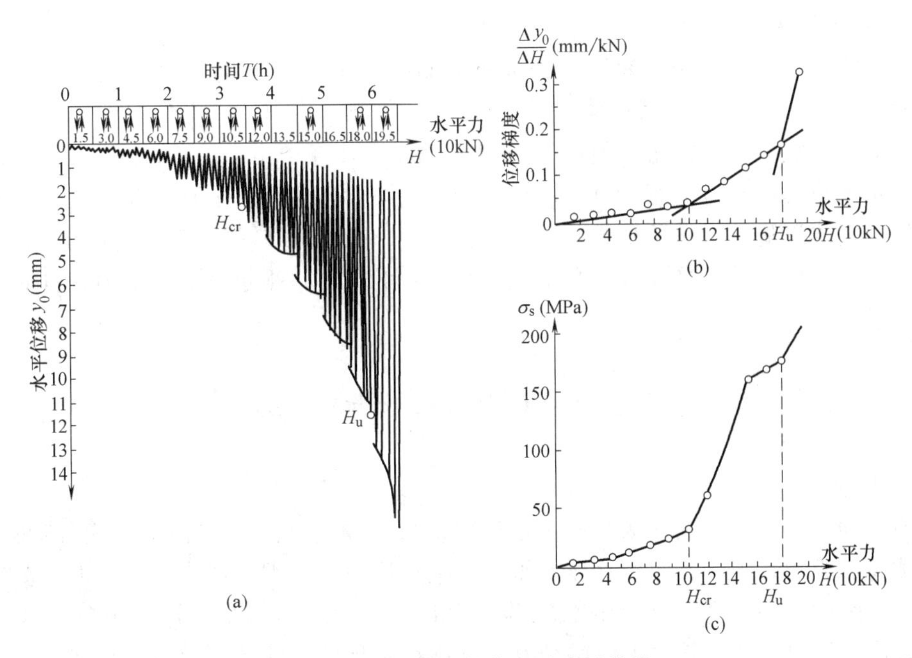

图 8-6　单桩水平静载试验成果曲线

（a）H-t-Y_0 曲线；（b）H-$\Delta Y_0/\Delta H$ 曲线；（c）H-σ_s 曲线

度），$\nu_y=2.441$；

H——作用于地面的水平力（kN）；

Y_0——水平力作用点的水平位移（m）；

EI——桩身抗弯刚度（kN·m^2）；其中 E 为桩身材料弹性模量，I 为桩身换算截面惯性矩；

b_0——桩身计算宽度（m）；对圆形桩：当直径 $D\leqslant1$m 时，$b_0=0.9(1.5D+0.5)$；当直径 $D>1$m 时，$b_0=0.9(D+1)$；对方形桩：当边宽 $B\leqslant1$m 时，$b_0=1.5B+0.5$；当边宽 $B>1$m 时，$b_0=B+1$。

3. 单桩水平临界荷载

按下列方法综合确定：

（1）取单向多循环加载法时的 H-t-Y_0 曲线或慢速维持荷载法时的 H- Y_0 曲线出现拐点的前一级水平荷载值。

（2）取 H-$\Delta Y_0/\Delta H$ 曲线或 lg$H$-lgY_0 曲线上第一拐点对应的水平荷载值。

（3）取 H-σ_s 曲线第一拐点对应的水平荷载值。

4. 单桩水平极限承载力

根据下列方法确定：

（1）取单向多循环加载法时的 H-t-Y_0 曲线产生明显陡降的前一级，或慢速维持荷载法时的 H- Y_0 曲线产生明显陡降的起始点对应的水平荷载值。

（2）取慢速维持荷载法时的 Y_0-lg$t$ 曲线尾部出现明显弯曲的前一级水平荷载值。

（3）取 H-$\Delta Y_0/\Delta H$ 曲线或 lg$H$-lgY_0 曲线上第二拐点对应的水平荷载值。

（4）取桩身折断或受拉钢筋屈服时的前一级水平荷载值。

5. 单桩水平承载力特征值

（1）当桩身不允许开裂或灌注桩的桩身配筋率小于0.65%时，可取水平临界荷载的0.75倍作为单桩水平承载力特征值。

（2）对钢筋混凝土预制桩、钢桩和桩身配筋率不小于0.65%的灌注桩，可取设计桩顶标高处水平位移所对应荷载的0.75倍作为单桩水平承载力特征值。水平位移可按下列规定取值：对水平位移敏感的建筑物取6mm；对水平位移不敏感的建筑物取10mm。

（3）取设计要求的水平允许位移对应的荷载作为单桩水平承载力特征值，且应满足桩身抗裂要求。

第五节　Osterberg试桩法

一、概述

传统的静载荷试桩法被认为是确定单桩承载力的最直观、最可靠的方法。然而长期以来，静载荷试验的装置一直停留在压重平台或锚桩反力架之类的形式，试验工作费时、费力、费钱。因此人们常力图回避静载试验，而且单桩承载力越高，越不倾向于做静载试验，以致许多重要的建构筑物的大吨位基桩往往得不到准确的承载力数据，基桩的潜力不能很好发挥。

针对上述状况，美国西北大学教授Jorj O. Osterberg于1984年发表文章，介绍他研究的一种新的静载试桩法。由于其加压装置简单，不需压重平台，不需锚桩反力架，不占用施工场地，试验方便，费用低廉，能节省时间，且能直接测出桩的侧阻力和端阻力。问世后即在美国、日本、加拿大、菲律宾、新加坡等国推广应用，并被人们直接称为Osterberg试桩法或O-cell法。

自20世纪80年代末以来，Osterberg试桩法已相继在北美洲、南美洲、欧洲、澳洲、东南亚等数十个国家和地区的数千项大型工程，包括桥梁和海洋工程及高层建筑等的数以千计的大吨位的基桩中获得了应用，其桩型包括钻孔桩、壁板桩、钢管桩、预制混凝土桩等。应用的地质条件包括砂土、粉土、黏性土和岩层。试验最大桩径约4m，最大桩长约120m；试桩的最大单桩承载力已达278MN（31350t）。

日本学者中山、藤关等于1969年及稍后曾提出过与Osterberg试桩法思路相同的技术，并获得了日本的专利，但未进行推广。以色列的Afar Vasela公司也在Osterberg之前提出了相似的技术，并于1979年获得了以色列的专利，也未着力推广。因而，此技术乃以Osterberg试桩法闻名于世。

我国东南大学研究Osterberg法并自制荷载箱在工程中加以推广应用，在国内领先将该法付诸实用，称“自平衡测桩法”。我国苏通长江大桥、杭州湾大桥、澳门新葡京酒店等工程都使用了Osterberg试桩法，应用规模之大，形式之多，堪居世界各国之首。

二、试验装置及方法

试验过程就是从桩顶输压管对荷载箱的内腔施压，使其箱盖顶着桩身向上移动，并使箱底（活塞）向下移动，从而调动桩身侧阻力和桩端阻力，使两者互为反力。因此，在加载过程中逐级记录所加荷载以及相应的桩身向上位移和桩底向下位移，便可得到两条荷载-位移曲线，见图8-7。

图 8-8 是 Osterberg 试桩法的装置图，Osterberg 荷载箱被安置于桩的底部。它需要按照桩的不同类型、不同截面尺寸和荷载大小分别设计制作。打入桩随桩打入土中，钻孔灌注桩施工时将它与钢筋笼相焊接而沉入桩孔。

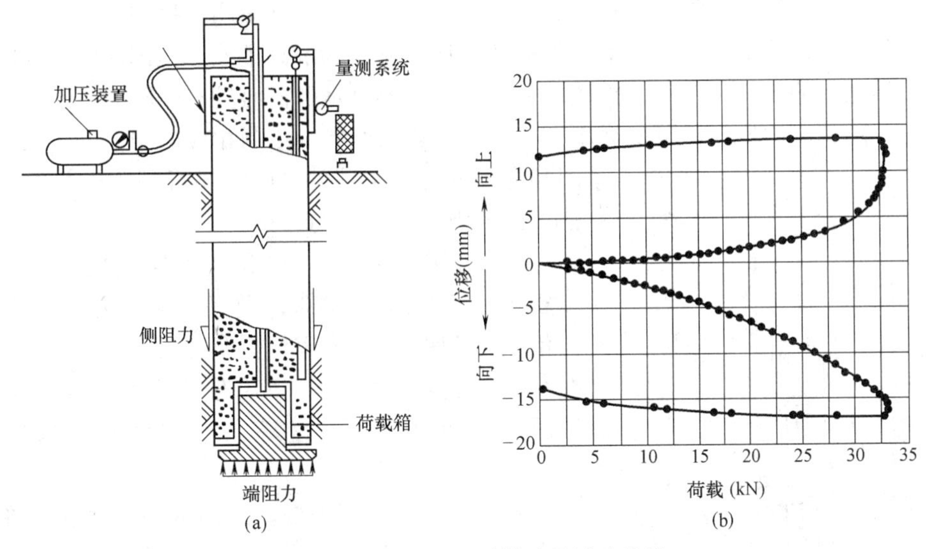

图 8-7　Osterberg 试桩法及试验曲线

这种试桩法被形象地称为“桩底加载法”，而传统的试桩法则属于“桩顶加载法”。Osterberg 试桩法的主要特点可以概括为：1 个荷载箱、2 条 Q-S 曲线。

以钢管桩为例，说明 Osterberg 法的试验装置（参考图 8-8）。荷载箱被焊于钢管桩的底端，荷载箱由活塞、顶盖、箱壁组成，箱壁由较厚的钢板制成，其外径与桩的外径相同。顶盖与活塞均用钢材制成，顶盖呈漏斗状，漏斗口内有螺纹，活塞顶面有锥形小孔，孔内也有螺纹，活塞底板外径略大于桩外径。当荷载箱随钢管桩打入土中至预定标高后，将输压竖管插入钢管桩，直至荷载箱顶盖的漏斗口与其拧紧。再在输压竖管中插入芯棒，直至活塞顶面的锥形小孔而与其拧紧，芯棒的外径适当小于输压竖管的内径。

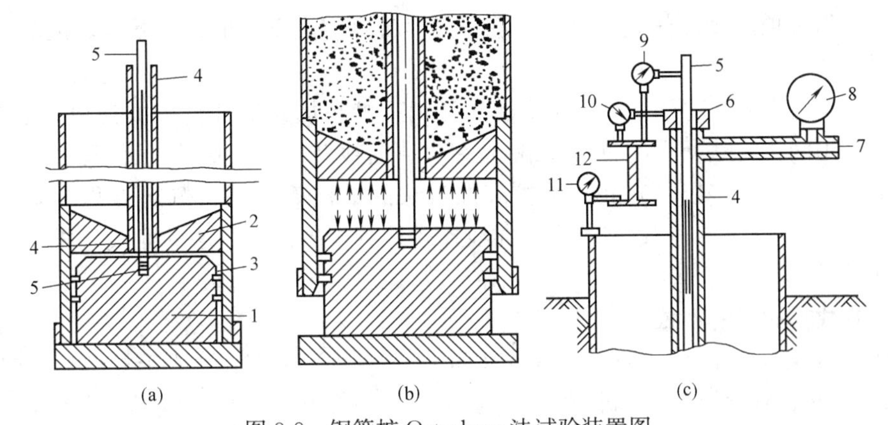

图 8-8　钢管桩 Osterberg 法试验装置图

(a) 钢管桩剖面；(b) 荷载箱被推开；(c) 钢管桩顶部装置

1—活塞；2—顶盖；3—箱壁；4—输压竖管；5—芯棒；6—密封圈；

7—输压横管；8—压力表；9、10、11—百分表；12—基准梁

试验时，通过输压横管加入油料开始加压，经输压竖管与芯棒之间的环状空隙，传至荷载箱内，随着压力增大，活塞与顶盖被推开，桩侧阻力与桩端阻力随之发生作用。输压横管设有压力表，可显示所施加的压力大小，压力与荷载的关系应事先进行标定。百分表要分别与芯棒和输压竖管相连，百分表支承在基准梁上，分别量测活塞向下的位移及顶盖向上的位移，即铜管桩桩底土向下的位移及桩底向上的位移。百分表也支承于基准梁上，以量测桩顶向上的位移，桩顶与桩底向上的位移之差就是加荷时桩身摩阻力所引起的桩身弹性压缩。随着压力增加，可根据压力表和百分表的读数，绘制相应的向上的力与位移关系图和向下的力与位移关系图；还可利用桩身的弹性模量估算桩侧阻力沿桩身的分布。

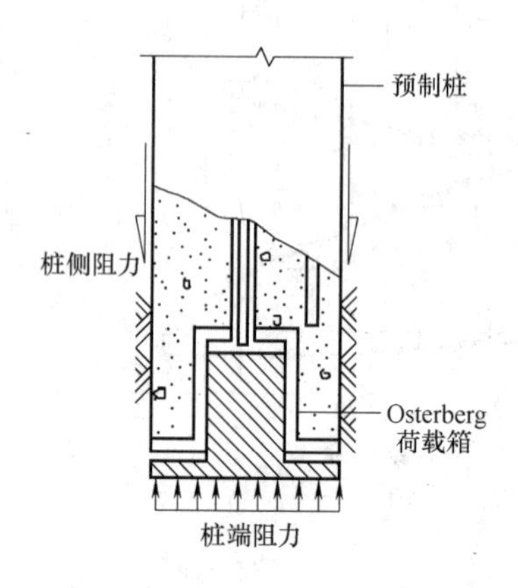

图 8-9　预制桩荷载箱浇筑图

对于大直径钻孔灌注桩和人工挖孔桩，Osterberg荷载箱焊接于钢筋笼底部，做好输压竖管与顶盖、芯棒与活塞之间的连接工作，然后下放至孔底。此前应先在孔底清孔注浆找平，使荷载箱受力均匀。然后灌注混凝土，待混凝土强度等级达到设计要求后进行试桩。

对于预制混凝土打入桩，之前的一般做法是在桩预制时将输压竖管预埋于桩身中，并将桩底做成平底，预埋一块钢板。然后在桩起吊就位时，用 4 只大螺栓将荷载箱迅速安装于桩底钢板。近年另一做法是将荷载箱的箱盖直接浇筑在桩身底部，如图 8-9 所示。

三、两条荷载-位移曲线与静载试验的比较

“桩底加载法”的机理实质上是随着对荷载箱的内腔施压，使其箱盖顶着桩身向上移动，并使箱底（活塞）向下移动，从而调动桩侧土阻力和桩底土阻力，并使两者互为反力。因此，在试验加荷过程中记录逐级荷载以及相应的桩身向上位移和桩底土向下位移，便得两条荷载-位移曲线。

通常，当两条荷载-沉降曲线中任意一条曲线达到破坏时，试验即告结束，并可将该破坏荷载作为桩顶的设计荷载或容许荷载，此时桩具有大于 2 的安全系数，因其中另一方尚未达到破坏。

日本建筑研究促进会通过 16 组试桩，分别用桩底加载法和传统方法进行比较研究。结果表明，用两种方法所得的桩端荷载-桩端位移曲线及桩顶荷载-桩顶位移曲线均十分接近，如图 8-10 所示，图 8-10（b）中桩底加载法的桩顶荷载是将侧阻力与端阻力叠加而得；图 8-10（c）是桩端荷载-桩端位移曲线比较，其中桩顶加载法的曲线是根据桩身实测应变推算而得。

四、荷载箱放置的部位

经过 20 余年的不断探索发展，现在 Osterberg 荷载箱除了放置于桩的底部外，还可放置于桩身中的不同部位或不同土层的分界面，也可在同一根桩中放置若干个荷载箱，参见图 8-11。图 8-11（a）是一般常用的位置，即当桩身成孔后先在孔底稍作注浆或用少量混凝土找平即放置荷载箱，它适用于桩侧阻力与桩端阻力大致相等的情况，或端阻大于侧阻而试桩目的在于测定侧阻极限值的情况。

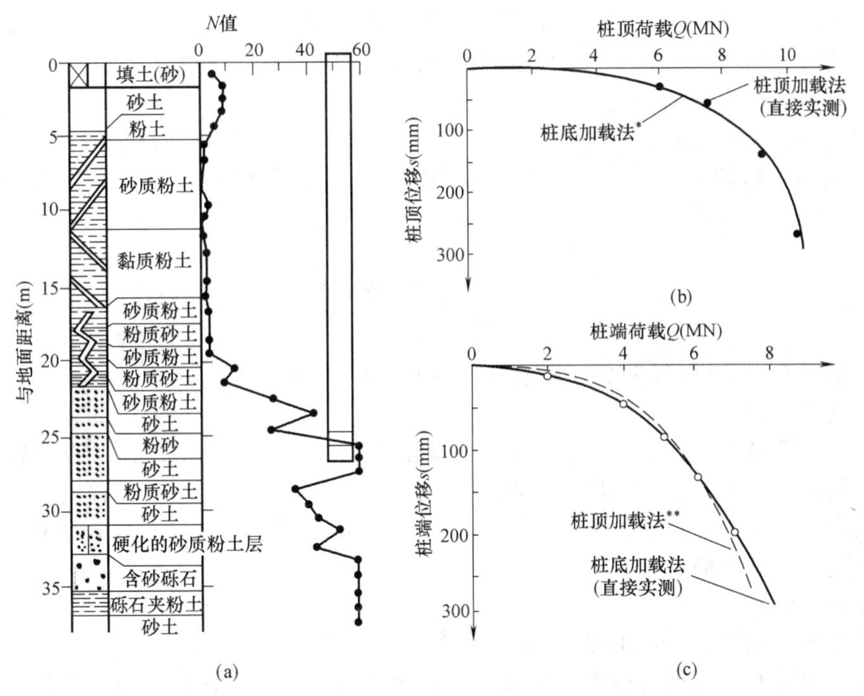

图 8-10　Osterberg 试桩法与传统静载试桩法对比试验成果图

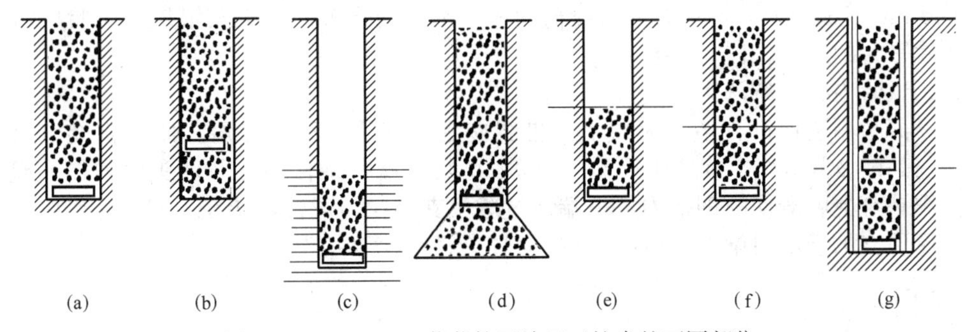

图 8-11　Osterberg 荷载箱可放置于桩身的不同部位

五、Osterberg 试桩法的局限性

Osterberg 试桩法的应用也有其一定的局限性，例如：

(1) 由于 Osterberg 荷载箱以及相关的量测系统均必须在桩打设以前安装完毕，故该法不能用于桩基竣工后的随机抽样检测。

(2) Osterberg 荷载箱安装后，在试验过程中如发现所设定的最大荷载不能满足试验要求时，因受荷载箱规格的限制，荷载不能再作增加。

(3) Osterberg 试桩法不能用于钢板桩及 H 型钢桩。

此外，Osterberg 试桩法也有误判或试验失败的案例，应用时也须注意，例如：

(1) 对于桩端嵌岩的长桩，其桩周摩阻力常在承载力中占有不可忽略的比例，但当采用 Osterberg 试桩法而将荷载箱置于桩底岩面进行试验时，向下的曲线往往呈缓变型发展至端阻力最大值，但此时向上的曲线却不能给出可供设计采用的桩周摩阻力值。

(2) 对于摩擦型桩，当桩端土承载力较低或桩底有过厚沉渣而在试验前未发现时，采用 Osterberg 法试桩，常会因向下的曲线急剧下降而测不出桩侧阻力，而导致试验失效。

上述情况表明，荷载箱摆放的位置对试桩成果判断和利用影响很大。试验时不宜单一追求桩身向上的反力与向下的反力取得平衡。

尤为值得重视的是，世界各地的试验研究揭示了与传统的静载试桩法相比较：Osterberg 试桩法所测得的单桩承载力往往是偏小的，因此在工程上是偏于安全的，但它会导致工程造价相应地增加。

第六节　工程案例分析

——某码头水上钢管桩水平静载试验（何开胜，1988）

一、试验概况

某码头为高桩梁板式结构，前方栈桥基础采用 $\phi900\delta14$、长 37.8m 的开口钢管桩。为研究水平荷载作用下试桩的实际工作状态，通过试桩测定桩身弯矩、桩顶转角，确定地基水平承载力、地基抗力系数以及桩在泥面以下的嵌固深度，为今后采用全直桩码头设计积累资料，进行了水平静载试验。

试桩处土层分布如图 8-12 所示。

桩顶处的加载装置和桩顶位移的量测在操作平台上进行，操作平台由四根 ϕ900mm 的钢管桩与钢筋混凝土预制板连接而成，与试桩无任何联系，在水平荷载作用下，试桩可自由变位。为设置和保护电阻应变片，桩外侧对称焊两道保护槽，它用两根 63×63×5 角钢及厚 5mm 盖板组成，均被计入桩身截面积。本次钢管桩的试桩及锚桩在试验以后均作为码头后平台的工程桩。

二、试验内容及方法

水平荷载测读项目有各级荷载下的桩身应变、桩顶位移和转角。加载装置如图 8-13 所示。它是由 2 只 30t 螺旋式千斤顶（LQ30 型）、50t 荷载传感器和球头串联在一起，平放在操作平台上可滑动的钢槽内，一端通过球头支承在与试桩焊接在一起的球座内，另一端由千斤顶支承于反力梁上，由电子秤控制每级荷载值。

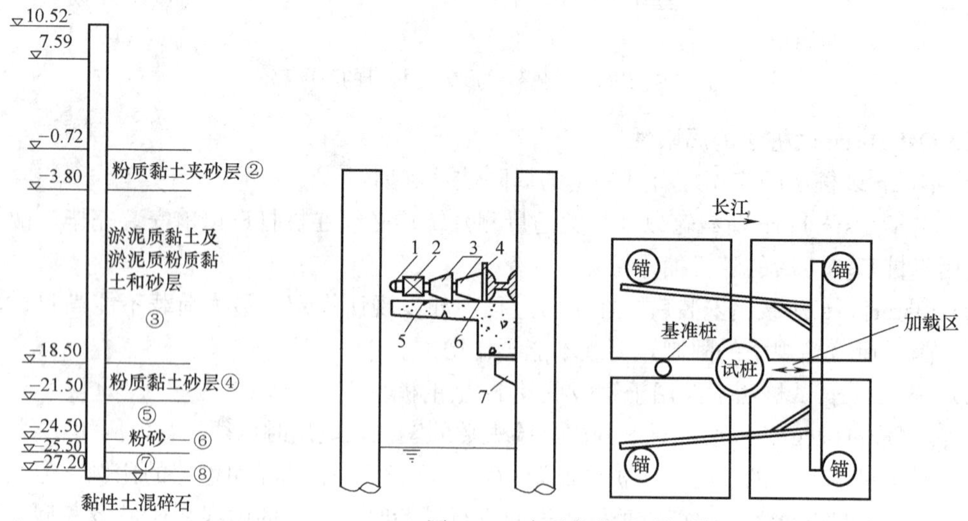

图 8-12　试桩处土层分布

图 8-13　水平荷载试验操作平台和加载装置

1—球头；2—荷载传感器；3—千斤顶；4—垫块；5—滑动垫板；6—反力架；7—牛腿

应变测点布置是根据试验目的和地质情况，以及最大桩身应力等因素确定的。本试桩设有两条贴片带，应变测点间距上密下疏布置。桩身应变由测点的电阻应变片通过 YJ-18 静态应变仪测得。各点的应变可换算为各测点断面弯矩。水平荷载试验在垂直荷载完成数月后进行。电阻片性能稳定，工作状态良好。

水平位移测点布置在离桩顶 20cm 处，用钢尺直接测读，并用位移传感器进行校核。原准备了一套固定在试桩及基准桩上的转向滑轮系统来测量泥面位移，第一级荷载后，就发生了故障，没有测到。试桩转角由安放在桩顶的 YZC 型应变式倾角传感器测读。

试桩最大加载量根据桩身应力确定，水平加载每级 2t，循环三次，循环时仅卸载一级，不卸到零，在第一次、第三次循环加载后，稳定 10min 记录水平位移、桩顶转角及桩身应变读数。由于加载设备的限制，荷载加到 10t 时，已很困难，故 12t 以后，即按 12t—14t—15.7t 加载，不再进行循环。

三、试验成果整理与分析

本试桩受弯刚度 EI 值是采用理论计算值与实测值进行比较后确定的。试桩及两条保护槽作为一整体工作，理论计算值 $EI=9.72\times10^4\,t\cdot m^2$。

在试验中，根据钢管桩的实际工作状态测定受弯刚度。这里利用桩泥面以上自由部分两个位置（离加荷点分别为 3.95m 和 10.15m）上测点的实测应变值，通过已知桩顶荷载及荷载点至测点的距离，计算该点的弯矩，推算出钢管桩的受弯刚度，两点测值都较接近。最后选用 $EI=9.52\times10^4\,t\cdot m^2$，略小于计算值。

各级荷载作用下实测桩身弯矩图见图 8-14。水平荷载与桩顶位移、荷载与桩顶转角关系分别见图 8-15、图 8-16。

根据本次试验结果来看，在 15.7t 水平荷载作用下，荷载与转角、位移图上均未发生突变，故极限荷载大于 15.7t，满足码头前方水平荷载设计要求。

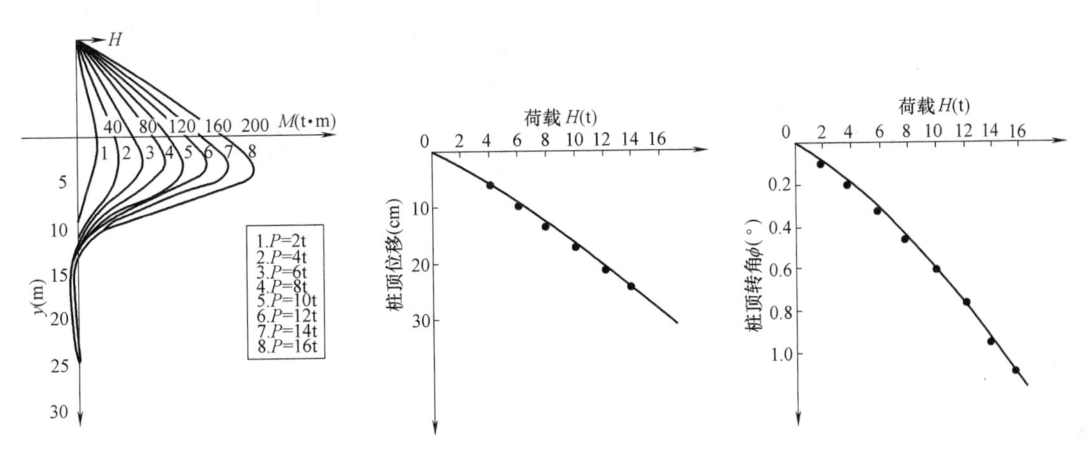

图 8-14 水平荷载与桩身弯矩图　　图 8-15 水平荷载与桩顶位移图　　图 8-16 水平荷载与桩顶转角图

嵌固深度确定：以往计算排架式承台时，常采用假定嵌固深度的处理方法，边界约束条件不明确，力学性质不清楚。实测和计算资料均表明，桩受侧向荷载后在土中最大弯矩点的位置与桩身水平位移第一零点和转角第一零点互不重合。从本试桩分析资料可见，桩身最大弯矩点一般在 3.5m 左右，而桩身第一位移零点在泥面下 4.1～7.4m 处不等（表 8-3）。这与我国港口部门推荐选用的以泥面下 5～7 倍桩径处为嵌固点位置相接近。

嵌固深度（桩身位移第一零点位置） 表 8-3

荷载(t)	L_t(m)	L_t/D
2	4.1	4.56
4	4.9	5.44
6	6.0	6.67
8	6.3	7.00
10	6.8	7.56
12	7.0	7.78
14	7.0	7.78
15.7	7.4	8.22

思 考 题

1. 单桩竖向抗压静载荷试验常用加载装置有几种方式？简述其各自特点和适用性。

2. 简述单桩静载荷试验的抽检数量、休止时间、加载量、加卸载方式和分级标准。

3. 简述单桩竖向抗压试验的终止加载条件。

4. 单桩竖向抗压极限承载力、单桩竖向抗压极限承载力统计值、单桩竖向抗压承载力特征值有何联系与区别？如何确定？

5. 单桩竖向抗拔极限承载力是如何确定的？

6. 单桩水平静载试验的基本要求与加卸载过程如何？如何确定单桩水平极限承载力？

7. 简述 Osterberg 试桩法的原理和应用场合。

第九章　基桩高低应变检测

第一节　概　　述

桩的动测技术最初是在能量守恒定律基础上，假定桩、锤为刚体，利用牛顿碰撞理论推导得到动力打桩公式，主要用作打桩施工质量监控。

桩的动测是以一维波动方程为理论基础。1931 年学者 lsaacs 认识到打桩是应力波传播过程，将埋入土中的一维杆引入波动方程，研究应力波在杆中的传播。

基桩的低应变动测就是通过对桩顶施加激振能量，引起桩身及周围土体的微幅振动，同时用仪表测量和记录桩顶的振动速度和加速度，利用波动理论或机械阻抗理论对记录结果加以分析。从而达到检验基桩施工质量、判断桩身完整性、判定桩身缺陷程度及位置等目的。低应变法具有快速、简便、经济、实用等优点。

采用瞬态冲击方式，通过实测桩顶加速度或速度响应时域曲线，以一维波动理论分析来判定基桩的桩身完整性，这种方法称为反射波法（或瞬态时域分析法）。目前国内几乎所有检测机构均采用这种方法，所用动测仪器一般都具有傅立叶变换功能，可通过频域曲线辅助分析判定桩身完整性，即所谓瞬态频域分析法。

有些动测仪器还具备实测锤击力并对其进行傅立叶变换的功能，进而得到导纳曲线，这称为瞬态机械阻抗法。采用稳态激振方式直接测得导纳曲线，则称为稳态机械阻抗法。

无论瞬态激振的时域分析还是瞬态或稳态激振的频域分析，只是从波动理论或振动理论两个不同角度去分析，时域信号和频域信号可通过傅立叶变换建立对应关系。所以，当桩的边界和初始条件相同时，时域和频域分析结果应殊途同归。将上述方法合并统称为低应变（动测）法。

1950 年 Smith 提出波动方程的差分数值解法模型，建立了较完整的锤-桩-土系统的打桩波动方程问题，用电子计算机进行迭代运算，从而使打桩的波动方程分析进入实用阶段。

随着计算机软件的发展，随后出现了许多计算程序和基桩诊断分析系统，如凯斯西储大学编制的适用柴油锤的 WEAP 程序。1978 年美国 PDI 公司生产了 PDA 打桩分析仪，它是高应变动力试桩的专用仪器，并用 Case 法判定单桩承载力。20 世纪 80 年代美国把桩作为连续模型，根据实测波形，用波形拟合分析软件 CAPWAP 进行侧阻和端阻的估算。1992 年 PDI 公司又生产了轻便的 PAK 打桩分析仪。

近年来，桩的动测技术在计算机技术带动下，发展迅速，主要在计算软件的完善和测桩设备的更新和改进方面，至于土的模型、参数、基本原理和测试方法等方面没有太大进展。

国内研制了不少基桩动测仪器和软件，如中国建筑科学研究院、武汉岩海工程技术开发公司等单位都先后研制并生产了测桩仪和相应的软件。国家颁布了相应的动测规程。

桩身完整性检验方法有低应变反射波法、声波透射法和钻芯法，基桩承载力动测方法有动力打桩公式法、锤击贯入法、波动方程分析法、Case 法、波形拟合法和静动试桩法。

当采用低应变法或声波透射法检测时，受检桩混凝土强度不应低于设计强度的 70%，且不应低于 15MPa。当采用钻芯法检测时，受检桩的混凝土龄期应达到 28d，或受检桩同条件养护试件强度应达到设计强度要求。

基桩验收检测时，宜先进行桩身完整性检测，后进行承载力检测。桩身完整性检测应在基坑开挖至基底标高后进行。

本章主要介绍低应变的反射波法、高应变的 Case 法和波形拟合法。

第二节　基桩动测的基本原理

根据波动理论，弹性波在介质传播过程中，当介质发生变化时，就产生波的反射。因此，当桩身存在明显波阻抗差异的界面（如桩底、断桩和严重离析等）或桩身截面积发生变化（如缩径或扩径）时，将产生反射波，利用高灵敏、高精度的仪器检测出反射信号，在时间域和频率域上分析阻抗变化处和桩底处的反射波特性，依桩身平均波速，就可判定桩身完整性，确定桩身缺陷位置，校核桩长，估算桩身混凝土强度。

地下基桩的长度远远大于直径，可将其简化为无侧限约束的一维弹性杆件，在桩顶初始力作用下，产生的应力波沿桩身向下传播，可用一维波动方程来表达：

$$\frac{\partial u^2}{\partial t^2}=c^2\frac{\partial u^2}{\partial z^2} \tag{9-1}$$

式中　u——x 方向位移（m）；

c——桩身材料的纵波波速（m/s）。

高应变法和低应变的应力波反射法是利用它的波动解，低应变法的稳态激振机械阻抗法是利用它的振动解。波动与振动都是由介质的弹性和惯性两个基本因素决定，弹性使发生位移的质点回复到原来平衡位置的作用，而惯性使当前运动状态持续下去的作用，有了弹性和惯性两种特性存在，系统能量得以保持和传递，外界扰动才能引起波动和振动。

对桩完整性判定可以用时域波形分析，也可以用频域波形分析（振动频谱分析）。动力试桩等振动问题，实测的振动波形，大都是组合性振动。这类问题单在时域里分析往往不能满足振动特征的识别要求，用振动频谱描述可更有效地确定分析和测试中的各种影响。

第三节　单桩低应变检测

本节以反射波法为例进行介绍。

一、仪器设备

用于反射波法基桩动测的仪器有传感器、放大器、滤波器、数据处理系统以及激振设备和专用附件等。

（1）传感器

传感器是反射波法基桩动测的重要仪器，传感器一般可选用宽频带的速度或加速度传感器。速度传感器的频率范围宜为 10～500Hz，灵敏度应高于 300mV/cm/s。加速度传感器的频率范围宜为 1～10kHz，灵敏度应高于 100mV/g。

8. 基桩低应变动测

（2）放大器

放大器的电压增益应大于 60dB，长期变化量小于 1%，折合输入端的噪声水平应低于 3μV，频带宽度应宽于 1～20kHz，滤波频率可调。模数转换器的位数至少应为 8bit，采样时间间隔至少应为 50～1000μs，每个通道数据采集暂存器的容量应不小于 1 kbit，多通道采集系统应具有良好的一致性，其振幅偏差应小于 3%，相位偏差应小于 0.1ms。

（3）激振设备

反射波法通常使用瞬态激振设备，包括能激发宽脉冲和窄脉冲的力锤和锤垫。力锤可装有力传感器。锤头的常用材质有塑料和尼龙两种，激振的主频分别为 2000Hz 左右和 1000Hz 左右。锤柄有塑料柄、尼龙柄、铁柄等，柄长可根据需要变化。

瞬态激振通过改变锤的重量及锤头材料，可改变冲击入射波的脉冲宽度及频率成分。锤头质量较大或硬度较小时，冲击入射波脉冲较宽，低频成分为主；当冲击力大小相同时，其能量较大，应力波衰减较慢，适合于获得长桩桩底信号或下部缺陷的识别。锤头较轻或硬度较大时，冲击入射波脉冲较窄，含高频成分较多；冲击力大小相同时，虽其能量较小并加剧大直径桩的尺寸效应影响，但较适宜于桩身浅部缺陷的识别及定位。

二、现场检测

1. 检测数量

建筑桩基设计等级为甲级，或地基条件复杂、成桩质量可靠性较低的灌注桩工程，检测数量不应少于总桩数的 30%，且不应少于 20 根；其他桩基工程，检测数量不应少于总桩数的 20%，且不应少于 10 根。对每个柱下承台检测桩数不应少于 1 根。

2. 测点位置

反射波法检测仪器布置如图 9-1 所示。根据桩径大小，桩心对称布置 2～4 个安装传感器的检测点，如图 9-2 所示。实心桩的激振点应选择在桩中心，检测点宜在距桩中心 2/3半径处；空心桩的激振点和检测点宜为桩壁厚的 1/2 处，激振点和检测点与桩中心连线形成的夹角宜为 90 °。对于水泥土桩，激振点应选择在 1/4 桩径处。

激振点与传感器安装的位置应凿成大小合适的平面，平面应平整并基本垂直于桩身轴线，激振点与传感器安装位置应远离钢筋笼的主筋，以减少外露筋对测试信号产生干扰。

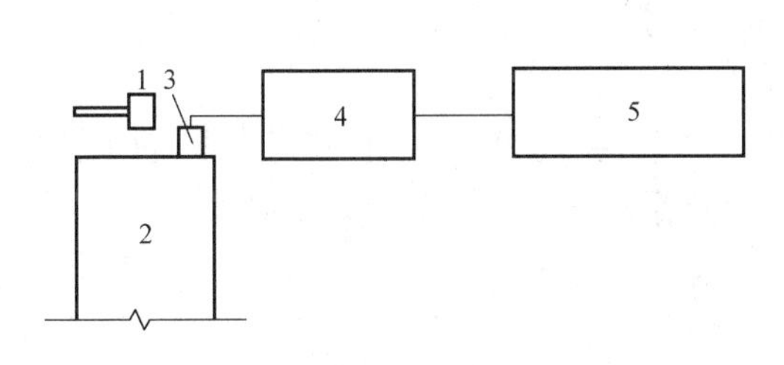

图 9-1　反射波法检测基桩质量仪器布置图

1—手锤；2—桩；3—传感器；4—基桩分析仪；5—显示器

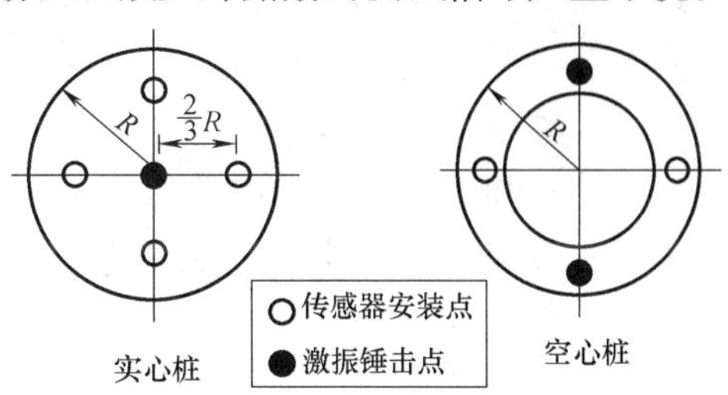

图 9-2　传感器安装点、锤击点布置图

3. 参数设定

（1）时域信号记录的时间段长度应在 $2L/c$ 时刻后延续不少于 5ms；频域信号分析的频率范围上限不应小于 2000Hz。

（2）设定桩长应为桩顶测点至桩底的施工桩长，设定桩身截面积应为施工截面积。

（3）桩身波速可根据本地区同类型桩的测试值初步设定。

（4）采样时间间隔或采样频率应根据桩长、桩身波速和频域分辨率合理选择；时域信号采样点数不宜少于 1024 点。

（5）传感器的设定值应按计量检定或校准结果设定。

4. 信号采集和检测程序

应通过现场敲击试验，选择合适重量的激振力锤和软硬适宜的锤垫。用宽脉冲获取桩底或桩身下部缺陷反射信号，用窄脉冲获取桩身上部缺陷反射信号。

现场检测程序：

① 对被测桩头进行处理，凿去浮浆，平整桩头，割除桩外露的过长钢筋。

② 接通电源，对测试仪器进行预热，进行激振和接收条件的选择性试验，以确定最佳激振方式和接收条件。

③ 传感器应稳固地安置于桩头上，为了保证传感器与桩头的紧密接触，应在传感器底面涂抹凡士林或黄油；当桩径较大时，可在桩头安放两个或多个传感器。

④ 为了减少随机干扰的影响，可采用信号增强技术进行多次重复激振，以提高信噪比。

⑤ 为了提高反射波的分辨率，应尽量使用小能量激振并选用截止频率较高的传感器和放大器。

⑥ 由于面波的干扰，桩身浅部的反射比较紊乱，为了有效地识别桩头附近的浅部缺陷，必要时可采用横向激振水平接收的方式进行辅助判别。

⑦ 每根试桩应进行 3～5 次重复测试，出现异常波形应立即分析原因，排除影响后再测试，每个检测点记录的有效信号数不宜少于 3 个。

三、数据分析与判定

完整桩典型的时域信号和频域信号见图 9-3，缺陷桩典型的时域信号和频域信号见图 9-4。

完整桩分析判定，根据时域信号或频域曲线特征判定相对来说较简单直观，而分析缺陷桩信号则复杂些，有的信号的确是因施工质量缺陷产生的，但也有是因设计构造或成桩工艺本身局限导致的，例如预制打入桩的接缝，灌注桩的逐渐扩径再缩回原桩径的变截面，地层硬夹层影响等。因此，分析时应仔细分清哪些是缺陷波或缺陷谐振峰，哪些是因桩身构造、成桩工艺、土层影响造成的类似缺陷信号特征。

1. 桩身波速平均值确定

当桩长已知、桩底反射信号明确时，应在地基条件、桩型、成桩工艺相同的基桩中，选取不少于 5 根Ⅰ类桩的桩身波速值，按下式计算平均值：

$$c_{\mathrm{m}}=\frac{1}{n}\sum_{i=1}^{n}c_i \tag{9-2}$$

$$c_i=\frac{2000L}{\Delta T} \tag{9-3}$$

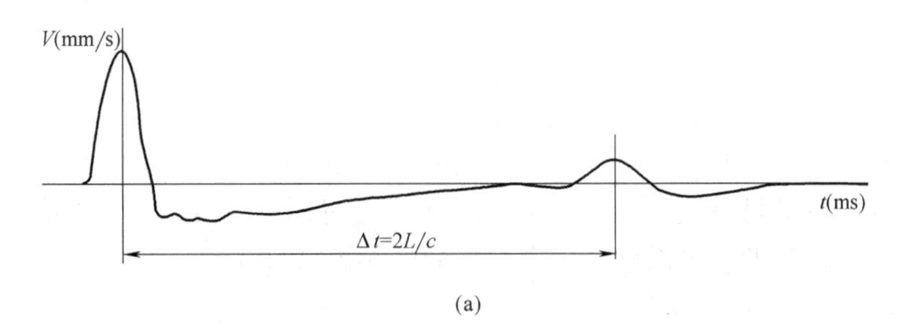

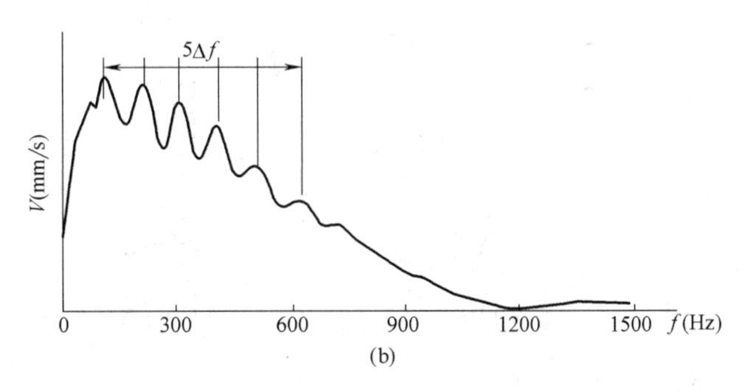

图 9-3　完整桩典型的时域信号和频域信号

（a）时域信号；（b）频域信号

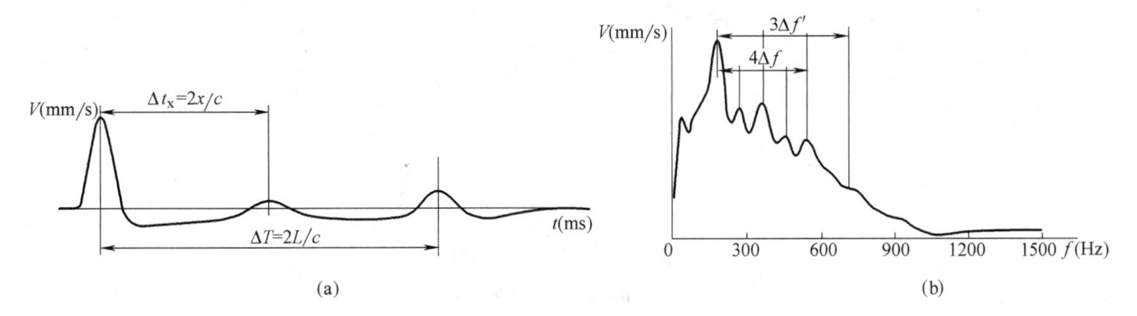

图 9-4　缺陷桩典型的时域信号和频域信号

（a）时域信号；（b）频域信号

$$c_i = 2L \cdot \Delta f \tag{9-4}$$

式中　c_m——桩身波速的平均值（m/s）；

c_i——第 i 根受检桩的桩身波速值（m/s），且 $|c_i - c_m|/c_m$ 不宜大于 5%；

L——测点下桩长（m）；

ΔT——速度波第一峰与桩底反射波峰间的时间差（ms）；

Δf——频域曲线上桩底相邻谐振峰间的频差（Hz）；

n——参加波速平均值计算的基桩数量（$n \geqslant 5$）。

无法满足以上要求时，波速平均值可根据本地区相同桩型及成桩工艺的其他桩基工程的实测值，结合桩身混凝土的骨料品种和强度等级综合确定。

2. 桩身缺陷位置计算

按下式计算桩身阻抗变化的位置：

$$x = \frac{1}{2000} \cdot \Delta t_x \cdot c \tag{9-5}$$

$$x=\frac{1}{2}\cdot\frac{c}{\Delta f'} \qquad (9\text{-}6)$$

式中　x——桩身缺陷至传感器安装点的距离（m）；

Δt_x——速度波第一峰与缺陷反射波峰间的时间差（ms）；

c——受检桩的桩身波速（m/s），无法确定时可用桩身波速的平均值替代；

$\Delta f'$——频域信号曲线上缺陷相邻谐振峰间的频差（Hz）。

缺陷位置的计算图形如图 9-5 所示。

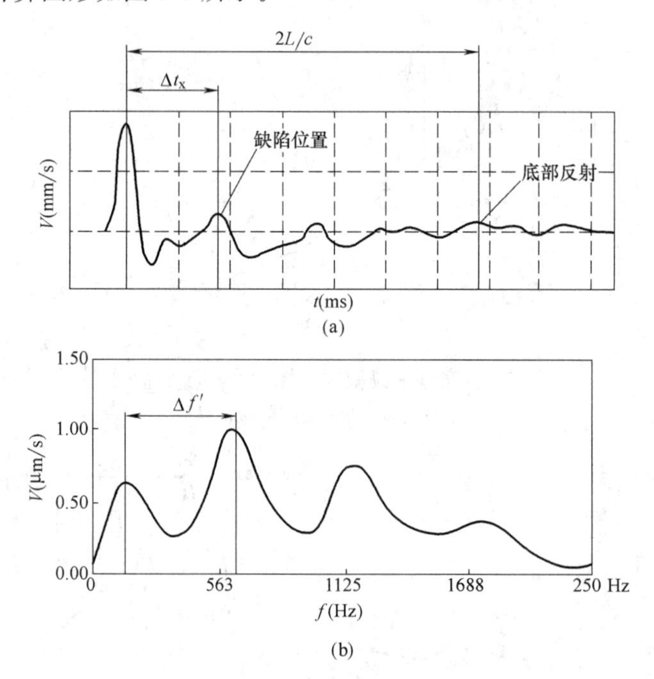

图 9-5　缺陷位置计算图

（a）时域曲线；（b）频域曲线

3. 桩身完整性判定

桩身完整性类别应结合缺陷出现的深度、测试信号衰减特性以及设计桩型、成桩工艺、地基条件、施工情况，按表 9-1 所列时域信号特征或频域信号特征进行综合分析判定。

桩身完整性判定　　**表 9-1**

类别	时域信号特征	频域信号特征
Ⅰ	$2L/c$ 时刻前无缺陷反射波，有桩底反射波	桩底谐振峰排列基本等间距，其相邻频差 $\Delta f \approx c/2L$
Ⅱ	$2L/c$ 时刻前出现轻微缺陷反射波，有桩底反射波	桩底谐振峰排列基本等间距，其相邻频差 $\Delta f \approx c/2L$，轻微缺陷产生的谐振峰与桩底谐振峰之间的频差 $\Delta f' > c/2L$
Ⅲ	有明显缺陷反射波，其他特征介于Ⅱ类和Ⅳ类之间	
Ⅳ	$2L/c$ 时刻前出现严重缺陷反射波或周期性反射波，无桩底反射波 或因桩身浅部严重缺陷使波形呈现低频大振幅衰减振动，无桩底反射波	缺陷谐振峰排列基本等间距，相邻频差 $\Delta f' > c/2L$，无桩底谐振峰 或因桩身浅部严重缺陷只出现单一谐振峰，无桩底谐振峰

注：对同一场地、地基条件相近、桩型和成桩工艺相同的基桩，因桩端部分桩身阻抗与持力层阻抗相匹配导致实测信号无桩底反射波时，可按本场地同条件下有桩底反射波的其他桩实测信号判定桩身完整性类别。

根据测试信号幅值大小判定缺陷程度，除受缺陷程度影响外，还受桩周土阻力（阻尼）大小及缺陷所处深度的影响。因此，当缺陷十分明显时，如何区分是Ⅲ类桩还是Ⅳ类桩，应仔细对照桩型、地基条件、施工情况结合当地经验综合分析判断；不仅如此，还应结合基础和上部结构形式对桩的承载安全性要求，考虑桩身承载力不足引发桩身结构破坏的可能性，进行缺陷类别划分，不宜单凭测试信号定论。

最后，应按表 9-2 对桩身完整性检测结果进行分类评价。

桩身完整性分类表 **表 9-2**

桩身完整性类别	分 类 原 则
Ⅰ类桩	桩身完整
Ⅱ类桩	桩身有轻微缺陷，不会影响桩身结构承载力的正常发挥
Ⅲ类桩	桩身有明显缺陷，对桩身结构承载力有影响
Ⅳ类桩	桩身存在严重缺陷

4. 几种典型桩的波形特征

（1）完整桩

完整桩仅有桩底反射，反射波和入射波同相位，如图 9-6 所示。

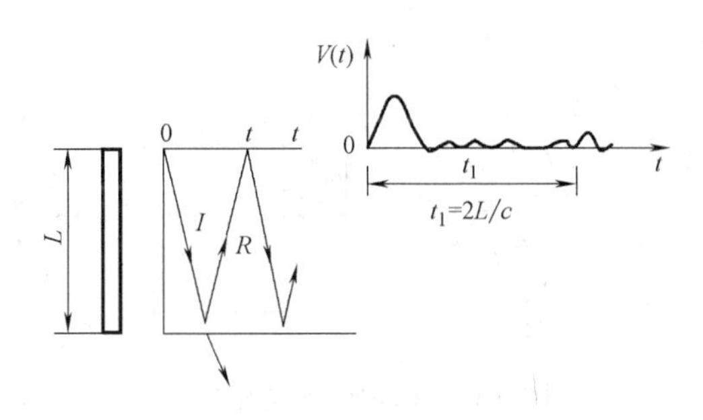

图 9-6 完整桩波形图

（2）截面突变桩

桩身截面变小处：反射波为上行拉力波，遇桩顶自由端反射为下行压力波（$t_1=t_2=2\Delta L/c$），如图 9-7 所示。桩身截面变大处：反射波为上行压力波，遇桩顶自由端反射为下行拉力波（$t_1=t_2=2\Delta L/c$），如图 9-8 所示。

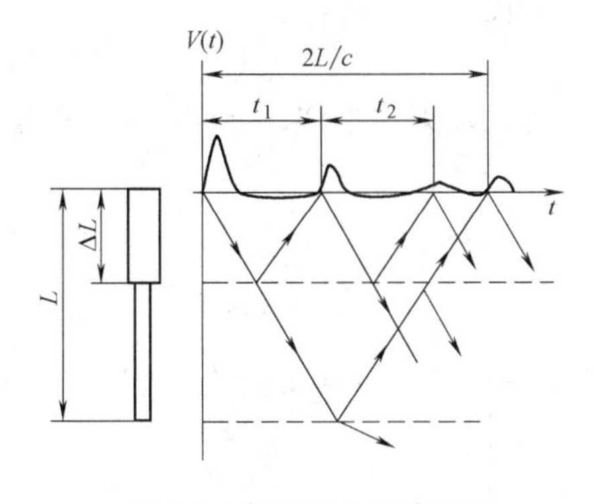

图 9-7 截面变小桩波形图

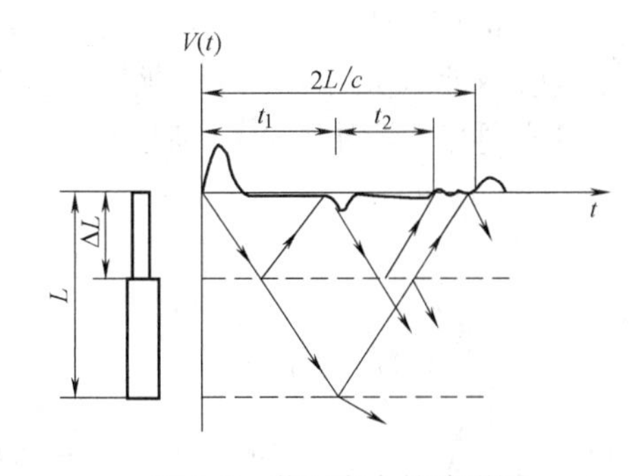

图 9-8 截面变大桩波形图

（3）断桩

在断桩处应力波产生多次反射，反射波和入射波同相位，看不到桩底反射，如图 9-9 所示。

（4）半断桩

桩身缺口处的反射波和入射波同相位，桩底反射波和入射波同相位，如图 9-10 所示。

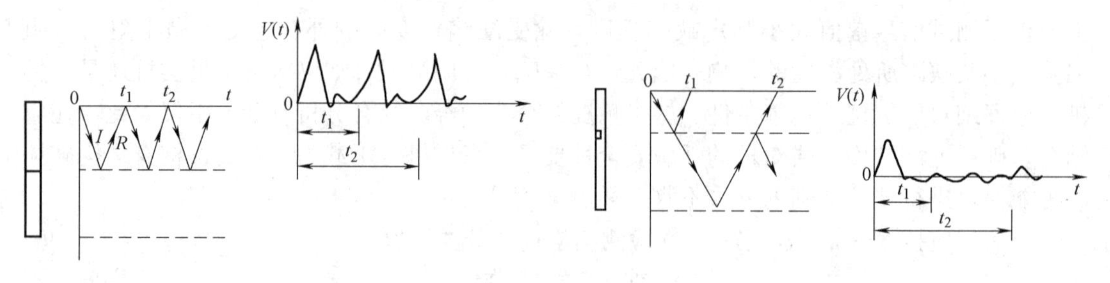

图 9-9　断桩波形图　　　　图 9-10　半断桩波形图

（5）缩颈、离析和夹泥桩

开始部位的反射波和入射波同相位，缩颈和离析结束部位的反射波和入射波反相位。缩颈和离析不严重的桩，部分应力波还透射传播，可看到桩底反射，反射波和入射波同相位，如图 9-11 所示。

（6）扩底桩

扩底桩在扩底开始处的反射波和入射波反相位，扩底结束处的反射波和入射波同相位，如图 9-12 所示。

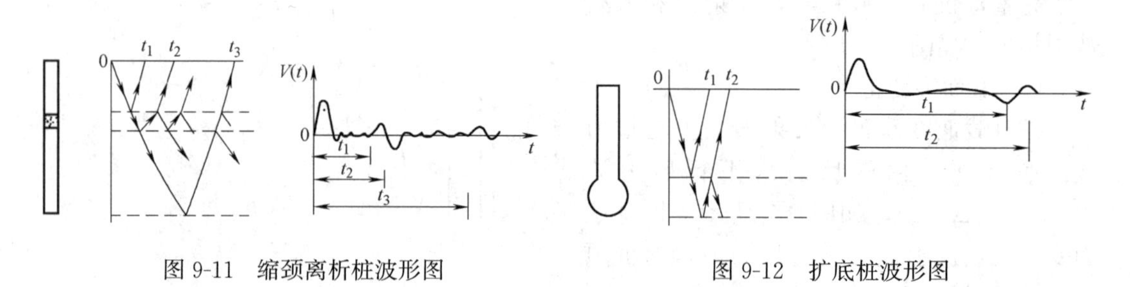

图 9-11　缩颈离析桩波形图　　　　图 9-12　扩底桩波形图

（7）嵌岩桩

嵌岩效果好的桩，桩底反射波和入射波反相位，如图 9-13 所示。

（8）截面渐变桩

截面渐变桩不易判断，截面渐变过程和侧阻力增加的反射波近似，渐变结束处的反射波和入射波同相位，如图 9-14 所示。

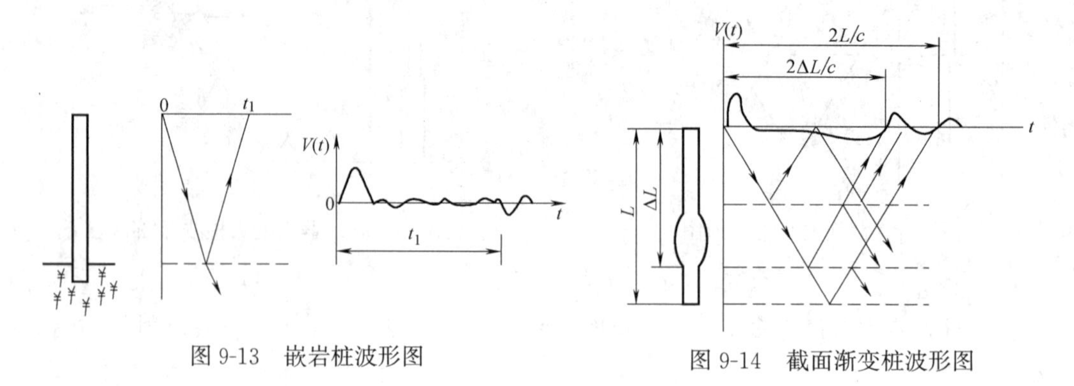

图 9-13　嵌岩桩波形图　　　　图 9-14　截面渐变桩波形图

（9）土层变化

土层变化的反射波如图 9-15 所示。

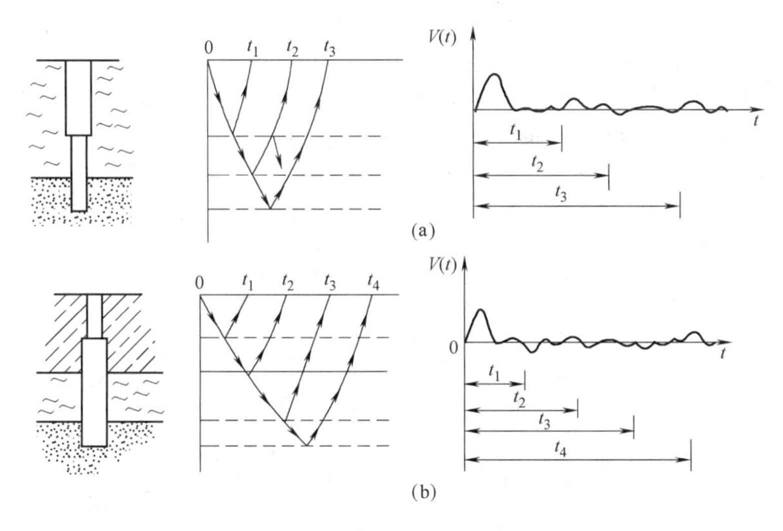

图 9-15　土层变化的波形图

第四节　单桩高应变检测

高应变动力测桩法是在动测过程中利用外力使桩身产生较大的位移，进而可以对桩身的质量和其承载能力进行判断的方法。它要求给桩土系统施加较大能量的瞬时荷载，以保证桩土间产生较大的相对位移。高应变动力检测常用的方法有打桩公式法、锤击贯入法、Smith 波动方程法、Case 法（波动方程半经验解析解法）、波动方程拟合法等。

《建筑基桩检测技术规范》JGJ 106—2014 根据我国实际情况规定了高应变法动力检测为 Case 法和波形拟合法两种。本教材主要介绍 Case 法，再简述波形拟合法的原理和过程。

高应变检测方法适用于检测基桩的竖向抗压承载力和桩身完整性；监测预制桩打入时的桩身应力和锤击能量传递比，为确定沉桩工艺参数及桩长提供依据。对于大直径扩底桩和预估 Q-s 曲线具有缓变型特征的大直径灌注桩，不宜采用本方法进行竖向抗压承载力检测。进行灌注桩的竖向抗压承载力检测时，应具有现场实测经验和本地区相近条件下的可靠对比验证资料。

一、Case 法假定和方法

Case 法是在凯斯西储大学 G. C. Goble 教授主持下，经过 12 年研究提出的一种简单近似的判定单桩承载力和桩身完整性的动测方法。该法是以波动方程行波理论为基础的动力量测和分析方法。他还研制了能在现场立刻得到单桩承载力、桩身完整性、打桩应力、锤击能量和垫层性能等参数的 PDA 打桩分析仪，通过对实测力波形和速度波形的分析，很方便将静阻力从总阻力中分离出来，得到类似单桩竖向静载荷试验的单桩极限承载力。

G. C. Goble 等人还研制了 CAPWAP 分析软件，称为波形拟合法。它不仅可对单桩极限承载力和桩身完整性进行判定，还可估算桩侧阻的分布和端阻力值。

Case 法的基本假定为：

(1) 桩身是等阻抗的（$Z=\rho AC$）。实测信号除土阻力和桩底信号的反射波外，没有任何阻抗变化的反射波。灌注桩难以满足此条件，因断面是不均匀的。

（2）动阻力集中在桩底，忽略桩侧动阻力。

（3）忽略应力波在传播过程的能量损耗，包括桩身中内阻尼损耗和向桩周土的逸散。该假定下，应力波传播过程没有波形畸变和幅值的变化。

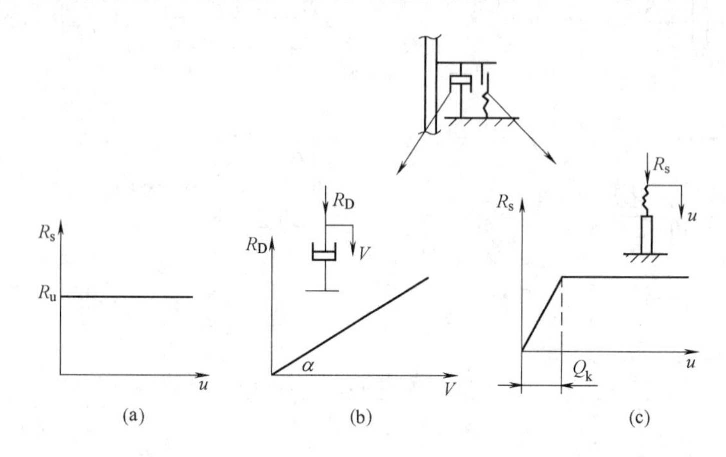

图 9-16　土的模型

（a）理想刚塑性；（b）动阻力模型；（c）理想弹塑性

Case 法的数学模型：

（1）桩的模型。假定为均匀连续的一维杆，且物理参数在测试时间内不变，称为时不变。

（2）土的模型。

① 试桩时认为桩、土界面发生破坏，桩的承载力为土对桩的支承能力。

② 实测总阻力 R 近似看成由类似静荷载试桩的静阻力 R_s 和动阻力 R_D 两部分组成：

$$R=R_s+R_D \tag{9-7}$$

静阻力 R_s 简化为理想刚塑性模型，即当土中应力达某一数值后，不随变形增加而增加，如图 9-16（a）所示。忽略弹性变形，于是

$$R_s(z)=R_u \tag{9-8}$$

动阻力 R_D 简化为与桩的运动速度呈线性关系的黏滞阻尼模型，用一个阻尼器表示，如图 9-16（b）所示。

$$R_D=J(z)V(z) \tag{9-9}$$

式中　$J(z)$ ——深度 z 处桩侧土黏滞阻尼系数（kN · s/m），为直线斜率；

$V(z)$——深度 z 处桩身运动速度（m/s）。

动力试桩实际用的是 Smith 阻尼系数 $J_s(z)$ 或 Case 阻尼系数 $J_c(z)$：

$$R_D= J_s(z)\ R_u(z)V(z) \tag{9-10}$$

$$R_D=J_c(z)ZV(z) \tag{9-11}$$

土阻力的反射波：

与低应变法相反，高应变法希望得到土阻力充分发挥的反射波，这样实测波形才含有桩承载力的因素，因此要研究桩侧阻力的反射波。桩顶受锤击作用，应力波沿桩身传播，遇桩侧土摩阻力 R 时将产生上行的压力波和下行拉力波，数值上均为摩阻力的一半，如图 9-17 所示。

上行为 $R/2$ 的压力波，经 $2x/c$ 时刻到达测点。它对测点波的影响是，使力值增加，速度值减小，也就是力和速度波形分开，分开距离在数值上正好是桩侧摩阻力值。故土阻力可说是直接量测的，但含多少静阻力是未知的。

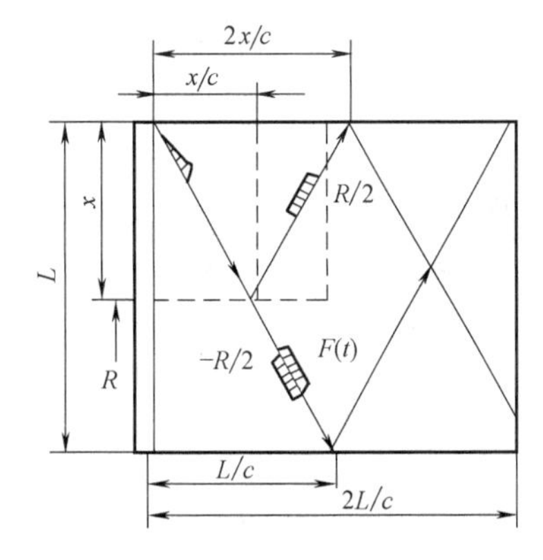

图 9-17　侧阻力波的传播

数值-$R/2$ 的下行拉力波将和下行的锤击力波 F（t）叠加，传播至桩底后产生反射。

通过桩顶的力和加速度传感器可以直接测到土阻力，但是它包含静阻力和动阻力，因而不同位置（L/c）力和速度波形的差值反映的桩侧阻力，只是定性地表达单桩承载力的高低。

二、仪器设备

1. 锤击设备

9. 基桩高应变动测

锤击设备可采用筒式柴油锤、液压锤、蒸汽锤等具有导向装置的打桩机械，但不得采用导杆式柴油锤、振动锤。高应变检测专用锤击设备应具有稳固的导向装置。

采用高应变法进行承载力检测时，锤的重量与单桩竖向抗压承载力特征值的比值不得小于 0.02。当作为承载力检测的灌注桩桩径大于 600mm 或混凝土桩桩长大于 30m 时，还应提高检测用锤的重量。

重锤的形状应对称，高径（宽）比不得小于 1，采用铸铁或铸钢制作，通过脱钩器控制锤的自由下落。图 9-18 是两种自由落锤的锤击设备，其一为电动卷扬机通过滑轮组提升锤头，另一为起重吊车提升锤头。

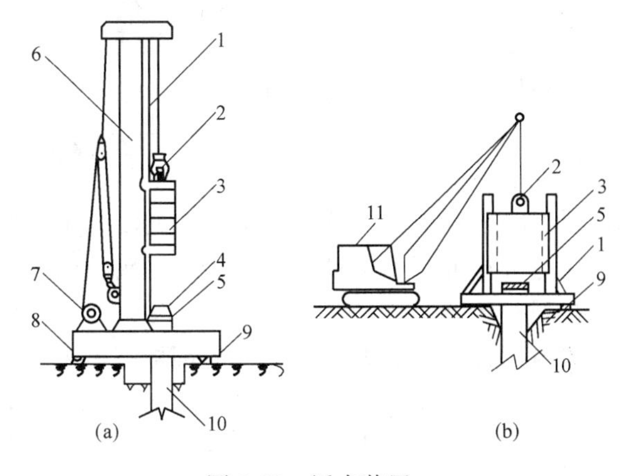

图 9-18　锤击装置

1—导向架；2—自动脱钩；3—锤；4—砧座；5—锤垫；6—导向柱；7—电机；8—底盘；9—道木；10—桩；11—吊车

2. 测量仪器

（1）传感器

有加速度计和力传感器两种传感器。

加速度计主要采用压电式加速度计，它有两种形式：带内装放大的和电荷输出的。加速度计量程应满足：混凝土桩为1000～2000g（g为重力加速度），钢桩为3000～5000g。

应变式力传感器如图9-19所示，它是为高应变法检测专门制作的传感器，由铝合金材料做成，环内侧粘贴4片电阻应变片，全桥贴法，具有温度自补偿。传感器和桩身固定的两孔距离为77mm。传感器量程：混凝土桩应大于±1000$\mu\varepsilon$，钢桩应大于±1500$\mu\varepsilon$。该传感器具有轻便、拆装快速和可重复使用等优点。

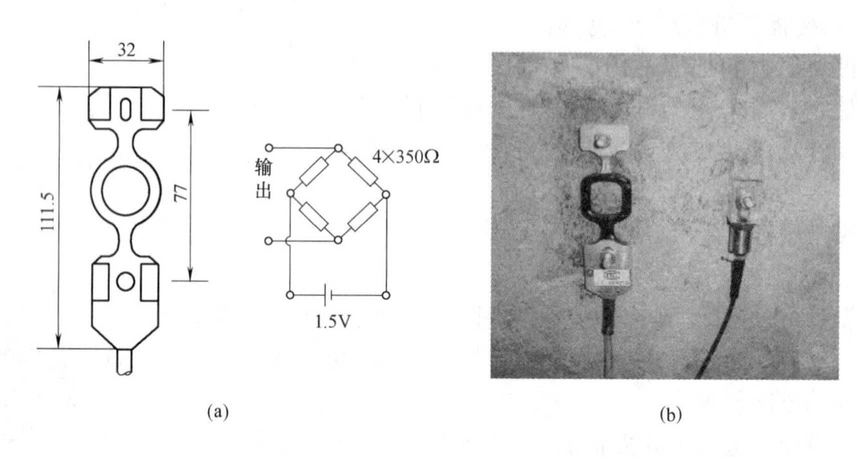

图9-19 工具式应变传感器（单位：mm）

（2）信号采集装置

在桩顶处接收到信号后，一般都要进行一次低通滤波处理，以去掉现场高频杂波的干扰。采集频率宜为10kHz，对于超长桩，采样频率可适当降低。

（3）信号分析装置

由于Case法的计算公式很简单，这使得在现场每一次锤击的同时就能得到桩的承载力等参数，这种极强的适时分析能力正是Case法的优势之所在。在PDA系统中有关的实时分析运算是在模拟信号转换为数字信号后进行的。

三、现场检测

1. 桩头加固及准备

混凝土桩应凿掉桩顶部的破碎层以及软弱或不密实的混凝土。桩头顶面应平整，并用水平尺找平。桩头中轴线与桩身上部的中轴线应重合。桩头主筋应全部直通至桩顶混凝土保护层之下，各主筋应在同一高度上。

距桩顶1倍桩径范围内，宜用厚度为3～5mm的钢板围裹或距桩顶1.5倍桩径范围内设置箍筋，间距不宜大于100mm。桩顶应设置钢筋网片1～2层，间距60～100mm。

桩头混凝土强度等级宜比桩身混凝土提高1～2级，且不得低于C30。

桩锤重心应与桩顶对中，锤击装置架立应垂直。桩头顶部应设置桩垫，桩垫可采用10～30mm厚的木板或胶合板等材料。

2. 传感器安装

在距桩顶1.5d～2.0d（d为桩径）的桩两侧面各对称安装一只加速度计和一只应变式力传感器。对于灌注桩，安装位置混凝土表面要用电动磨光机磨平，或在加固的钢筒下端割去一个大小可安装传感器的口子，使得混凝土表面平整，可不打磨；应变式力传感器和加速度计的中心应在同一水平线上，同侧的两者距离不宜大于 80mm；传感器中心轴和桩中心轴保持平行；固定传感器的膨胀螺栓应与桩侧表面垂直，传感器牢固固定在桩上，力传感器确保与桩体同步变形；安装力传感器时应监控初始应变值，避免拧紧螺母时传感器扭曲产生塑性变形而损坏。不同桩型传感器安装位置如图 9-20 所示。

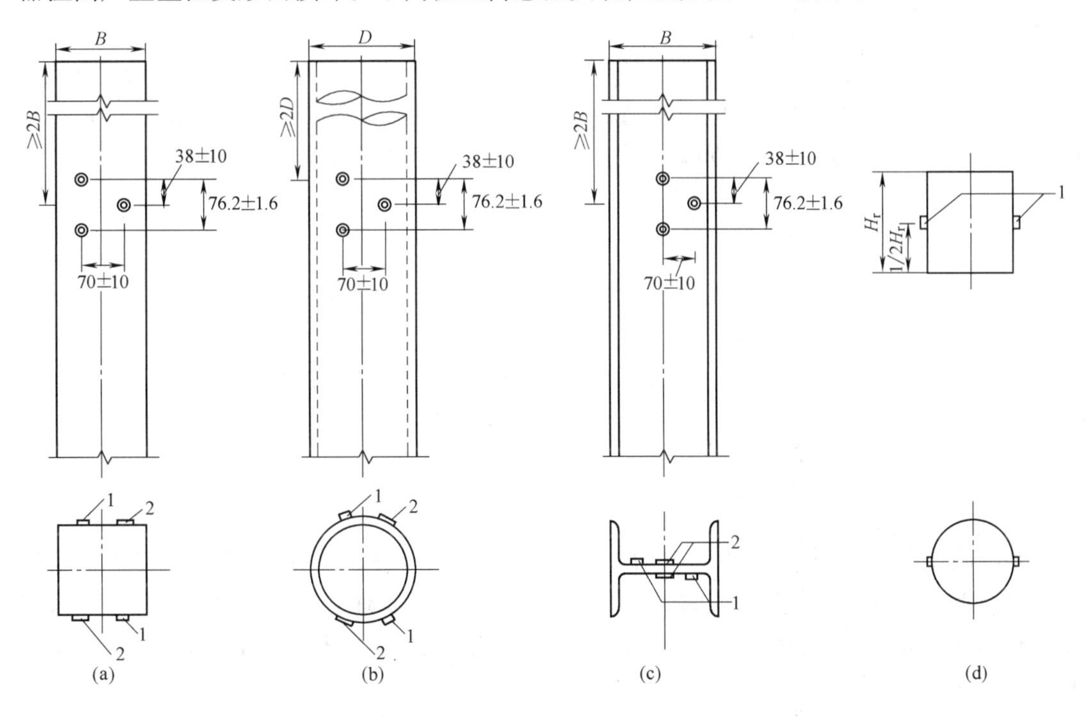

图 9-20　不同桩型传感器安装位置图（单位：mm）

（a）混凝土方桩；（b）管桩；（c）H 型钢桩；（d）落锤

1—加速度传感器；2—应变传感器；B—矩形桩的边宽；D—桩身外径；H_r—落锤锤体高度

3. 锤落高和贯入度测量

采用自由落锤为锤击设备时，应符合重锤低击原则，最大锤击落距不宜大于 2. 5m。

规范要求单击贯入度宜在 2 ~6mm 之间，可采用精密水准仪等仪器测量。桩受锤击的贯入度大小是衡量桩侧和桩端土阻力是否充分发挥的重要参数。贯入度小，检测的承载力小于极限值；贯入度太大，桩体类似刚体运动，波形失真。

4. 参数设定

（1）采样时间间隔宜为 50～200s，信号采样点数不宜少于 1024 点。

（2）自由落锤安装加速度传感器测力时，力的设定值由加速度传感器设定值与重锤质量的乘积确定。

（3）测点处的桩截面尺寸，应按实际测量确定。测点以下桩长和截面积可采用设计文件或施工记录提供的数据作为设定值。

（4）桩身材料质量密度：钢桩 7. 85t/m^3，混凝土预制桩 2. 45～2. 50t/m^3，离心管桩 2. 55～2. 60t/m^3，混凝土灌注桩 2. 40t/m^3。

（5）桩身材料弹性模量。按下式计算

$$E=\rho c^2 \tag{9-12}$$

式中　E——桩身材料弹性模量（kPa）；

c——桩身应力波传播速度（m/s）；

ρ——桩身材料质量密度（t/m^3）。

（6）桩身波速。可结合本地经验或按同场地同类型已检桩的平均波速初步设定，现场检测完成后应按以下方法调整。

桩底反射明显时，桩身波速可根据速度波第一峰起升沿的起点到速度反射峰起升或下降沿的起点之间的时差与已知桩长值确定（图 9-21）；桩底反射信号不明显时，可根据桩长、混凝土波速的合理取值范围以及邻近桩的桩身波速值综合确定。

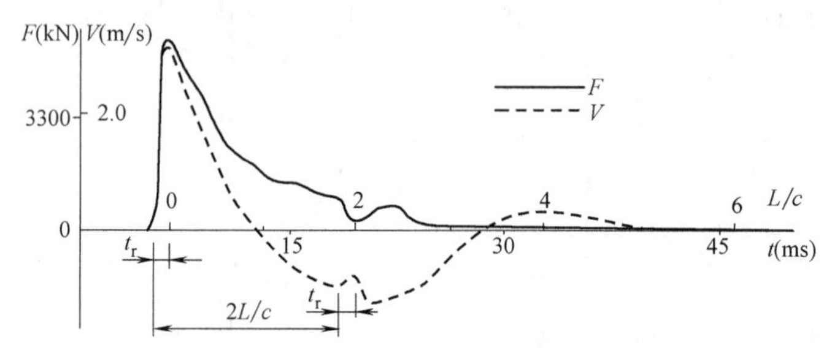

图 9-21　桩身波速的确定

准确确定桩身波速很重要。因为力值是由应变和弹性模量换算得到，10％的波速误差会引起 20％的弹性模量或力的误差。要准确确定波速，一定要知道确切桩长和波形有明显桩底反射；如果已知桩长，看不到桩底反射，只能假定波速，计算实际桩长。

5. 信号采集与波形优劣判定

在测试现场，Case 法记录一条力波曲线和一条速度波曲线，采集的波形质量对后面的分析至关重要。

现场信号采集时，应检查采集信号的质量，并根据桩顶最大动位移、贯入度、桩身最大拉应力、桩身最大压应力、缺陷程度及其发展情况等，综合确定每根受检桩记录的有效锤击信号数量。发现测试波形紊乱，应分析原因。桩身有明显缺陷或缺陷程度加剧，应停止检测。

高应变法采集的优良波形应该是：

（1）力和速度时程波形基本一致，峰值前二者重合，峰值后二者协调。

（2）力和速度时程波形最终回归零值。

（3）波形采样长度足够。波形拟合法要求信号长度不小于 $2L/c$ 或 $2L/c+20\text{ms}$。

（4）波形无明显的高频杂波干扰，桩底反射明确。

（5）贯入度适中。

特别注意是，高应变实测的力和速度信号第一峰起始段不呈比例时，不得对实测力或速度信号进行调整。

四、数据分析与判定

1. Case 法单桩承载力计算

Case 法单桩承载力可按下式计算：

$$R_c=\frac{1}{2}(1-J_c)\cdot[F(t_1)+Z\cdot V(t_1)+\frac{1}{2}(1+J_c)]\cdot\left[F\left(t_1+\frac{2L}{c}\right)-Z\cdot V\left(t_1+\frac{2L}{c}\right)\right] \tag{9-13}$$

$$Z=\frac{E\cdot A}{c} \tag{9-14}$$

式中 R_c——Case 法单桩承载力计算值（kN）；

J_c——Case 法阻尼系数；

t_1——速度第一峰对应的时刻；

$F(t_1)$——t_1 时刻的锤击力（kN）；

$V(t_1)$——t_1 时刻的质点运动速度（m/s）；

Z——桩身截面力学阻抗（kN·s/m）；

A——桩身截面面积（m^2）；

L——测点下桩长（m）。

Case 法公式中唯一未知数——无量纲阻尼系数 J_c，它仅与桩端土性有关。J_c 取值是否合理在很大程度上决定了计算承载力的准确性。所以，缺乏同条件下的静动对比校核或大量相近条件下的对比资料时，将使其使用范围受到限制。当贯入度达不到规定值或不满足 Case 法假定时，J_c值实际上变成了一个无明确意义的综合调整系数。特别值得一提的是灌注桩，在同一工程、相同桩型及持力层时，可能出现 J_c取值变异过大的情况。为防止 Case 法的不合理应用，规定应采用静动对比或实测曲线拟合法校核 J_c 值。

2. 桩身的完整性评价

首先要从记录信号上对力和速度波作定性分析，观察桩身缺陷的位置和数量以及连续锤击情况下缺陷的扩大或闭合情况。

锤击力作用于桩顶，产生的应力波沿桩身向下传播，在桩截面变化处会产生一个压力回波，这个压力回波返回到桩顶时，将使桩顶处的力增加，速度减少。同时，下行的压力波在桩截面处突然减小或有负摩阻力处将产生一个拉力回波。拉力回波返回到桩顶时，将使桩顶处力值减小，速度值增加。根据收到的拉力回波的时刻就可以估计出拉力回波的位置，即桩身缺损使阻抗变小的位置。这就是根据实测的力波和速度曲线来判断桩身缺陷，评价桩身结构完整性的基本原理。图 9-22 为 Case 法正常桩波形和缺陷桩波形的比较。

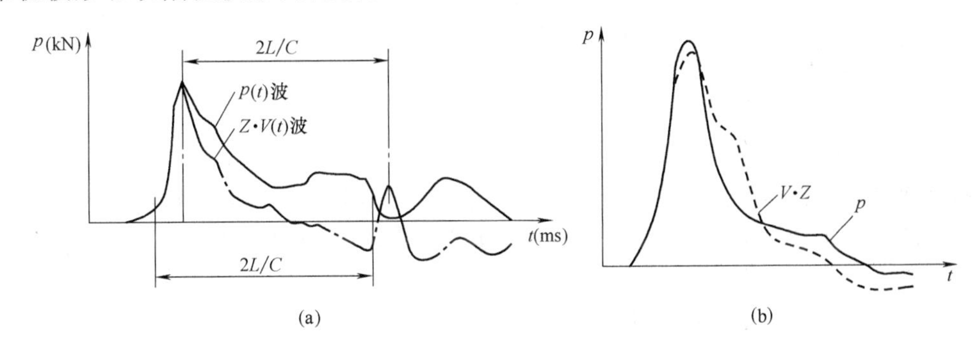

图 9-22 Case 法正常桩波形和缺陷桩波形

（a）正常桩；（b）缺陷桩

桩身材料质量检查：Case 法从波形曲线上发现桩端压力回波，这一回波的时间等于 $2L/c$，如果已知桩长，即可推算出纵波波速 c 值，根据 c 值就可对桩身材料的质量进行检查。

通常桩身结构完整性采用下面的实测波形曲线拟合法来评价。

五、波形拟合法

1. 方法原理

实测波形曲线拟合法是通过波动问题数值计算，反演确定桩和土的力学模型及其参数值。其过程为：

（1）假定各桩单元的桩和土力学模型及其模型参数，利用实测的速度（或力、上行波、下行波）曲线作为输入边界条件，数值求解波动方程，反算桩顶的力（或速度、下行波、上行波）曲线。

（2）若计算的曲线与实测曲线不吻合，说明假设的模型及参数不合理，有针对性地调整模型及参数再进行计算，直至计算曲线与实测曲线（及贯入度的计算值与实测值）的吻合程度良好且不易进一步改善为止。

2. 桩土模型

波形拟合法模型分为桩体和土体两部分。

（1）桩模型

把桩看作连续的、时不变的、线性的和一维的弹性杆件。把桩体划分为 N 个分段，要求应力波在通过每个分段长度时所需的时间相等，分段本身阻抗是恒定的，但各分段阻抗可以不同。桩身内阻尼引起应力波的衰减可用衰减率模拟。有的计算软件，还可考虑裂缝在受力过程中的闭合和张开程度；局部不密实的混凝土应力-应变的非线性关系等问题。

（2）土模型

土模型包括土的静阻力模型和动阻力模型。

土的静阻力模型多简化为理想弹塑性模型。图 9-23 是桩侧土和桩端土的静力模型。当土位移小于最大弹性位移 Q_k 时，应力应变呈线性关系，一旦位移达 Q_k，应力不再随应变而增加，土进入塑性状态，即

$$R_k(z)=\frac{u(z)\cdot R_{uk}}{Q_k} \quad u(z)\leqslant Q_k \tag{9-15}$$

$$R_k(z)=R_{uk} \quad u(z)>Q_k \tag{9-16}$$

式中 R_{uk}——桩在 z 深度处土的极限静阻力（kN）；

Q_k——土的最大弹性位移（mm）；

$u(z)$——深度 z 处土位移（mm）。

桩顶受锤击后，桩身除向下运动（加载过程）外，还可产生回弹（卸载过程），所以计算程序除了有加载最大弹性位移 Q_k（加载弹限），还给出卸载最大弹性位移 Q_{km}（卸载弹限）参数。

桩身上、下运动有可能反复多次，软件中考虑了反复加载程序 R_L 和 R_{Lt} 参数。它反映了第二次、第三次等加载路径不同于第一次加载路径。

桩出现回弹，局部单元向上运动，桩侧土开始卸载。当桩土相对位移出现负值时，侧

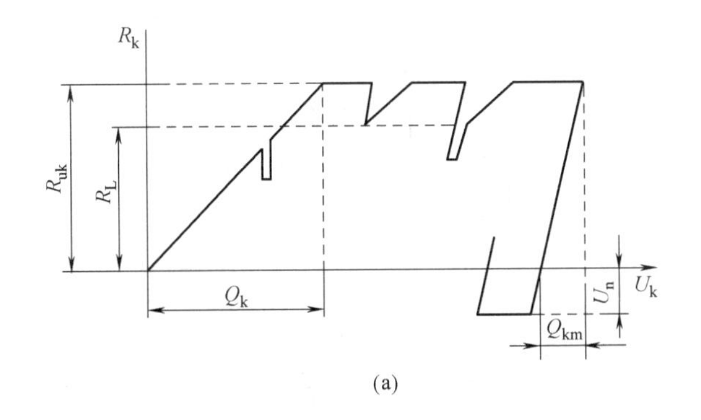

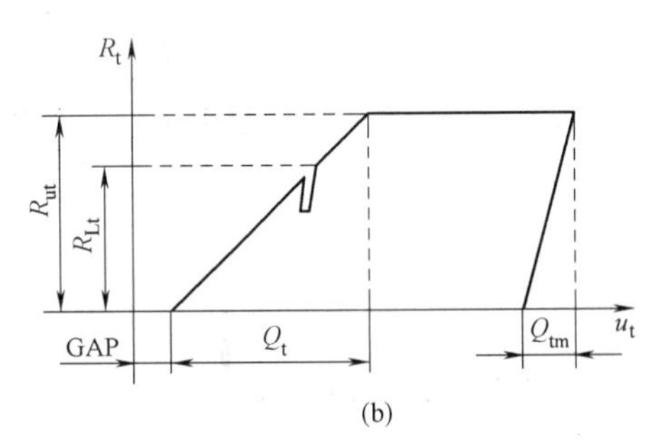

图 9-23　土的静阻力模型

(a) 桩侧土；(b) 桩端土

阻力向下，软件中用 U_n 表示卸载程序。

桩端土静阻力模型中，由于桩尖土不能受拉，不存在卸载水平。灌注桩桩底有可能存在沉渣或虚土；预制桩由于打桩挤土效应会使桩上抬，桩尖产生缝隙，故软件中设置"土隙"参数 GAP。桩尖土的加载和卸载弹性位移分别用 Q_t 和 Q_{tm} 表示。

土的动阻力模型一般采用与桩身运动速度呈正比的线性黏滞阻尼，带有一定的经验性，且不易直接验证。

3. 单桩承载力计算

波形拟合法是波动问题的反复迭代计算过程。首先把桩划分若干分段（单元），假定各分段的桩、土参数，如桩身阻抗、土的阻力及其沿桩身分布、最大弹限 Q_k 和阻尼系数 J_s 或 J_c 等。用实测的波形速度或力，或下行波，作为已知边界条件进行波动程序计算，求得力或速度波形，或上行波。即用计算波形去拟合实测波形，两者比较，直到两者吻合程度满意为止，从而得到单桩极限承载力、桩侧阻力分布、计算的荷载-沉降曲线（Q-s 曲线）和桩身结构完整性。

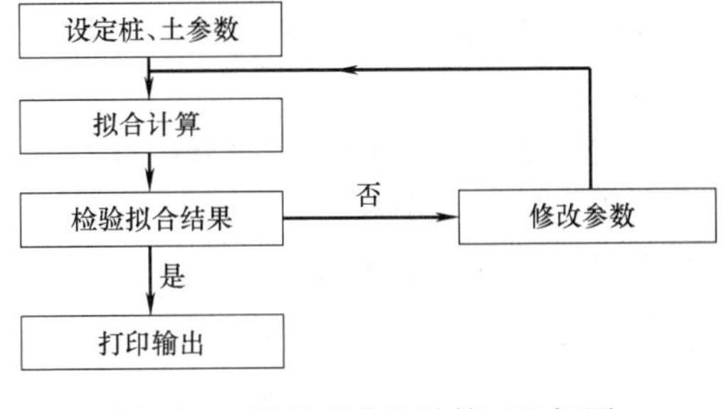

图 9-24　波形拟合法计算过程框图

反复迭代过程也就是"试凑"过程（图 9-24）。例如，要得到各分离单元的速度响应曲线，可以解波动方程得到各单元的力曲线 F_c。将计算的力曲线 F_c 和实测的力曲线 F_m 进行比较，并调整各单元参数值使 F_c 和 F_m 吻合。此时，认为对桩、土参数的假定与实际情况接近，由此得到所需结果。典型的分析和拟合结果见图 9-25。

从原理上讲，这种方法是客观唯一的，但由于桩、土以及它们之间的相互作用等力学行为的复杂性，实际运用时还不能对各种桩型、成桩工艺、地基条件，都能达到十分准确地求解，实际拟合结果并非唯一解，需通过综合比较判断进行参数选取或调整。所以，规范对该法判定桩承载力的一些关键问题，进行了具体规定：

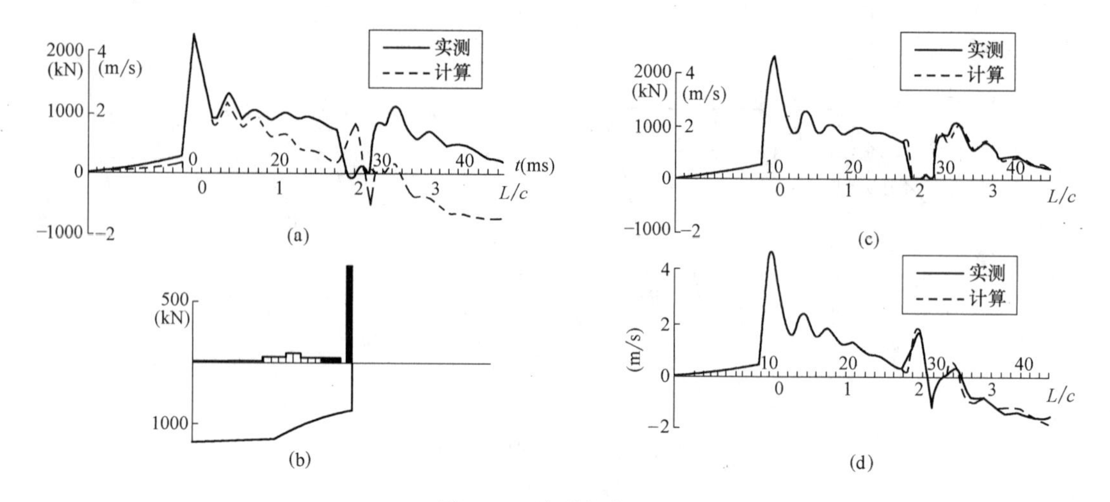

图 9-25　波形拟合过程

(a) 实测的桩顶轴向力和速度的时程曲线；

(b) 轴力和侧阻、端力阻；(c) 实测的与计算的桩顶力；(d) 实测的与计算的桩顶速度

① 所采用的力学模型应明确、合理，桩和土的力学模型应能分别反映桩和土的实际力学性状，模型参数的取值范围应能限定；

② 拟合分析选用的参数应在岩土工程的合理范围内；

③ 曲线拟合时间段长度在 t_1+2L/c 时刻后延续时间不应小于 20ms；对于柴油锤打桩信号，在 t_1+2L/c 时刻后延续时间不应小于 30ms；

④ 各单元所选用的土的最大弹性位移 Q_k 值不应超过相应桩单元的最大计算位移值；

⑤ 拟合完成时，土阻力响应区段的计算曲线与实测曲线应吻合，其他区段的曲线应基本吻合；

⑥ 贯入度的计算值应与实测值接近。

4. 桩身的完整性判定

对于等截面桩，且缺陷深度 x 以上部位的土阻力 R_x 未出现卸载回弹时，桩身完整性系数 β 和桩身缺陷位置 x 应分别按下列公式计算

$$\beta=\frac{F(t_1)+F(t_x)+Z\cdot[V(t_1)-V(t_x)]-2R_x}{F(t_1)-F(t_x)+Z\cdot[V(t_1)+V(t_x)]} \tag{9-17}$$

$$x=c\cdot\frac{t_x-t_1}{2000} \tag{9-18}$$

式中　t_x——缺陷反射峰对应的时刻（ms）；

x——桩身缺陷至传感器安装点的距离（m）；

R_x——缺陷以上部位土阻力的估计值，等于缺陷反射波起始点的力与速度乘以桩身截面力学阻抗之差值，取值方法见图 9-26；

β——桩身完整性系数，其值等于缺陷 x 处桩身截面阻抗与 x 以上桩身截面阻抗的比值。

桩身完整性可按表 9-3 并结合经验判定。

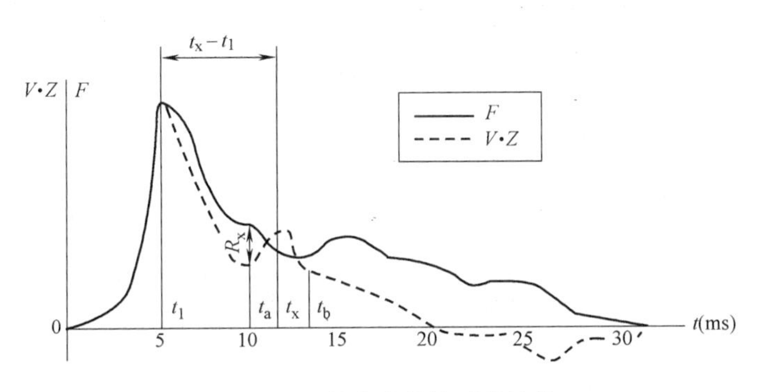

图 9-26　桩身完整性系数计算

桩身完整性判定　　　　**表 9-3**

类　别	β值
Ⅰ	1.0
Ⅱ	0.8≤β<1.0
Ⅲ	0.6≤β<0.8
Ⅳ	β<0.6

对于桩身有扩径、混凝土灌注桩桩身截面渐变或多变、力和速度曲线在第一峰附近不呈比例、桩身浅部有缺陷、锤击力波上升缓慢、缺陷深度 x 以上部位的土阻力 R_x 出现卸载回弹等情况之一时，桩身完整性宜按地基条件和施工工艺，结合实测曲线拟合法或其他检测方法综合判定。

第五节　工程案例分析

——扬子石化公司低温贮罐高应变检测（何开胜，1995）

扬子石化公司液态乙烯低温贮罐工程建在长江北岸的扬子罐区预留场地内。该罐是采用德国技术兴建的全国第一座在零下 103℃工作的超低温油罐，罐体直径 30m，容量 10000m^3。工程采用大直径钻孔灌注桩作基础，桩径 120cm，桩长 60m，进入中风化泥岩 2.2m。由于油罐在超低温下工作，罐体及其内设备对地基的沉降和水平变位要求很高，为给工程桩的设计提供直接依据，并取得扬子罐区大直径钻孔灌注桩桩侧摩阻力、桩端阻力以及桩土间的荷载传递性状等资料，在待建罐边打设了 4 根试验桩，混凝土强度等级为 C30，进行了垂直、水平及动测试验。

罐区地基土属软弱地基。上部填土，中部为淤泥质粉质黏土，下部为粉细砂层，基岩埋深约为 56m，为浦口组砂质泥岩及泥岩。A 桩钻孔至 55m 时钻头坠落孔底，打捞失败，实际成孔深度只有 55m，成为非嵌岩桩。B、C 桩施工正常，为嵌岩桩。

试桩内容：3 根单桩垂直静载试验，最大施加荷载定在 9600kN；2 根单桩水平静载试验，最大水平推力定在 200kN；3 根桩的高应变检测，采用 15t 自由落锤，落高 1m。为防止重锤击碎桩头，在动测桩头顶部除正常设置主箍筋外，另增设ϕ10@100 双向钢筋网5～7层，层间距 15cm。

用美国 PDA 打桩分析仪，使用 Case 法进行高应变检测，信号采集点距桩顶 1.6m。用 CAPWAPC 软件进行曲线拟合分析，3 根桩的检测结果见表 9-4，A 号桩 Case 法模拟

的 Q-s 曲线如图 9-27 所示，波形拟合曲线如图 9-28 所示。

单桩高应变检测结果 **表 9-4**

桩号		A	B	C
桩长(m)		55	60	60
桩径(mm)		1200	1200	1200
承载力极限值(kN)	总力	14754	19343	18955
	桩侧	11015	14464	14412
	桩端	3739	4879	4543
桩端阻力/桩顶荷载(%)		25.3	24.0	25.2
桩顶沉降（mm）		17.9	28.0	22.8
桩身及桩底质量评价		桩身完整，桩底沉渣较少	桩身完整，桩底沉渣较少	桩身完整，桩底沉渣较少

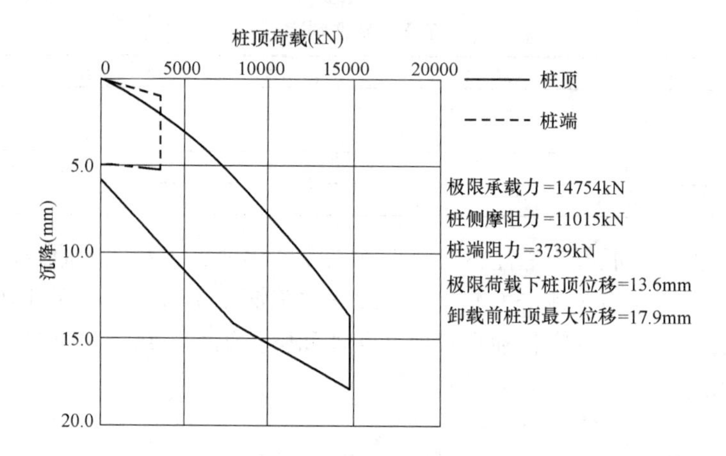

图 9-27　A 号桩 Case 法模拟出的 Q-s 曲线

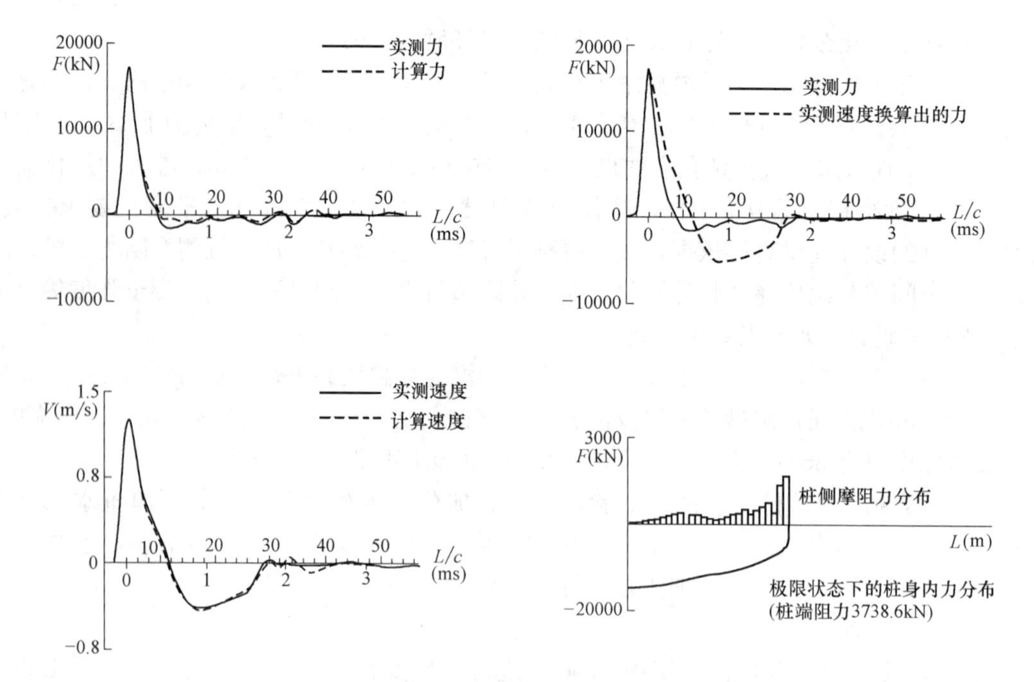

图 9-28　A 号桩波形拟合曲线

将静载试验单桩承载力与PDA大应变动测进行比较，见表9-5。

静载与动测试桩承载力极限值比较 **表9-5**

桩号		A	B	C
单桩承载力极限值(kN)	静载 Q_{u1}	14600	13500	14400
	动测 Q_{u2}	14754	19343	18955
Q_{u1}/Q_{u2}		0.99	0.76	0.70

结论：通过高应变检测，A、B、C三桩桩身完整，桩底沉渣较少，承载力极限值分别为14754kN、18955kN和19343kN。A号非嵌岩桩高应变试验得出的单桩承载力极限值与静载试验值无异，B、C号嵌岩桩高应变试验得出的单桩承载力极限值比静载试验要高，静动比为0.70～0.76。

思　考　题

1. 简述基桩动测原理、检测内容与常用方法。

2. 简述低应变反射波法的检测设备、方法和桩身缺陷位置计算。

3. 某工程有两种桩型，A桩为钻孔灌注桩，C20混凝土，桩径为0.8m，桩长为20m，波速为3500m/s；B桩为混凝土预制桩，C40混凝土，桩长32m，波速为4000m/s。桩的时域曲线见图9-29。请分析这两根桩缺陷深度与严重程度。

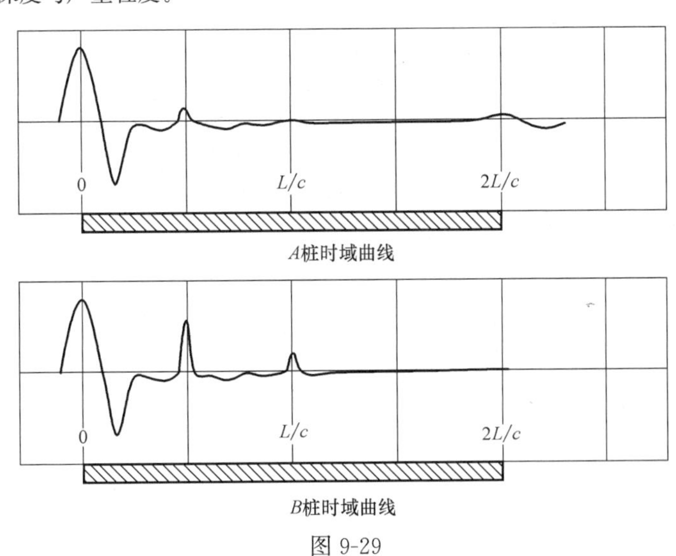

图9-29

4. 某工程灌注桩施工记录桩长为28m，混凝土等级为C30，波速为3500m/s，该桩波形如图9-30所示，t_1=4ms、t_2=10ms，试分析该桩完整性（1ms=0.001s）。

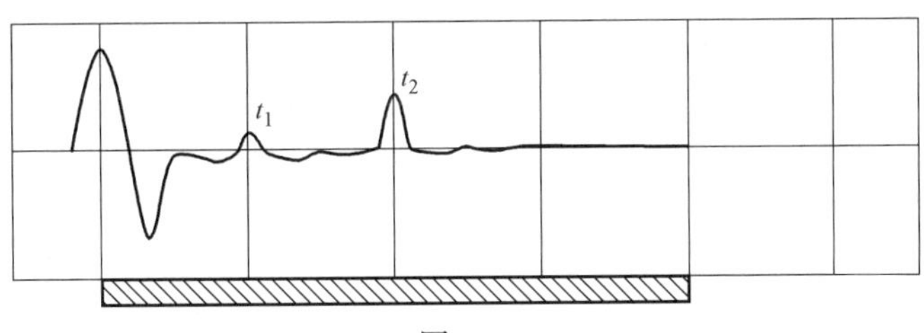

图9-30

5. 某灌注桩桩长为 40m，桩径为 1m。工程检测实际波速为 3600m/s。实测波形图如图 9-31 所示，t_1=5.2ms、t_2=10.4ms，试判断该桩有无缺陷，如果有请判断位置。

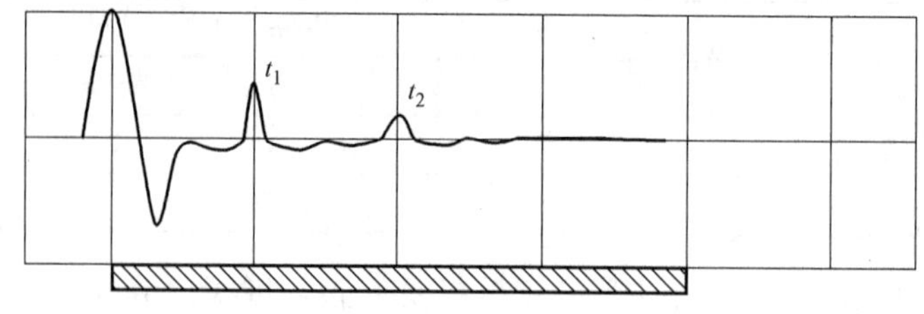

图 9-31

6. 简述基桩高应变动测常用的方法及原理。

7. 高应变测桩对锤击设备有何要求？锤重如何选择？

8. 简述高应变测试传感器安装要点。

9. 已知一根截面尺寸为 500mm×500mm 的预制钢筋混凝土方桩，实测力和速度波形如图 9-32 所示，其中 $E=3.12\times10^4$ MPa，c=3900m/s，J_c=0.3，试用 Case 法计算该桩的承载力。

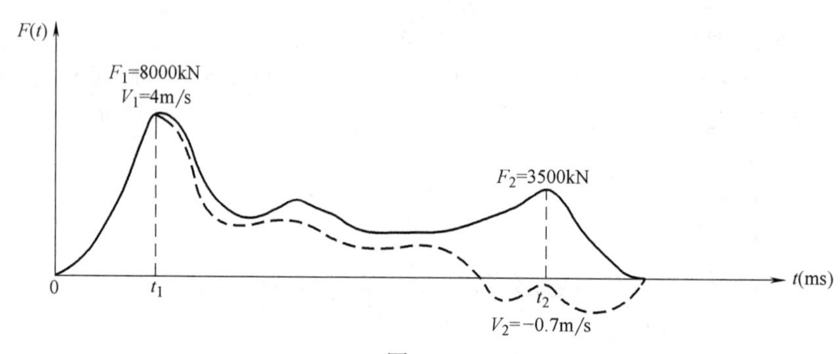

图 9-32

第十章　岩土工程监测常用仪器

第一节　概　　述

一、国外监测仪器的发展

安全监测工作起始于大坝工程建设。第一次进行外部变形观测的工程是 1891 年建于德国的一个混凝土重力坝。最早利用专门仪器进行观测的工程是 1903 年建于美国新泽西州的布恩顿重力坝所作的温度观测。1926 年美国垦务局在斯蒂文逊试验坝（高 18.3m）上埋设了用碳棒制成的电阻式应变计 140 支，研究拱坝的应力分布。

20 世纪 30 年代，在欧洲和美国分别研制生产了钢弦式仪器和差动电阻式仪器，用于大坝和岩土工程监测。1932 年美国加利福尼亚大学教授卡尔逊发明了差动电阻式传感器，次年埋设在美国阿乌黑拱坝和莫利斯重力坝上。20 世纪 30 年代至 40 年代，美国修建的一系列混凝土大坝使用了卡尔逊仪器，并建立了一整套从应变计资料计算混凝土应力的方法，通过对这些观测成果的研究和应用，发展了混凝土坝的设计理论和施工技术。在欧洲，1919 年谢弗设计并由德国生产了最早的钢弦式应变计。同期，苏联学者也制造了一种弦式仪器，埋设在混凝土坝中，此后广泛用于苏联闸坝工程中，对扬压力和土压力进行观测。

美国垦务局早期就意识到需要一种仪器来描绘土坝及坝基的浸润线并确定流线。1911 年在坝上安装了直径 2 英寸用白铁皮制成的观测管，可直接用带有浮标的绳子在这种观测井中测量其水位。1935 年研制成了水位指示仪。由这些较原始的量测水位装置，经过不断改进，最终发展到可以直接测量孔隙水压力。

卡尔逊式和钢弦式两类仪器发展进程大不相同。初期弦式仪器的测量使用 220V 交流电源电子管型的耳机式钢弦频率计测定，靠人耳听到拍频声来辨别频率，使用不便，加上第二次世界大战主战场在欧洲，建设基本停顿，发展一直缓慢。20 世纪 30、40 年代美国修建了不少混凝土坝和土石坝，卡尔逊仪器因其小巧易操作，便于野外作业等优点，被这期间修建的混凝土大坝广泛采用，仪器结构和性能不断改进。就混凝土坝内部观测需要来说，卡尔逊仪器基本达到较完善的程度，因而在美国、瑞士、日本、澳大利亚和我国得到广泛应用，成为 20 世纪 70 年代以前混凝土坝内部观测的最主要的仪器系列。

卡尔逊仪器的内阻较低，只有 60～80Ω，易于受到测量电缆芯线电阻以及芯线与测量仪表的接触电阻影响，常给测值带来较大的误差。另外仪器内部的弹性钢丝对装配工艺和工作环境要求较高，沾上水汽极易锈蚀而折断。

针对卡尔逊仪器的缺点，日本渡边在 20 世纪 50 年代应用电阻应变片作为敏感元件开始研制“贴片式仪器”。20 世纪 70 年代达到长期稳定性要求，开始生产并推广应用，在日本差不多已取代了卡尔逊仪器。

20世纪60年代末70年代初，半导体技术、微电子技术和仪器量测技术的发展，弦式仪器和卡尔逊仪器的发展此起彼伏。由于弦式仪器的精度和灵敏度均优于卡氏仪器，而且结构简单，容易实现自动化巡检，特别是万分之一精度的袖珍式频率计解决了过去弦式仪器使用上的难题，近年来弦式仪器的技术发展很快。

20世纪80年代以来，科学技术飞速发展，岩土工程安全监测技术发展迅速，主要表现为监测手段现代化和监测方法的自动化。

二、国内监测仪器的发展

我国安全监测工作也是起步于坝工建设。除表面变形观测开展较早外，20世纪50年代初开始在官厅、大伙房土坝埋设了横梁式固结管沉降计观测坝体的沉降，用测压管测坝体的浸润线。同一时期，在丰满和淮河上游的佛子岭、梅山等几座混凝土坝也仅仅作了位移、沉降等简单的观测工作。随后在上犹江、响洪甸、流溪河等混凝土坝内埋设了温度计、应变计、应力计等仪器，并安装了垂线。在横山坝埋设了横梁式固结管沉降计、钢弦式孔压计和土压计观测心墙的沉降、孔隙压力和总应力。20世纪50年代末期才在新安江、三门峡等大型混凝土坝开展较大规模的内外部观测工作，当时所用的观测仪器和设备主要依靠国外进口。

1958年为满足大规模坝工建设需要，水利水电科学研究院组织有关单位研制内部观测用的差动电阻式系列仪器。同时，南京水利科学研究院、中国铁道科学研究院和中国建筑科学研究院率先研制钢弦式传感器。1968年南京电力自动化设备厂开始生产差动电阻式应变计、测缝计、钢筋计、孔隙压力计、温度计以及比例电桥等系列化观测仪器，告别了依靠进口的年代。

20世纪80年代，国内工程建设速度加快，全国86000多座大坝，加上无数的桥梁、道路、码头、机场、高边坡、深基础、高层建筑、地下工程等，都关系着建设的成败和人民生命财产的安危。为此，国家把观测仪器的研制和生产列为重点技术攻关项目。在“六五”国家技术攻关中，研制了钢弦式孔隙压力计、电阻应变片式孔隙压力计、电阻应变片式测斜仪、电磁式沉降仪、水平垂直位移计、电阻应变片式压力计、差动电阻式土压力计等10项观测仪器。“七五”期间瞄准安全监测自动化，又研制了电容感应式遥测三向垂线坐标仪、三向测缝计、岩石多点位移计等仪器。这些项目均通过国家技术鉴定，部分投入批量生产。

现在，国内从事仪器生产的厂家、科研单位和高等院校，在工程变形、渗流、渗压、应力、应变和基岩观测等方面开发出很多具有较高精度、性能优良、结构牢固、长期稳定性好的仪器设备。其中不少仪器与国外的差距越来越小，有的已达到和超过了国外同类产品。

第二节　常用传感器类型和工作原理

从岩土工程传感器的发展历程可以看出，早期以美国卡尔逊差动电阻式传感器为主，同时在欧洲也出现了钢弦式传感器，以后出现了电阻应变片式传感器。后来，又发展了电感式、电容式和伺服加速度式等类型的传感器。现今已出现光纤传感器，可进行长距离、不间断地连续监测。

目前最常用的监测传感器有钢弦式、电阻应变片式和差动电阻式。本节主要介绍这三类仪器的类型、工作原理和测读仪表。

一、钢弦式传感器

1. 基本原理

钢弦式传感器的敏感元件是一根金属丝弦。常用高弹性弹簧钢、马氏不锈钢或钨钢制成，它与传感器受力部件连接固定，利用钢弦的自振频率与钢弦所受到的外加张力关系式测得各种物理量。

钢弦式传感器结构简单可靠，传感器的设计、制造、安装和调试都非常方便，而且在钢弦经过热处理之后蠕变极小，零点稳定，因此，倍受工程界青睐。近年来，在国内外发展较快，在欧美其已基本替代了其他类型的传感器。

钢弦式仪器是根据钢弦张紧力与谐振频率呈单值函数关系设计而成的。钢弦的自振频率取决于它的长度、钢弦材料的密度和钢弦所受的内应力。其关系式为：

$$f=\frac{1}{2L}\cdot\sqrt{\frac{\sigma}{\rho}} \tag{10-1}$$

式中 f——钢弦自振频率；

L——钢弦有效长度；

σ——钢弦的应力；

ρ——钢弦材料密度。

可见，当传感器制造之后所用的钢弦材料和有效长度均为不变量。钢弦的自振频率仅与钢弦所受的张力有关。因此，张力可用频率的关系式来表示：

$$P = K(f^2-f_0^2)+A \tag{10-2}$$

式中 P——钢弦张力；

K——传感器灵敏系数；

f——张力变化后的钢弦自振频率；

f_0——传感器钢弦初始频率；

A——修正常数，在实际应用中为 0。

可见，钢弦式传感器的张力与频率的关系为二次函数，与频率平方为一次函数。仪器的结构不同，张力 P 可以变换为位移、压力、压强、应力、应变等各种物理量。

钢弦式传感器的激振一般由一个电磁线圈（通常称磁芯）来完成。工作原理如图10-1所示，钢弦受张力后，在磁芯的激发下，自振频率随张力变化而变化。通过频率的变化换算出被测物理量的变化值。

钢弦传感器的激振方式不同，所需电缆的芯数不同。图 10-1 中的三种激振方式代表了钢弦式传感器三种形式和发展过程。图 10-1（a）中激振和接收共用一组线圈，结构简单，但由于线圈内阻不可能很大，一般是几十欧姆到几百欧姆。因此，传输距离受到一定限制，抗干扰能力比较差，传输电缆要求为截面较大的屏蔽电缆。图 10-1（b）由两个线圈组成，一为激振线圈，一为接收线圈。这种结构的性能比单线圈有了很大的改善，但同样存在线圈内阻小，对电缆要求较高的不足。图 10-1（c）采用了现代电子技术，把磁芯内阻做到 3500 Ω左右，内阻提高，传输损耗小，传输距离较远，抗干扰增强。因此，对电缆要求较低。一般用二芯不屏蔽电缆即可。若一组有几个传感器，每增加一只传感器只

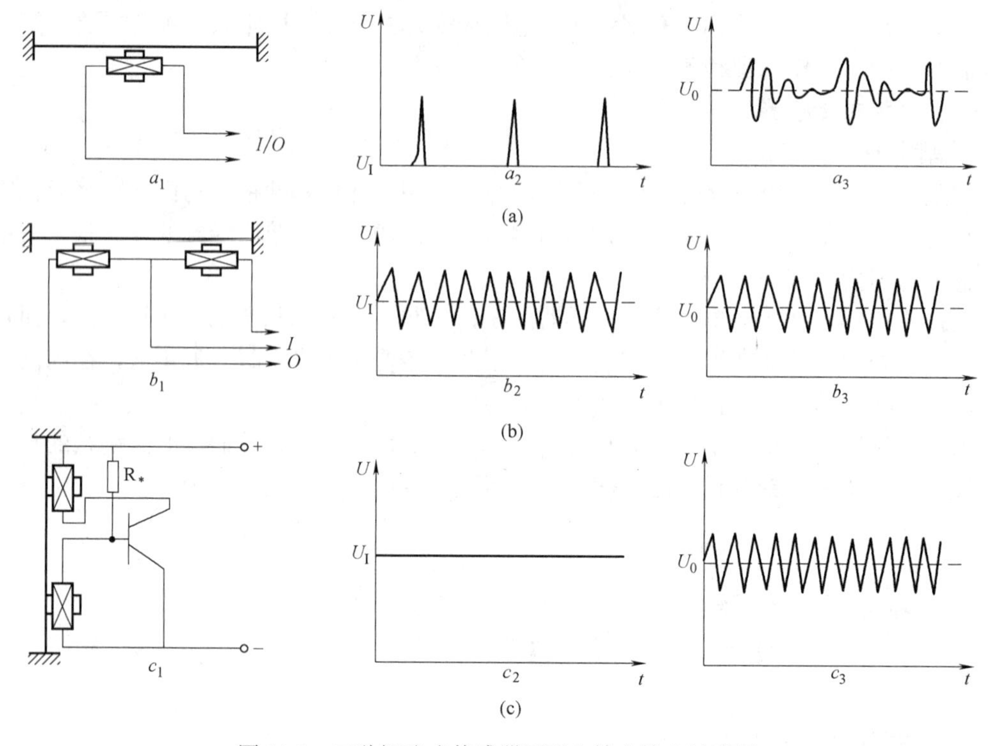

图 10-1　三种钢弦式传感器原理和输入输出波形图

（a）单线圈间歇激振型；（b）三线制双线圈连续激振型；（c）二线制双线圈连续激振型

需增加一芯电缆。

利用电磁线圈铜导线的电阻值随温度变化的特性可以用钢弦式传感器进行温度测量，也可在传感器内设置可兼测温度的元件达到测温目的。

钢弦式传感器的优点是钢弦频率信号的传输不受导线电阻的影响，测量距离比较远，仪器灵敏度高，稳定性好，自动检测容易实现。

2. 钢弦式传感器种类

钢弦式传感器有钢筋应力计、应变计、土压力计、孔隙水压力等，如图 10-2～图10-5所示。

图 10-4 为钢弦式孔隙水压力计，由透水石、壳体、承压膜、钢弦、激振线圈、温度传感器、电缆及观测仪表等组成，分为钻孔埋入式和填方埋入式两种。

图 10-5 是钢弦式位移计，它采用薄壁圆管式，适于在钻孔内埋设。每一个钻孔中可用几个应变计用连接杆连接一起，导线从杆内引出。应变计连成一根测杆后用砂浆锚固在钻孔中，测得不同点围岩的变形，也可单个埋在混凝土中测量混凝土的内应变。

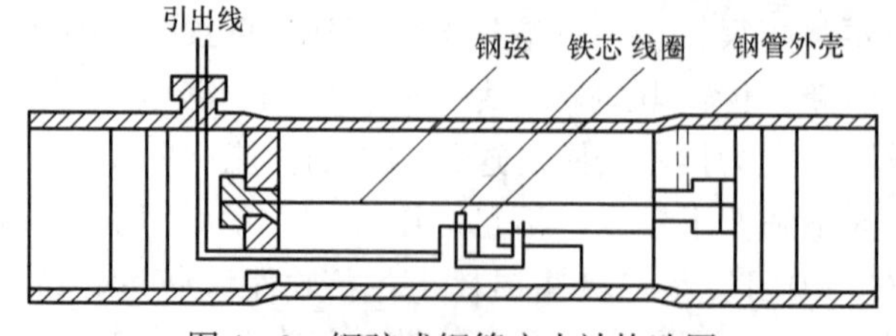

图 10-2　钢弦式钢筋应力计构造图

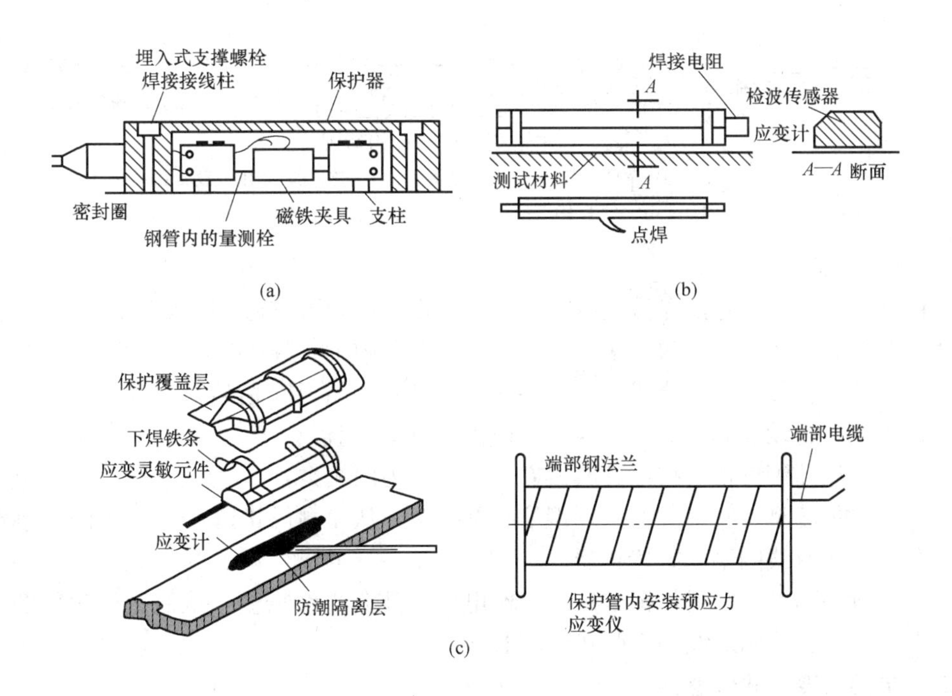

图 10-3　钢弦式应变计构造图

（a）表面应变计；（b）焊接式应变计；（c）埋入式应变计

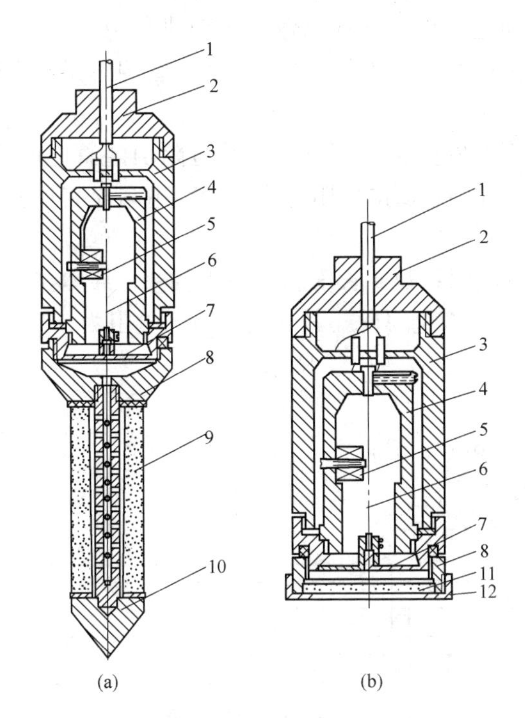

图 10-4　钢弦式孔隙水压力计构造图

（a）钻孔埋入式；（b）填方埋入式

1—屏蔽电缆；2—盖帽；3—壳体；4—支架；5—线圈；6—钢弦；7—承压膜；8—底盖；9—透水石；10—锥头；11—透水板；12—卡环

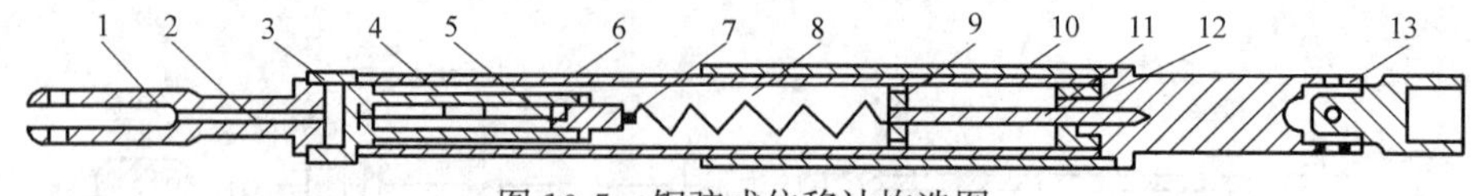

图 10-5　钢弦式位移计构造图

1—拉杆接头；2—电缆孔；3—钢弦支架；4—电磁线圈；5—钢弦；6—防水波纹管；7—传动弹簧；8—内保护筒；9—导向环；10—外保护筒；11—位移传动杆；12—密封圈；13—万向节（或铰）

3. 测读仪表

钢弦式传感器所测定的参数主要是钢弦的自振频率，可以通过二次仪表测读，这些二次仪表也叫钢弦频率测定计仪，多为生产厂配套。国内钢弦频率测定仪经历了耳机式、示波器式、晶体管化数字式、集成电路数字式和单片机式等几个阶段。如今已实现了频率、频模巡回检测、自动运算存贮，并与微机通信，自动化监测。

振弦式传感器测读仪表按照其激振方式可以分为两大类：

（1）间歇振荡型。它由脉冲激发钢弦间歇振荡，从而测得其频率。适用于单线圈钢弦式和部分二线制双线圈钢弦式传感器。

（2）连续振荡型。它提供钢弦一个工作电压，使其连续振荡，从而测得频率的仪表，适用于二线制或三线制双线圈钢弦式传感器。

二、电阻应变片式传感器

电阻应变片是美国在第二次世界大战期间研制并应用于航空工业。这种传感器尺寸小、重量轻、分辨率高，能测出1～2个微应变（1×10^{-6}mm/mm），误差在1%以内，适于远距离测量和巡检自动化。日本共和电业首先引进制成以电阻片为传感元件的观测仪器，称为贴片式仪器。在日本已代替卡尔逊式仪器，普遍用于工程建设。

1. 基本原理

金属导体在外力作用下发生机械变形时，其电阻值随着它所受机械变形（伸长或缩短）而发生变化的现象，称为金属的电阻应变效应。电阻应变片就是基于金属的电阻应变效应原理制成。

导体的电阻与材料的电阻系数、长度和截面积有关，导体在承受机械变形过程中，这三者都要变化。图 10-6 中一根金属丝，其未受力时的电阻为

$$R=\rho l/S \tag{10-3}$$

式中　R——电阻值（Ω）；

ρ——电阻率（$\Omega\cdot mm^2/m$）；

l——电阻丝长度（m）；

S——电阻丝截面积（mm^2）。

图 10-6　金属的电阻应变效应

对式（10-3）微分，再根据圆柱形金属丝的几何关系及泊松比 μ 的定义，可推得：

$$\frac{dR}{R}=K_0\cdot\varepsilon \tag{10-4}$$

式中：$K_0=(1+2\mu)+(\mathrm{d}\rho/\rho)/\varepsilon$，称为金属材料的应变灵敏系数，其物理意义为单位应变所引起的电阻相对变化。K_0 受两个因素的影响：一是受力后材料的几何尺寸变化，即 $1+2\mu$；另一是受力后材料的电阻率的变化，即$(\mathrm{d}\rho/\rho)/\varepsilon$。大量实验证明，在电阻丝拉伸的比例极限内，电阻的相对变化与应变是呈正比的，即 K_0 为一常数。K_0 是依靠实验求得，常用的铜镍合金 $K_0=1.9\sim2.1$。

电阻应变片的基本构造如图 10-7 所示。它由敏感栅、基底、胶粘剂、引线、盖片等组成。

敏感栅由直径约 0.01～0.05mm、高电阻细丝弯曲而成栅状，是电阻应变片的敏感元件，实际上就是一个电阻元件。敏感栅用胶粘剂将其固定在基底上。基底的作用是保证将构件上应变准确地传递到敏感栅上去。基底一般厚 0.03～0.06mm，材料有纸、胶膜、玻璃纤维布等，要求有良好的绝缘、抗潮和耐热性能。引出线的作用是将敏感栅电阻元件与测量电路相连接，一般由 0.1～0.2mm 低阻镀锡铜丝制成，并与敏感栅两输出端相焊接。

将应变片用胶粘剂牢固地粘贴在被测试件的表面上，随着试件受力变形，应变片的敏感栅也获得同样的变形，从而使其电阻发生变化，且与试件应变呈比例。用专用电阻应变仪将这种电阻变化转换为电压或电流变化，再用显示记录仪表将其显示记录下来，就可以测出被测试件应变量大小。

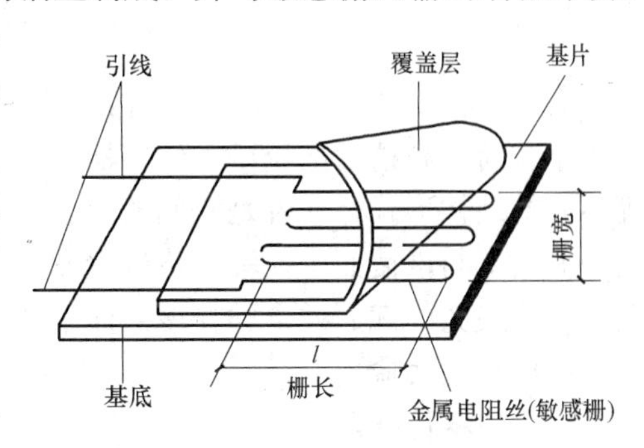

图 10-7　电阻应变片的基本构造

电阻应变片的品种繁多，按敏感栅不同分为丝式电阻应变片、箔式应变片和半导体应变片三种。常用的是箔式应变片，它的敏感栅由 0.01～0.03mm 金属箔片制成。箔式应变片用光刻法代替丝式应变片的绕线工艺，可以制成尺寸精确、形状各异的敏感栅，允许电流大，疲劳寿命长，蠕变小，特别是实现了工艺自动化，生产效率高。

2. 电阻应变片式传感器种类

电阻应变片式传感器由应变片、弹性元件和其他附件组成。在拉压等作用下，弹性元件产生变形，粘贴在其表面上的应变片随之产生一定的应变，经应变仪读出应变值，根据事先标定的应变与力的关系，得到被测力的大小。

弹性元件性能好坏直接影响到传感器的精度和质量，其结构形式通常有以下几种形式。

（1）测力传感器

测力传感器常用的弹性元件形式有柱（杆）式、环式和梁式等。

① 柱（杆）式弹性元件。特点是结构简单、紧凑，承载力大，主要用于中等荷载和大荷载的测力传感器。弹性元件受力状态比较简单，各截面上的应变分布较均匀。应变片一般粘贴于弹性元件中部。图 10-8 是拉压和荷重传感器结构图。

② 环式弹性元件。特点是结构简单、自振频率高、坚固、稳定性好，主要用于中、小载荷的测力传感器。环式弹性元件受力状态比较复杂，在弹性元件的同一截面上将同时产生轴向力、弯矩和剪力，并且应力分布变化大。应变片应贴于应变值最大的截面上。

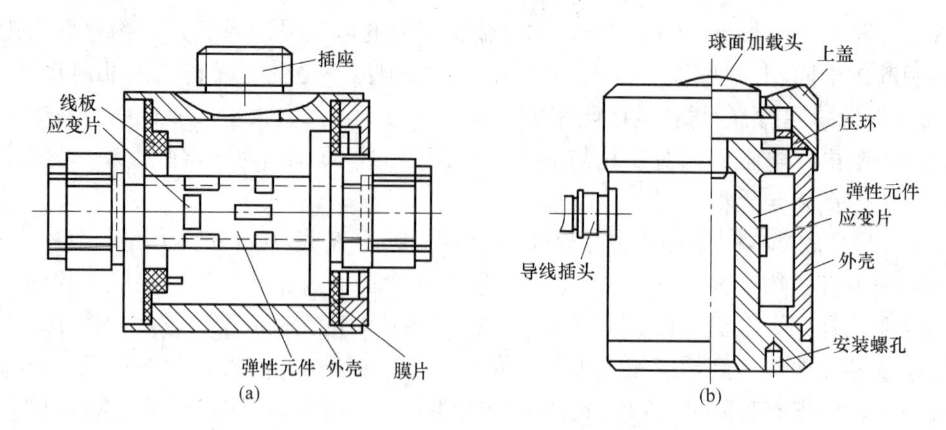

图 10-8 柱（杆）式测力传感器

(a) 拉压力传感器；(b) 荷重传感器

③ 梁式弹性元件。特点是结构简单、加工方便，应变片粘贴容易且灵敏度高，主要用于小载荷、高精度的拉压力传感器。梁式弹性元件可做成悬臂梁、铰支梁和两端固定式等不同的结构形式，或者是它们的组合。梁式弹性元件的共同特点是在相同力的作用下，同一截面上与该截面中性轴对称位置点上所产生的应变大小相等而符号相反。应变片应贴于应变值最大的截面处，并在该截面中性轴的对称表面上同时粘贴应变片，一般采用全桥接片以获得最大输出。

（2）位移传感器

在适当形式的弹性元件上粘贴应变片也可以测量位移，测量范围可达到 0.1～100mm。弹性元件有梁式、弓式和弹簧组合式等。位移传感器的弹性元件要求刚度小，以免对被测构件形成较大反力而影响被测位移。图 10-9 是双悬臂式位移传感器。

如果弹性元件上距离固定端为 x 的某点应变读数为 ε，则可测定自南端的位移 f。

$$f=\frac{2l^3}{3hx}\cdot\varepsilon \tag{10-5}$$

弹簧组合式传感器多用于大位移测量，如图 10-10 所示。当测点位移传递给导杆后使弹簧伸长、悬壁梁变形，这样从应变片读数即可测得测点位移 f，经分析两者之间的关系为

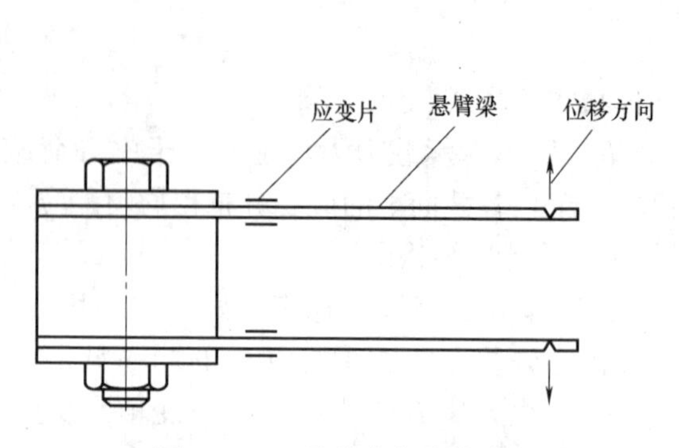

图 10-9 双悬臂式位移传感器

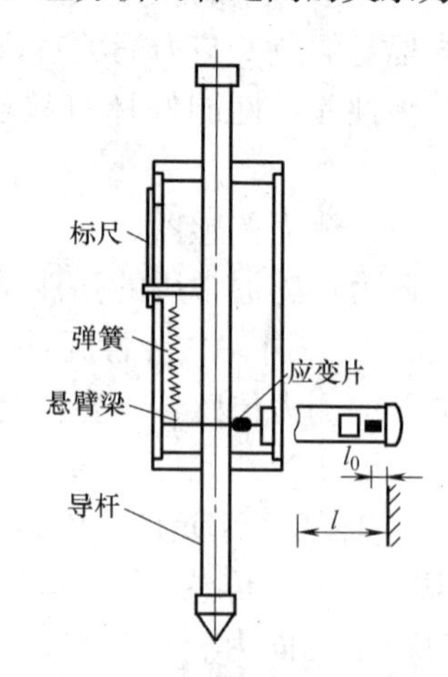

图 10-10 弹簧组合式传感器

$$f=\frac{(k_1+k_2)l^3}{6k_2(l-l_0)}\cdot\varepsilon \tag{10-6}$$

式中　k_1、k_2——分别为悬臂梁和弹簧的刚度系数。在测量大位移时，k_2 应选得较小，以保持悬臂梁端点位移为小位移。

（3）液压传感器

液压传感器有膜式、筒式和组合式等，测量范围为 $0.1\times10^{-3}\sim100$MPa。膜式传感器是在周边固定的金属膜片上粘贴应变片，当膜片承受流体压力而产生变形时，通过应变片测出流体压力。周边固定，受有均布压力的膜片，其切向及径向应变的分布如图 10-11 所示，图中 ε_t 为切向应变，ε_r 为径向应变，在圆心处 $\varepsilon_t=\varepsilon_r$ 并达到最大值，即

$$\varepsilon_{t,\max}=\varepsilon_{r,\max}=\frac{3(1-\mu^2)PR^2}{8Eh} \tag{10-7}$$

在边缘处切向应变 ε_t 为 0，径向应变 ε_r 达到最小值，即

$$\varepsilon_{r,\max}=-\frac{3(1-\mu^2)PR^2}{4Eh} \tag{10-8}$$

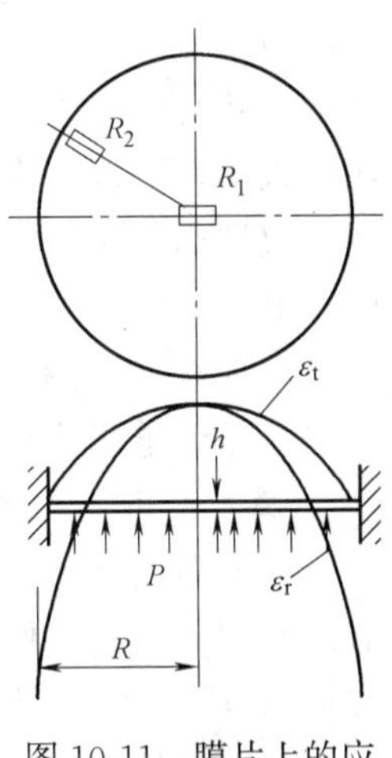

图 10-11　膜片上的应变分布图

（4）压力计

电阻应变片式压力计也采用膜片结构，它是将转换元件即应变片粘贴在弹性金属膜片式的传力元件上。当膜片感受外力变形时，将应变传给应变片，应变片输出的电信号测出应变值，根据标定关系算出外力值。图 10-12 为应变片式压力计结构图。

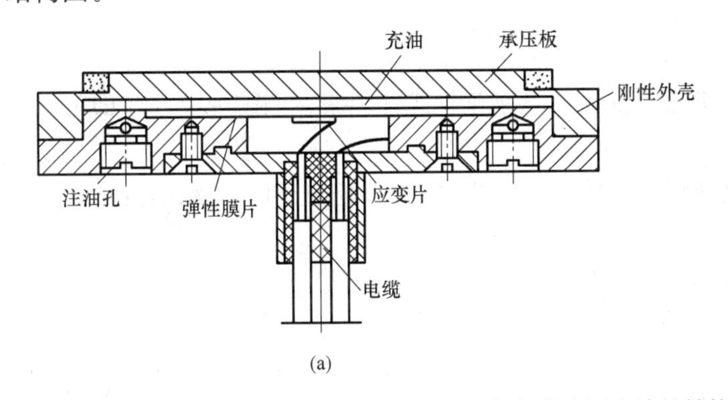

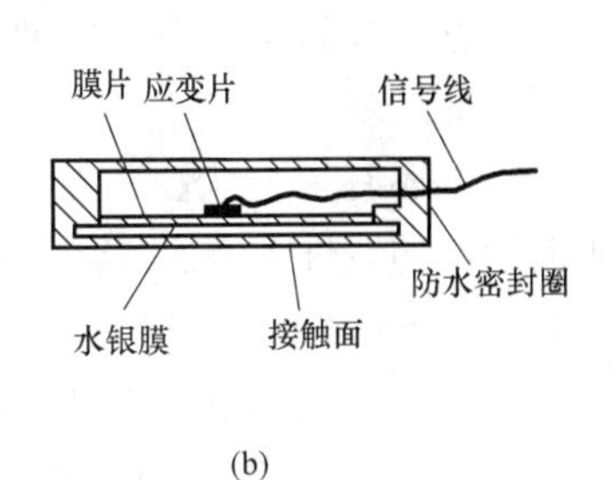

图 10-12　应变片式压力计的结构图

（a）接触式压力盒；（b）埋入式压力盒

（5）热电阻温度计

利用某些金属导体或半导体材料的电阻率随温度变化而变化的特性，制成各种热电阻传感器，用来测量温度，达到将温度变化转换成电量变化的目的。

金属导体的电阻和温度之间的关系可表示为

$$R_t=R_0(1+\alpha\Delta t) \tag{10-9}$$

式中　R_t、R_0——温度为 t℃和 t_0℃时的电阻值；

Δt——温度的变化值，$\Delta t=t-t_0$；

α——温度在 $t_0\sim t$ 时金属导体的平均电阻温度系数。

热电阻温度计的测量电路一般采用电桥，把随温度变化的热电阻或热敏电阻值变换成电信号。

3. 测读仪表

电阻应变片式传感器接收测量信号的专用仪表是电阻应变仪。

电阻应变仪按供桥电压的种类分直流电桥式和交流电桥式两种。后者因交流信号电流易受测量系统的电阻、电容和电感等参数变化的影响，不适合贴片式观测仪器作为长期测量用。采用恒流源的直流电桥式电阻应变仪，由于仪表内有阻抗很高的恒流电源，向贴片式观测仪器内的全桥电路输出恒定电流，它不随测量电路内的电阻变化而变化，而且是直流电，测量系统的电容、电感特性的影响也极小。

国内现在多采用通用的数字式电阻应变仪进行测量。

三、差动电阻式传感器

1. 基本原理

差动电阻式传感器由美国卡尔逊研制，因此又称卡尔逊式仪器。这种仪器利用张紧在仪器内部的弹性钢丝作为传感元件将仪器受到的物理量转变为模拟量，国外又称为弹性钢丝式（Elastic Wire）仪器。

钢丝受到拉力时，其变形与电阻变化之间有如下关系：

$$\Delta R/R=\lambda\Delta L/L \tag{10-10}$$

式中 ΔR——钢丝电阻变化量；

R——钢丝电阻；

λ——钢丝电阻应变灵敏系数；

ΔL——钢丝变形增量；

L——钢丝长度。

可见，仪器中钢丝长度的变化和钢丝的电阻变化是线性关系，测定电阻变化即可求得仪器承受的变形。

钢丝还有一个特性，当钢丝受到不太大的温度改变时，钢丝电阻随其温度变化之间有如下近似的线性关系：

$$R_T=R_0(1+\alpha T) \tag{10-11}$$

式中 R_T——温度为T℃的钢丝电阻；

R_0——温度为0℃的钢丝电阻；

α——电阻温度系数，一定范围内为常数；

T——钢丝温度。

可见，只要测定了仪器内部钢丝的电阻值，就可以计算出仪器所在环境的温度。

利用弹性钢丝在力的作用和温度变化下的特性，把经过预拉长度相等的两根钢丝用特定方式固定在两根方形断面的铁杆上，钢丝电阻分别为 R_1 和 R_2，因为钢丝设计长度相等，R_1 和 R_2 近似相等，如图 10-13 所示。

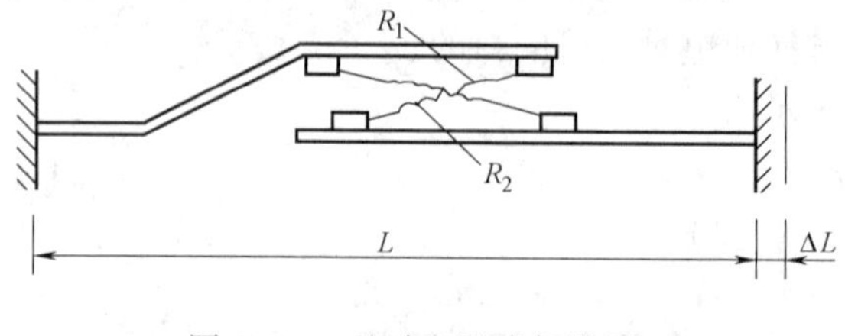

图 10-13 差动电阻式仪器原理

当仪器受到外界的拉压而变形时，两根钢丝的电阻产生差动的变化，一根钢丝受拉，其电阻增加，另一根钢丝受压，其电阻减少，两根钢丝的串联电阻不变而电阻比 R_1/R_2 发生变化，测量两根钢丝电阻的比值，就可以求得仪器的变形或应力。

当温度改变时，引起两根钢丝的电阻变化是同方向的，温度升高时，两根钢丝的电阻则都减少。测定两根钢丝的串联电阻，就可求得仪器测点位置的温度。

差动电阻式传感器的读数装置是电阻比电桥（惠斯通型），电桥内有一可以调节的可变电阻 R，还有两个串联在一起的 50Ω 固定电阻 $M/2$，测量原理如图 10-14 所示。将仪器接入电桥，仪器钢丝电阻 R_1 和 R_2 就与电桥中可变电阻 R，以及固定电阻 M 构成电桥电路。

图 10-14（a）是测量仪器电阻比的线路，调节 R 使电桥平衡，则：

$$R/M = R_1/R_2 \qquad (10\text{-}12)$$

因为 $M=100\ \Omega$，故由电桥测出的 R 值是 R_1/R_2 的 100 倍，$R/100$ 即为电阻比。电桥上电阻比最小读数为 0.01%。

图 10-14（b）是测量串联电阻时，利用上述电桥接成的另一电路，调节 R 达到平衡时，则：

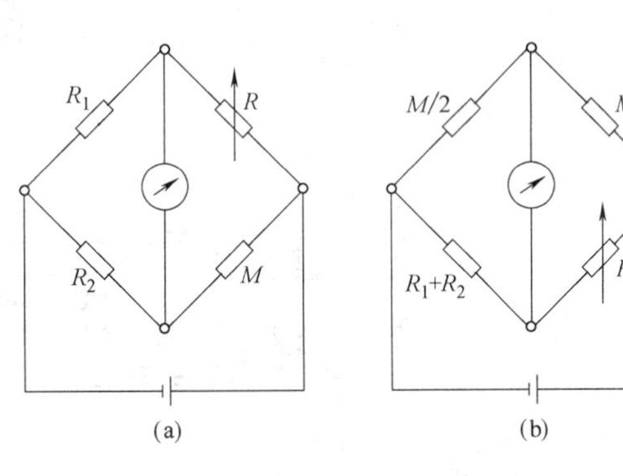

图 10-14　电桥测量原理

$$(M/2)/R = (M/2)/(R_1+R_2) \qquad (10\text{-}13)$$

简化得：

$$R = (R_1+R_2) \qquad (10\text{-}14)$$

这时从可变电阻 R 读出的电阻值就是仪器的钢丝总电阻，从而求得仪器所在测点的温度。

可见，差动电阻式仪器以一组差动的电阻 R_1 和 R_2，与电阻比电桥形成桥路，从而测出电阻比和电阻值两个参数，计算出仪器所承受的应力和测点的温度。

2. 差动电阻式传感器种类

差动电阻式传感器有应变计、钢筋计、孔隙水压力计、位移计和测缝计等。

图 10-15 和图 10-16 是差动电阻式应变计和钢筋计结构图，埋设在混凝土建筑物内。图 10-17 和图 10-18 是差动电阻式孔隙水压力计和差动电阻式位移计结构图，埋设在水利工程混凝土建筑物或地基内。

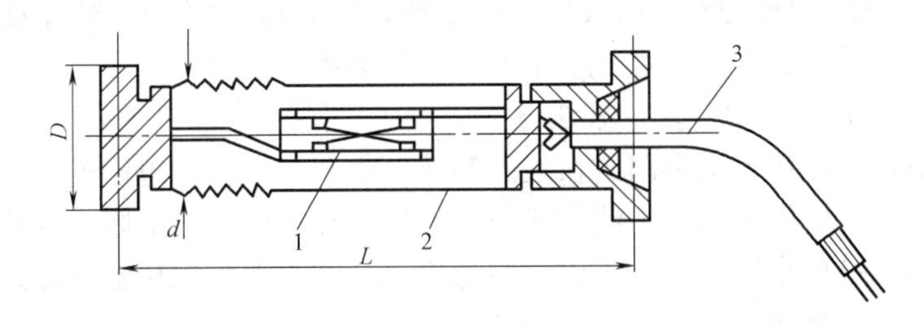

图 10-15　差动式应变计结构图

1—敏感元件；2—密封壳体；3—引出电缆

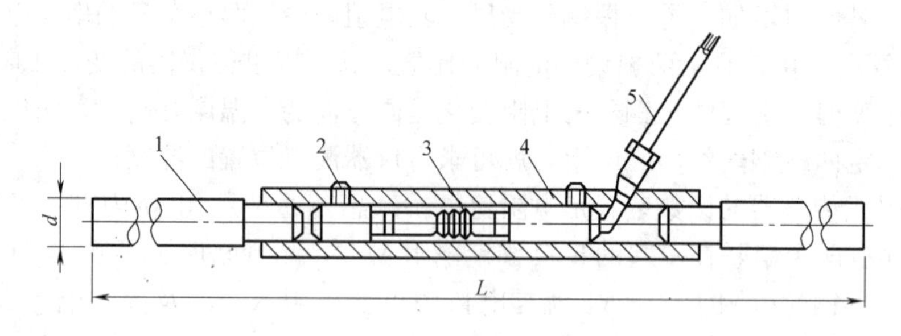

图 10-16　差动式钢筋计结构图

1—连接杆；2—制紧螺钉；3—应变敏感元件；4—铜套；5—引出电缆

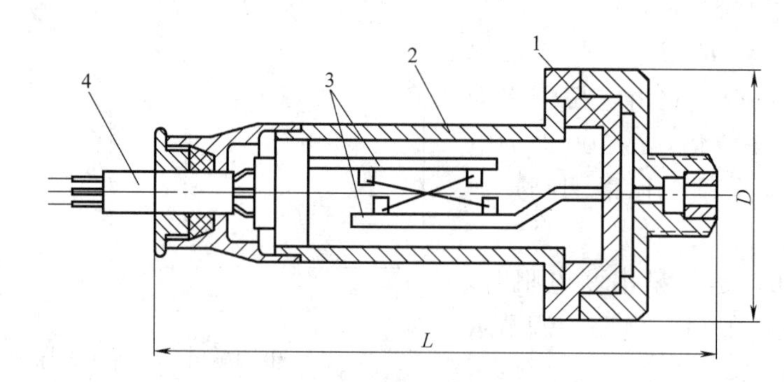

图 10-17　差动式孔隙水压力计结构图

1—弹性薄板；2—密封壳体；3—应变敏感元件；4—引出电缆

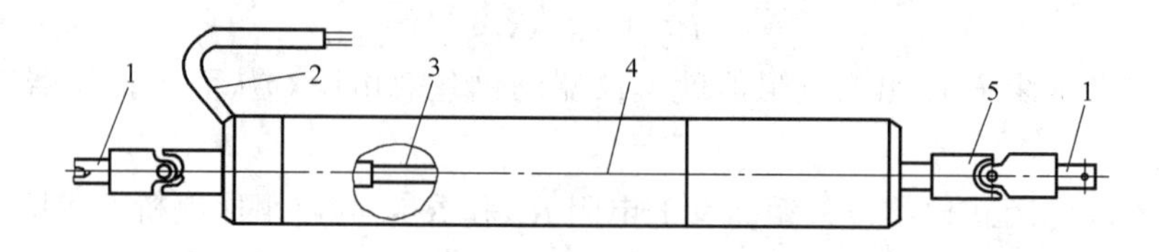

图 10-18　差动电阻式位移计结构图

1—螺栓连接头；2—引出电缆；3—变形敏感元件；4—密封壳体；5—万向铰连接

3. 测读仪表

差动电阻式传感器有两个测量参数，即电阻比值和电阻值，可用专用仪表——电阻比电桥来检测。国内在研制差动电阻式仪器时，配套生产了 SBQ-2 型水工比例电桥。现在，已改进为五线制观测系统及数字式水工比例电桥，有效地克服了长导线及芯线电阻的影响，测量数据可以储存，实现与微机通信及自动化监测。

4. 差动电阻式仪器电缆问题和解决方案

测量时，通过电缆将差动电阻式仪表的钢丝电阻和电桥内的电阻连接，因差动电阻式传感器内阻低，导致电缆电阻、电缆芯线与电桥接线柱间的接触电阻，会给测值带来较大误差，直接阻碍了推广使用。以致当前有一种说法，认为差阻式仪器已经过时了，采用别的类型传感器可能更好些。

与钢弦式仪器比较，传统的差阻式仪器最大缺点就是不能远距离测量，而且难以实现自动化。传统监测时，采用芯线电阻较低的电缆，当接长电缆长度超过 25m 时，仪器的灵敏度会下降很多。通过四芯测法代替三芯测法，仍不得不限制仪器的接长电缆不超过100m。但目前我国已研制了五芯测量技术，仪器接长电缆可以达到2000m以上，也实现了远距离自动化测量系统。

在三峡工程技术设计审查阶段，曾经进行了认真的试验、研究和分析，结论为：差阻式仪器是最适合三峡工程使用的内部埋设仪器。其优点是：①长期稳定性良好；②仪器使用寿命长；③同一仪器可兼测测点温度，温度影响便于补偿；应变计的变形模量很低，能和终凝后的混凝土协调，测出早期应力；④仪器的绝缘要求不高；⑤国内使用经验丰富，创造了五芯/四芯测量技术，可消除电缆电阻及芯线电阻变差影响；⑥国内具有实现监测自动化的设备和经验；⑦具有相当高的抗感应雷电流的能力，一般不需特殊防雷措施；⑧国内有系列产品供应，价格远低于国外产品。

第三节　常用监测仪器

一、变形监测仪器

变形监测仪器包括表面位移观测和内部位移观测，这里位移包括水平位移和垂直位移。观测目的是掌握建筑物或地基的位移变化规律，判断有无裂缝、滑坡、滑动和倾覆的趋势。

表面位移观测一般包括两大类：①用经纬仪、水准仪、电子测距仪或激光准直仪，根据起测基点的高程和位置来测量建筑物表面标点、觇标处高程和位置的变化。②在建筑物内、外表面安装或埋设一些仪器来观测结构物各部位间的位移，包括接缝或裂缝的位移测量。

内部安装的位移测量仪器有位移计、测缝计、倾斜仪、沉降仪、垂线坐标仪、引张线仪、多点位移计和应变计等。这些仪器要在结构物的整个寿命期内使用，必须具有良好的长期稳定性，有较强的抗蚀能力，适应恶劣工作环境，易于安装操作，且能长距离传输。

这里主要介绍岩土工程中常用的六种仪器：深层沉降仪、（垂直向）测斜仪、水平向测斜仪、收敛计、多点位移计和应变计。

1. 深层沉降仪

深层沉降仪形式有电磁式、干簧管式、深式标点、水管式、钢弦式等。软土工程中通常采用钻孔埋设，筑坝工程中常在填土中埋设。这里主要介绍软土工程中常用的电磁式沉降仪和干簧管式沉降仪，二者仅测头装置和沉降环材料不一样，其埋设、观测和计算方法均相同。

10. 常用岩土工程监测仪器

（1）仪器原理

1）电磁式沉降仪

在仪器测头内安装一个电磁振荡线圈，当振荡线圈经过埋设于土体内的铁环时，铁环产生涡流损耗，吸收了大量振荡电路的磁场能量，迫使振荡器减弱，直至停止振荡，此时晶体音响器便发生声音，通过测读声音刚发出瞬间测头距沉降管管口的距离，计算测点高程。

2）干簧管式沉降仪

在仪器测头内安装一个干簧管，测点处土体内埋设一环形永久磁铁，当测头经过环形永久磁铁时，干簧管即被磁铁吸引，此时电路接通，指示灯亮或发出声音，据此即可确定测点的位置。

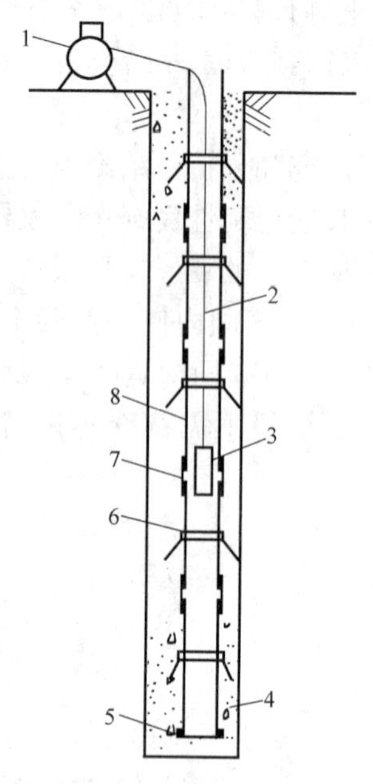

图 10-19　沉降仪组成及埋设图

1—电缆卷盘；2—电缆；3—沉降测头；4—回填黏土；5—管座；6—沉降环；7—沉降接头；8—沉降管

(2) 仪器组成

深层沉降仪主要由沉降管、管座与管盖、沉降环、测头、钢卷尺、电缆及电缆卷筒等组成，如图 10-19 所示。

1) 沉降管。一般为硬聚乙烯管，包括主管及连接管。主管内径 44mm，外径 53mm，每根管长 2m 或 4m。连接管内径 53mm，外径 62mm，管长 16cm；连接管为伸缩式，套于 2 节主管之间，用自攻螺丝连接。在同时观测水平位移及沉降时，测斜管也可兼作沉降管。在沉降不很大的土体中，也可采用一根长度略大于孔深的高压聚乙烯整管，不需连接管，管内径 40mm，外径 50mm。

2) 管座与管盖。为防止泥沙及杂物进入沉降管内，在沉降管底部和顶部应设置管座与管盖，用自攻螺丝与沉降管连接。

3) 沉降环。沉降环材质为普通钢板，环上带钢叉片，环内径略大于沉降管连接管外径，套在沉降管外作为沉降测点，能与土体同步沉降。沉降环埋设数量根据观测需要而定，间距一般为 1、2、3m 或 4m。

4) 测头由电路板和筒形塑料密封外壳组成。

5) 钢卷尺与电缆。它们与测头相连，钢卷尺用于观测测点位置。为方便观测，常将电缆芯线与钢卷尺特制成一根缆尺，但在温差特大的高寒地区，电缆芯线与卷尺的变形不同会导致芯线损坏，不宜使用缆尺。在温差特大的高寒地区，宜采用铟钢尺。

2. 测斜仪

(1) 仪器类型

测斜仪按测头内传感器轴线与铅垂线的夹角，可以分为垂直测斜仪、斜测斜仪和水平测斜仪。没有特别说明，测斜仪均指仪器内传感器轴线与铅垂线平行的垂直测斜仪。斜测斜仪及水平测斜仪一般在观测某一特定斜坡面或水平面的位移时使用。

按测头传感器的类型主要分为伺服加速度计式和电阻应变片式两种。按观测方法分为活动式与固定式两种。活动式测斜仪通过测头在测斜管导槽内移动，连续逐段进行观测，计算出沿管深断面的水平位移。固定式测斜仪是把测斜仪固定于某一位置，观测该位置的倾角变化，通常埋设于观测人员难以到达的地方。这里介绍常用的活动式测斜仪。

(2) 仪器原理

不同时刻测斜管轴线在某一方向偏移量的变化即为土体沿某一方向的位移量。测斜仪是通过逐段测量测斜管轴线与铅垂线的夹角，来逐段计算测斜管轴线与铅垂线的偏移量，逐段累加得到管长范围内的水平位移。测斜仪工作原理如图 10-20 所示。

伺服加速度计式测斜仪用力平衡式伺服加速度计作为敏感元件，通过伺服加速度计测量重力矢量 g 在传感器轴线垂直面上分量的大小，确定仪器轴线与铅垂线的夹角。

电阻应变片式测斜仪用一个应变梁及重锤组成的弹性摆作为敏感元件，应变梁的两侧

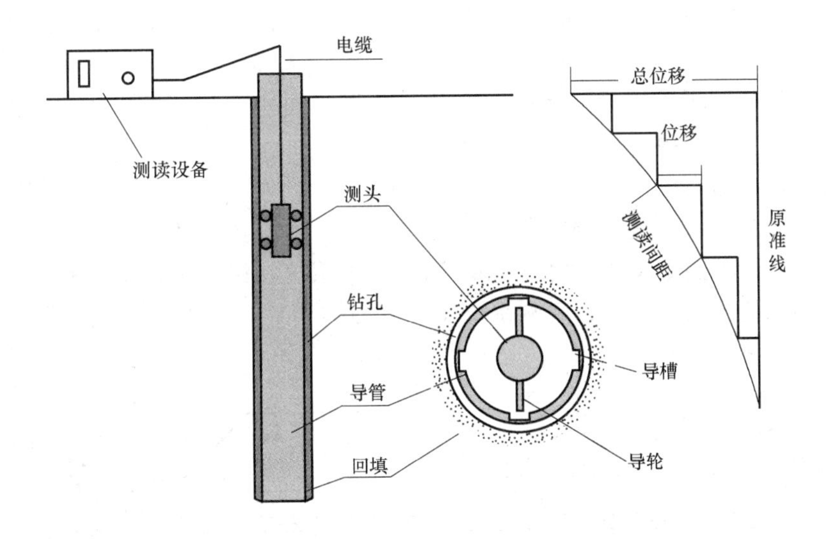

图 10-20　测斜仪工作原理图

贴有四只组成桥的应变片，当测斜仪在垂直于应变梁平面的平面内倾斜一角度时，应变梁产生弯曲变形，用静态电阻应变仪可以测得应变梁的这一应变值，此应变值正好与倾角的正弦值成正比，由此即可计算倾角。

（3）仪器组成

测斜仪由测斜管、测头、电缆及绕线盘、测读仪表等组成。

1）测斜管。按管材分为聚氯乙烯管、ABS 管及铝管。塑料管主要用于观测土体内部的水平位移，管长为 2m 或 4m，管径规格不尽相同，国内外径 70mm，壁厚 5～6mm。铝管主要用于观测表面或抗老化要求较高部位的位移，使用较多的是外径 71mm，壁厚 2mm 的铝管。每节测斜管均有一管径相匹配的连接管。测斜管内有 4 个互成 90°的导向槽。测斜管底及管顶采用管座及管盖保护，防止泥土及杂物进入。

2）测头。测头由壳体、敏感元件及导向轮组成，敏感元件位于测头内。测头上有位于同一平面的上下两组共四个导向轮，导轮有一定的弹力使其能在测斜管的导槽内顺利滑动。上、下两组导轮的中心距一般为 50cm，此间距可作为观测时的测点间距。

3）电缆。电缆与测头连接处要有良好的密封防水性能。电缆直径约 10mm，有 4 根芯线。电缆外面每隔 0.5m 或 1m 有一永久性标记，标记以导向轮的中心为起点，以观测测头在管中的位置。

4）测读仪表。一般为液晶数显式，伺服加速度计式测斜仪用专用显示器测读输出电压，电阻应变片式测斜仪用静态电阻应变片测读应变。

3. 水平向测斜仪

（1）仪器原理

水平向测斜仪是一种横断面沉降观测系统，它在堤坝等构筑物的横断面某一高程处，埋设一根硬质塑料观测管，将测头置于管内往返连续拉动，观测整个横断面内土体的沉降量。

该系统由横置的测斜管和二次观测仪表组成。作为观测管的测斜管，这里要水平放置并埋设于待测的软土地基中，软土受荷发生竖向变形后，观测管随之变形，通过拖动放置在观测管内的水平向测斜仪，读取观测管各处的水平倾角，从而计算出横断面各点沉降量。

水平向测斜仪测头传感器可采用应变片式或伺服加速度式。传感器的原理和计算方法、率定、观测方法、精度与测斜仪相同。

（2）仪器结构与组成

横断面沉降观测系统是将原本竖向钻孔埋入土中的测斜管及其观测探头，全部旋转90°，直接放置于被测土面，填埋后观测。因此，本系统的组成是测斜管和经过改造后用于测量水平倾角的测斜仪探头，观测系统如图 10-21 所示。

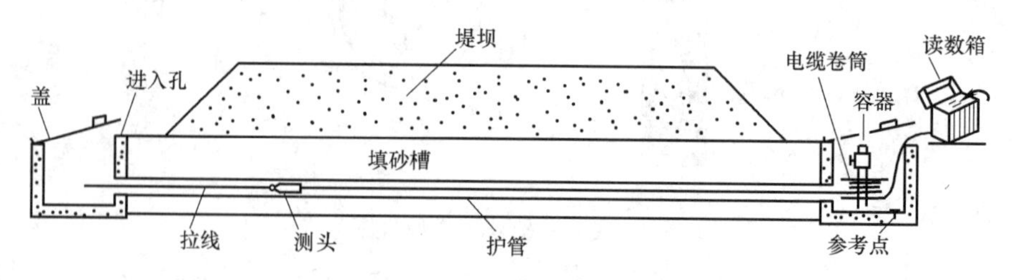

图 10-21　横断面沉降连续观测系统示意图

4. 收敛计

收敛计用于测量隧道、峒室周边任意方向两点间的距离变化，监测围岩及支护的变形发展，评估工程的稳定性。

收敛计由连接转向、测力弹簧、测距装置三部分组成，如图 10-22 所示。连接转向是由微轴承实现的，可实现空间任意方向的转动；测力弹簧用来标定钢尺张力，提高测读精度和一致性；测距装置是由钢尺与测微千分尺组成的，钢尺上每间隔 25mm 设有一定位孔，用于测量大于 25mm 的距离，测微千分尺最小的读数为 0.01mm。

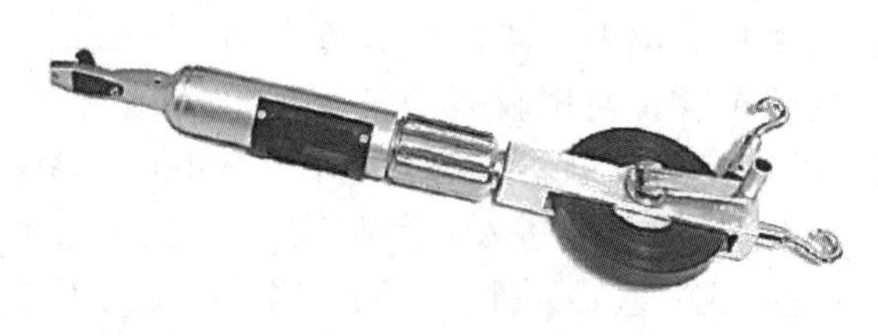

图 10-22　收敛计

测量时，收敛计悬挂于两测点之间，旋紧千分尺，使钢尺张力增大，达到规定的张力时进行读数。

5. 多点位移计

（1）埋入式多点位移计

埋入式多点位移计是将围岩内部某一点的位移状态，通过与之固定在一起的位移计引至岩体外部，测出隧道壁与岩体内部某一点间的相对位移。通常在钻孔长度方向设置 3～6 个测点，适用于隧道、洞室、边坡、坝基等基岩在不同深度处变形的监测。

埋入式多点位移计通常由四部分组成：

1）定位装置（又称锚头）。它将位移传递装置固定于钻孔中的某一点，其位移就代表围岩内部点位移。定位装置可采用注浆式锚头或机械式锚头。

2）位移传递装置。它将锚固点的位移以某种方式传递至孔口，以便测取读数。传递方式分为机械式和电测式两类。机械式位移传递构件有直杆式、钢带式、钢丝式，具有结构简单、安装方便、稳定可靠、价格低的优点，但观测精度较低。电测式位移传感器有电磁感应式、差动电阻式、振弦式，具有观测精度较高、测读方便的优点，还能遥测，但费用较高。

3）孔口固定装置。一般测试的是孔内各点相对于孔口固定点的相对位移，故须在孔口设固定基准面。

4）百分表或读数仪。埋入式位移计按结构特点，分为并联式和串联式，图 10-23 是并联式多点位移计示意图。

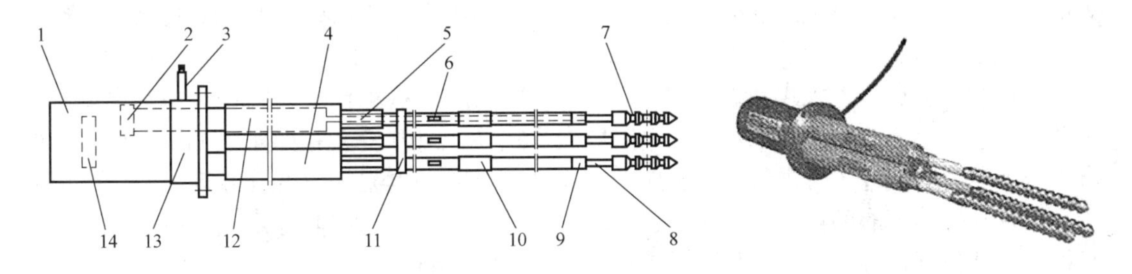

图 10-23 钢弦式多点位移计（并联）

1—护罩；2—后接圈；3—观测电缆；4—传感器护管；5—测杆护管连接座；6—测杆接头；7—锚头；8—测杆；9—密封头；10—测杆护管接头；11—分配盘；12—传感器；13—安装基座；14—接线端子

通过各种类型的锚头，多点位移计可用于坚硬岩石、破碎岩石。通过水力扩张锚头，还可用于土壤或软基，特别是预期要产生明显位移的钻孔。

多点位移计测量的是相对位移。如果要观测岩石的绝对变形，可使变位计最深的锚头固定在基岩变形范围之外，即找到稳定不变的基准点。

(2) 移动式三向位移计

移动式三向位移计是一种便携式高精度仪器，可确定三向位移分量沿着一个垂直钻孔的分布。用于隧道可确定其两侧岩土的差异沉降和水平位移，用于桩墙可确定其横断面内相对两点在垂直线上的应变分布和偏位差，用于混凝土坝可观测坝肩和岩基之间的相互作用。

移动式三向位移计由探头、加强电缆（100m)、绞线盘和数据控制器组成。探头包括一个滑动测微计和两个测斜探头。测试简图如图 10-24 所示。

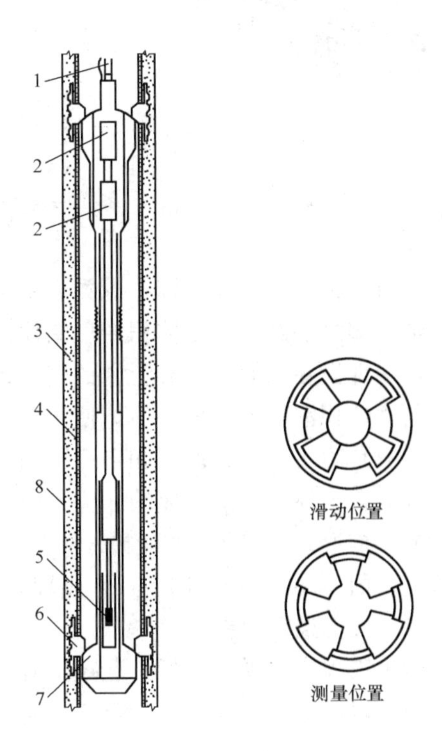

图 10-24 移动式三向位移计在钻孔中的简图

1—导杆；2—测斜仪；3—灌浆；4—套管；5—位移传感器；6—测标（锥面）；7—测头（球面）；8—土、岩石或混凝土

工作原理和测量方法：利用锥-球面原理

使探头的两个测头在相邻两个测标间拉紧，使探头中传感器被触发，并将测试数据通过电缆传到测读装置上。沿着钻孔轴线所有距离的变化和倾斜度的变化都将以两读数之差被记录。

每次测量之后，用导杆将探头旋转 180°，以补偿温度影响或探头自身的误差。测量一个点约需 30s。对 30m 钻孔深度时，自上而下再自下而上测一遍只需 1h。

6. 应变计

混凝土应力是个十分复杂的技术难题，迄今还没有研制出能直接观测混凝土拉、压应力的有效仪器。长期以来，混凝土应力的观测，是利用应变计观测应变，再通过计算求得应力。

常用的应变计有埋入式和表面式，如图 10-25 所示。从工作原理分，有差动电阻式、钢弦式、差动电感式、差动电容式和电阻应变片式等。国内多采用差动电阻式应变计。配合埋设无应力应变计，可进行混凝土应力应变观测。差动电阻式应变计经近 40 年长期使用，是一种性能可靠的仪器。近年来也使用钢弦式应变计，它与其他形式的应变计相比，长期稳定性较好，分辨率高，且不受传输电缆长度的影响。

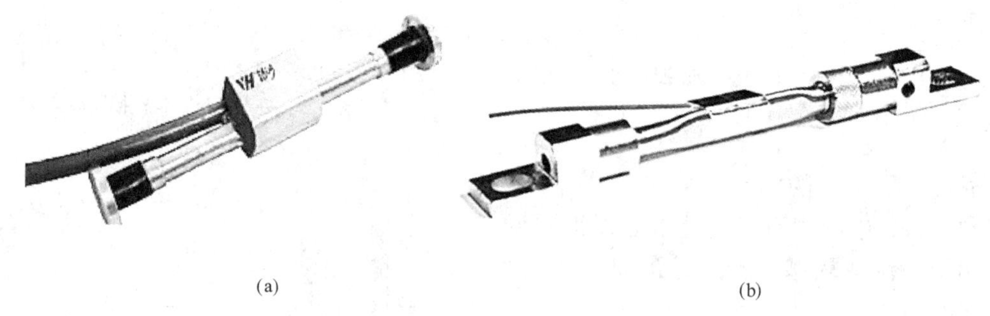

(a)　　(b)

图 10-25　埋入式和表面式应变计

(a) 埋入式；(b) 表面式

还有一种无应力应变计。混凝土由于温度、湿度以及水泥水化作用等原因产生自由体积变形，实测混凝土自由体积变形的仪器称为无应力应变计，简称无应力计。用锥形双层套筒，使埋设在内筒中混凝土内的应变计，不受筒外大体积混凝土荷载变形的影响，而筒口又与大体积混凝土连成一体，使筒内与筒外保持相同的温湿度。这样内筒混凝土产生的变形，只是由于温度、湿度和自身原因引起的，而非应力作用的结果。因此，内筒测得的应变即为自由体积变形造成的非应力应变，或称自由应变。图 10-26 列出了三种无应力应变计的结构形式。其中，图 10-26 (a) 为规范推荐的大口向上的形式，适用于埋设在靠近浇筑层表面；图 10-26 (b)、(c) 则埋设在浇筑块底部和中部。

二、应力监测仪器

岩土工程应力观测包括：混凝土应力、土压力、孔隙压力、坝体及坝基渗透压力、钢筋应力、岩体应力（地应力）及工程荷载等。混凝土建筑物的应力是通过观测应变计算得到的。

这里主要介绍岩土工程中常用的四种仪器：钢筋计、测力计、孔隙水压力计、土压力计。

1. 钢筋计

钢筋计用来观测钢筋混凝土内的钢筋应力。将不同规格的钢筋计两端对接，焊接或螺

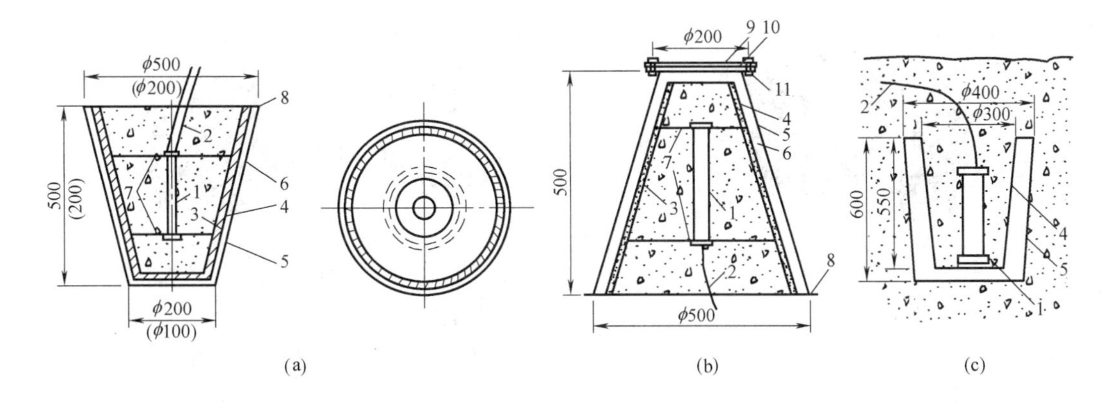

图 10-26　三种无应力应变计（单位：mm）

1—应变计；2—电缆；3—5mm 厚沥青层；4—内筒（0.5mm）；5—外筒（12mm）；

6—空隙；7—铅丝拉线；8—周边焊接；9—盖板；10—橡皮垫圈；11—螺栓

栓连接在与其端头直径相同的欲测钢筋中，直接埋入混凝土内，可测得钢筋长度段的平均应变，从而计算出钢筋应力。

国内常用的钢筋计有钢弦式和差动电阻式两种，近年来光纤式钢筋计已问世。图 10-27 是钢弦式钢筋计。

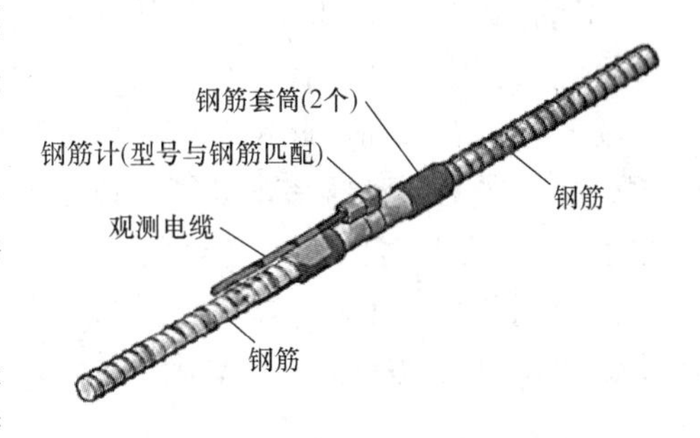

图 10-27　钢弦式钢筋计

2. 测力计

测力计是观测岩土工程荷载或集中力的传感器。

在岩土工程中采用预应力锚杆加固时，采用锚杆测力计观测预应力锚固效果和预应力荷载的形成与变化。在观测锚索拉力、承载桩和支撑柱的荷载时，也使用此类测力计。测量锚索的中空测力计称为锚索计，测量支撑梁、柱轴向荷载的测力计称为轴力计。

常用的测力计有轮辐式测力计、环式测力计和液压式测力计三种，均带有中心孔。轮辐式测力计，由内外两个钢环与四个轮辐连为一体，轮辐内装有应变计。环式测力计由工字型钢环形成缸体，在环内 4 个对称位置安装 4 个应变计。液压式测力计由压力表或传感器和一个充满液体的环形容器组成。

按所采用的传感器不同，有差动电阻式、钢弦式和电阻应变片式等种类的测力计。图 10-28 是测力计实物图片。

3. 孔隙水压力计

孔隙水压力计是用于测量软土施工或加荷引起的孔隙水压力变化的传感器，又叫渗压计。

在软土工程施工过程中观测孔隙水压力，可以了解土体孔隙水压力分布和消散过程。在坝基和坝肩观测孔隙水压力，测定通过坝体接缝或裂缝、坝基和坝肩岩石内的节理、裂缝或层面所产生的渗漏，校核抗滑稳定性和渗透稳定性。

孔隙水压力计分为竖管式、水管式、气压式和电测式四大类。电测式根据传感器不同又

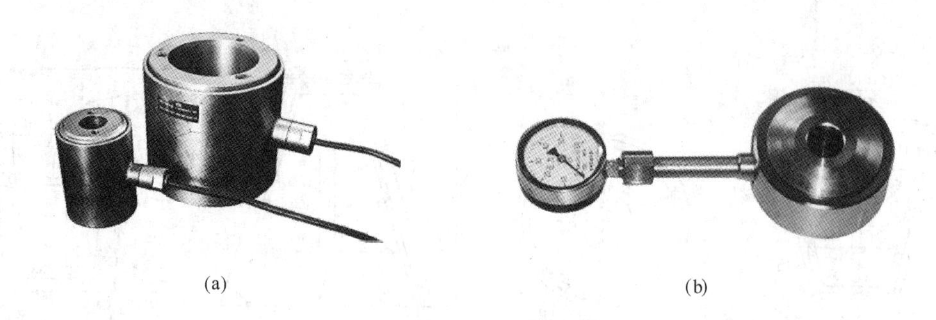

图 10-28 测力计
(a) 锚索计；(b) 锚杆测力计

分为差动电阻式、钢弦式、电阻应变片式和压阻式等。竖管式观测结果直观、结构简单、经久耐用、费用低廉。钢弦式孔隙水压力计结构牢固，防潮、抗干扰能力强，能适应各种恶劣条件，具有不受电缆长度影响等优点。差动电阻式仪器长期稳定性能好，但电缆的防潮要求高，抗干扰能力稍差。电阻应变片式仪器因长期稳定性较差，国内已很少使用。

国内一般工程多用钢弦式和差动电阻式。土石坝工程多采用竖管式、水管式、差动电阻式和钢弦式。在美国和英国气压式应用很广，日本则以电阻应变片式为主。

钢弦式孔隙水压力计工作原理是土体孔隙中的有压水通过透水石作用于仪器承压膜上，使其产生变形而引起钢弦应力发生变化，从而改变钢弦的振动频率，通过电磁线圈激振钢弦并测量其振动频率，计算土体中的孔隙水压力。有些孔隙水压力计内还增设了温度传感器，可以同时测温。

国内钢弦均采用机械式夹紧方式，并与支架做成一体。国外则采用特殊的夹持技术来固定钢丝，可使敏感元件微型化，外形尺寸缩小很多，如图 10-29 和图 10-30 所示。

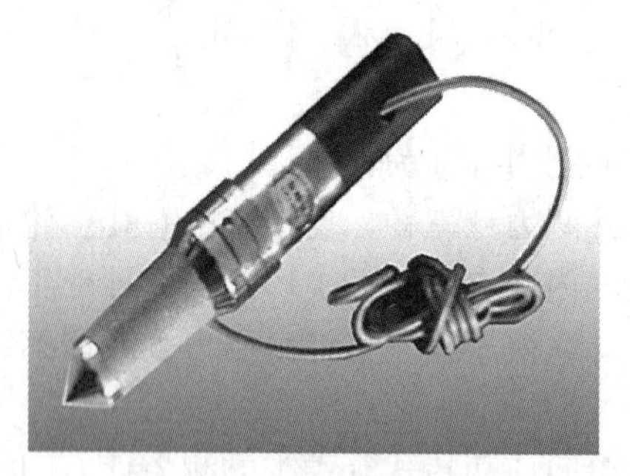

图 10-29 国产钢弦式孔压隙水压力计

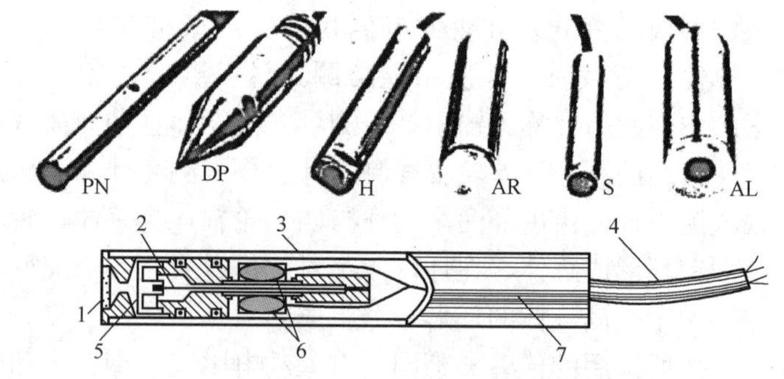

图 10-30 Geokon 公司各种钢弦式孔压计
1—透水石；2—钢弦；3—不锈钢体；4—四芯电缆；5—膜片；6—激励及接收线圈；7—内密封

4. 土压力计

土压力通常采用土压力计来观测。土压力计分土中土压力计和边界式土压力计两种。土中土压力计是埋入土体中，测量土中应力分布，也称埋入式土压力计或介质式土压力计；边界式土压力计是安装在刚性结构物表面，受压面面向土体，测量接触压力，也称界面式或接触式土压力计。

(1) 土中土压力计

土中土压力计一般采用压力计与传感器分离的结构，以减少土压力计埋入对测点处应力状态的改变。压力计由两块圆形或矩形的不锈钢板焊接而成，两板间形成厚约 1mm 的空腔，腔内在抽真空后充满防冻液体（如硅油），用一根不锈钢管将压力计与压力传感器相连，传感器结构与孔隙水压力计一样。土中土压力计的两个膜面均可以作为承压面，结构示意图如图 10-31 所示。

当土压力作用于压力计承压膜（一次膜）上，承压膜产生微小的挠曲变形，使腔内液体受压，此压力通过连接管传递到传感器的承压膜（二次膜）上，使传感器受压，用观测仪表测定输出量的变化即可计算出土压力。其原理示意图如图 10-32 所示。

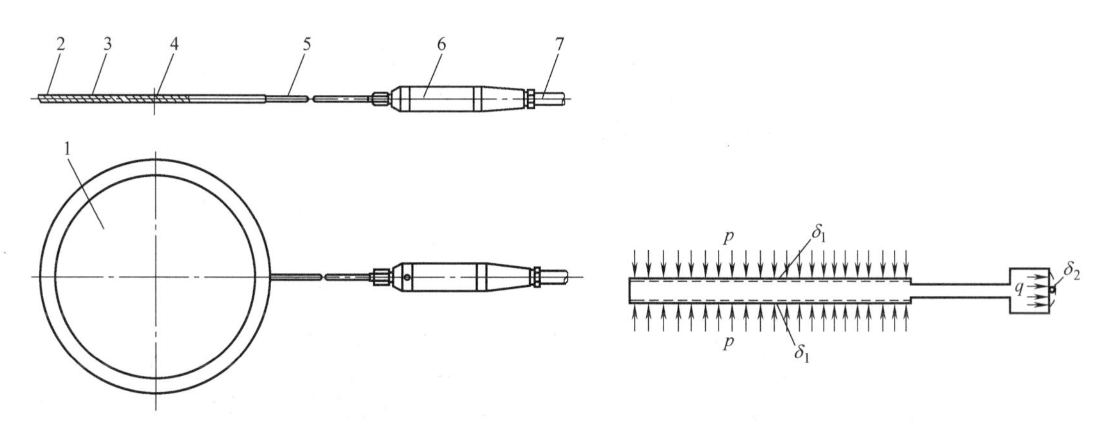

图 10-31　土中土压力计结构图

1—压力计；2—橡皮边；3—承压膜；4—油腔；
5—接管；6—传感器；7—屏蔽电缆

图 10-32　土中土压力计原理图

土中土压力计的类型与其传感器类型相关，如传感器为钢弦式则为钢弦式土中土压力计。传感器的工作原理与结构，土压力计检验与率定、观测方法与精度要求、土压力计算公式等与相应类型的孔隙水压力计一样。

(2) 边界式土压力计

边界式土压力计按采用的传感器类型分为钢弦式、差动电阻式、电阻应变片式等多种类型。传感器的工作原理结构、率定及观测与同类型的孔隙水压力计相同。专用的边界式土压力计有二次膜型和一次膜型两种。

二次膜型边界式土压力计有分离型及竖直型两种，工作原理与土中土压力计一样，也是通过压力室腔内的液体传递土压力作用于传感器的二次膜，其结构示意图如图 10-33 所示。分离型边界式土压力计与土中土压力计的结构基本一样，差异在边界式土压力计为单面受压膜，为便于加工，盒的厚度较土中土压力计更大。竖直型土压力计则无连接管，传感器垂直于压力计，压力计内的液体直接作用于压力传感器的承压膜上，压力计为单面受压膜且比土中土压力计更厚。

一次膜型的边界式土压力计直接将钢弦固定于土压力计腔内，钢弦平行于承压膜，钢弦的两个固定支架则垂直于承压膜，在钢弦的中部安装一个电磁线圈。当承压膜受力后，钢弦拉紧，频率增高，用频率仪测读其频率后算出土压力。图 10-34 是一次膜型边界式土压力计结构示意图。

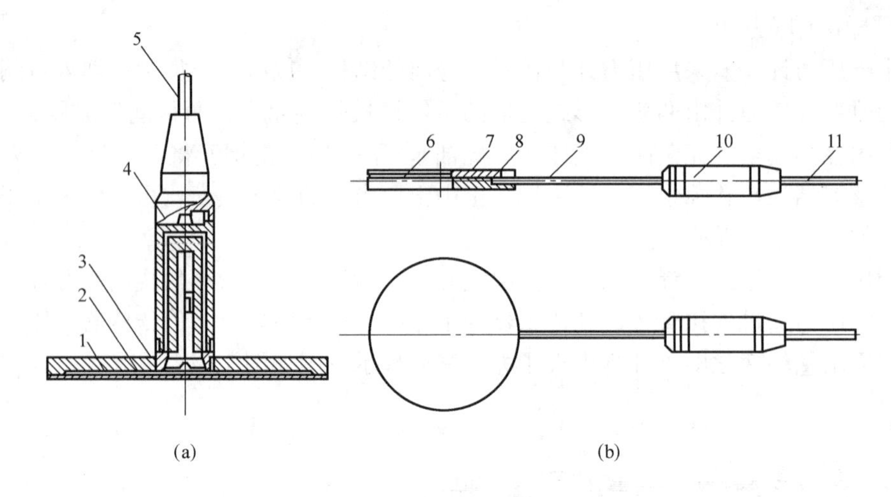

图 10-33　二次膜型边界式土压力计结构示意图

（a）竖直型；（b）分离型

1—承压膜；2—油腔；3—压力计；4—传感器；5—屏蔽电缆；6—接管；7—承压膜；8—屏蔽电缆；9—压力计；10—传感器；11—油腔

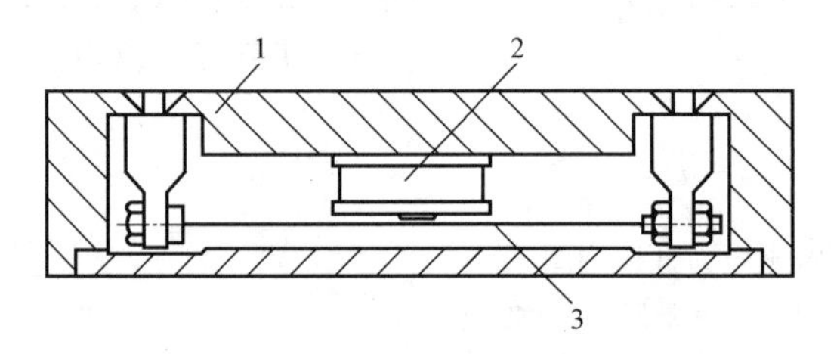

图 10-34　一次膜型边界式土压力计结构图

1—承压膜；2—磁心；3—钢弦

地下洞室围岩的压力、围岩和支衬结构间的接触压力，通常使用液压枕来监测。液压枕由两块同样形状的薄钢板焊接成扁平盒子，内置液体，根据液体的流动性和不可压缩性来传递压力，根据标定曲线，从压力表上读出被测的压力值。

三、水位和温度测量仪器

1. 电测水位计

电测水位计根据水能导电的原理设计，用于观测地下水位。当水位计探头接触水面时两电极使电路闭合，信号经电缆传到指示器，触发蜂鸣器和指示灯，此时可从电缆标尺上直接读出水深。

电测水位计由测头、电缆、滚筒、手摇柄和指示器等组成。测头为金属制成的短棒，两芯电缆在测头中与电极相接，形成电路闭合的“开关”，当测头接触水面时，电极在水面接通电路。

电测水位计和测头构造如图 10-35 所示。两芯电缆除了传输信号外，还用作测头的吊索。电缆上以测头下端为起点，自下而上注明米数。现在电缆多用聚乙烯两芯刻度标尺代替。指示器最常用的是微安表或毫伏表，常配置蜂鸣器和指示灯，电源采用干电池。

2. 电测温度计

混凝土建筑物在浇筑过程中，由于水泥的水化热而发生温度升高，大体积混凝土通常在浇筑后7～20d达到峰值温度，薄壁结构或采用人工冷却的结构中，一般浇筑后2～6d即达到峰值温度，其后温度缓慢下降。控制温度变化速率可减少混凝土开裂的可能性，因此要对混凝土坝体的温度进行观测。

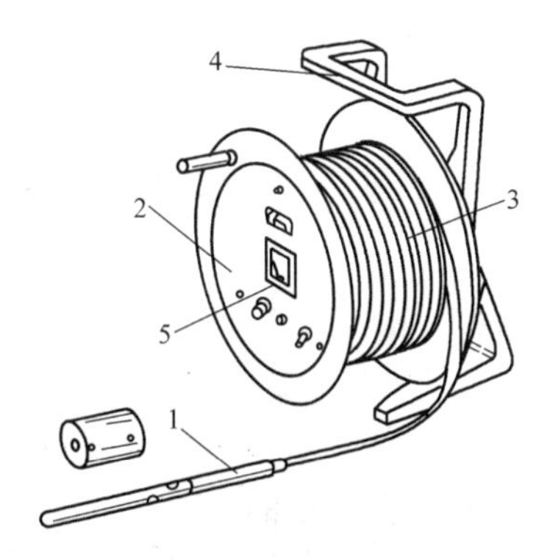

图10-35　电测水位计和测头构造图

1—测头；2—卷筒；3—两芯刻度标尺；4—支架；5—指示器

在隧洞、坝体等大体积混凝土建筑物施工期，使用温度计测得混凝土内部温度随时间变化的关系，对大体积混凝土中温度裂缝的形成条件做出评估。

电测温度计有电阻式、钢弦式、热敏电阻式、热电偶式和电阻应变片式等类型。许多测量应力和应变的仪器常能兼测温度。图10-36是电阻温度计，它由铜电阻线圈、引出电缆和密封外壳三个部分组成。

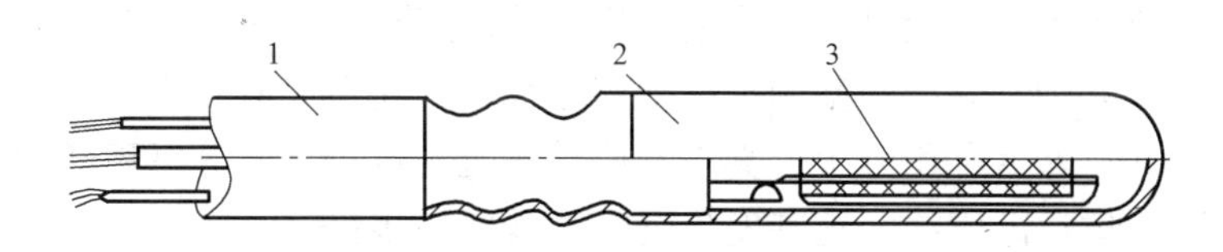

图10-36　电阻温度计

1—电缆；2—外壳；3—电阻线圈

思　考　题

1. 岩土工程监测仪器首先起源于什么行业工程的需求？早期主要使用哪两种类型仪器？
2. 常见传感器有哪几类？
3. 简述钢弦式传感器的工作原理和测试仪器种类。
4. 简述差动电阻式传感器的工作原理和测试仪器种类。
5. 何谓应变效应？利用应变效应解释金属电阻应变片的工作原理。
6. 何谓传感器的标定？为什么要进行标定？
7. 简述干簧管式深层沉降仪的工作原理和仪器组成。
8. 简述测斜仪的工作原理。
9. 简述钢弦式孔隙水压力计的工作原理。
10. 测力计是通过什么方式进行测力的？

第十一章　软土地基预压加固监测

第一节　概　　述

一、监测目的

我国东南沿海和内陆广泛分布着海相、湖相以及河相沉积的软弱黏性土层。这种土含水量大、压缩性高、强度低、透水性差，埋藏深厚。由于其压缩性高、透水性差，在构筑物荷载作用下会产生相当大的沉降和沉降差，而且沉降延续时间很长，影响建筑物的正常使用。另外，由于其强度低，地基承载力和稳定性往往不能满足工程要求。在这种地基上建造高速公路、机场道路、大型油罐、港口堆场等，通常采取预压加固法处理。

预压加固法是处理软黏土地基的一种常用方法，它先在天然软土中设置砂井、塑料排水带等竖向排水井，然后利用堆土、真空预压或构筑物自身重量分级逐渐加载，使土体中的孔隙水排出，土体逐渐固结，地基发生沉降，强度逐步提高。

预压加固法分为堆土预压、真空预压或联合预压。在预压过程中，软土因排水固结强度逐渐增加，但必须控制加荷速率，使土的剪切力不超过软土的抗剪强度。否则，就会造成失稳破坏。此外，软土固结时间较长，必须严格控制施工后的残余沉降或不均匀沉降，以免给工程的长期使用带来严重危害。因此，《建筑地基处理技术规范》JGJ 79—2012 规定，堆载预压加载过程中，应进行竖向变形、水平位移及孔隙水压力的监测，确保施工安全。

软土地基预压加固监测的目的：

① 确保软土地基在加载施工过程中的安全和稳定，为控制施工速率提供依据；

② 预测工后沉降和差异沉降，使工后沉降控制在设计允许的范围内；

③ 解决工程设计施工中涉及的一些疑难岩土问题，为新技术的使用和推广积累经验资料。

二、监测内容

软土预压加固法的监测内容见表 11-1。

软土预压加固法的监测内容　　　　表 11-1

序号	监测项目	仪器设备	适用范围
1	地表沉降	沉降板、水准仪	控制施工进度和对周边环境的影响
2	地表水平位移	经纬仪、水准仪	控制施工进度和对周边环境的影响
3	深层土体沉降	深层沉降仪	观测不同深度、不同土层的沉降变化，确定沉降影响深度和土层压缩率，控制施工进度
4	深层土体水平位移	测斜仪	观测不同深度、不同土层土体的水平位移，控制施工进度和对周边环境的影响
5	孔隙水压力	孔隙水压力计	通过软土各处孔隙水压力计变化，掌握土体固结时间和强度增长，控制施工速率

续表

序号	监测项目	仪器设备	适用范围
6	真空度	真空度计	用于真空预压地基处理的真空度测量
7	地下水位观测	电测水位计	用于施工区内、外地下水位变化的测量

第二节　地表变形监测

一、地表沉降

1. 监测基准点的建立

沉降监测网基准点数量一般不少于 3 个，可利用工程施工使用的临时水准点，也可现场埋设专用水准点。

基准点的设置要求：

(1) 位置应在监测对象的沉降影响范围外，坚固稳定。要避免设在低洼积水处；高寒地区的埋设深度应在冰冻线以下 0.5m，以防土层冻胀的影响。

(2) 尽量远离道路、铁路、空压机房等，防止受到机车和振动影响。

(3) 力求通视良好，与观测点接近，其距离不宜超过 100m，以保证监测精度。

2. 监测点布置

以能指导施工、确保处理效果、在经济合理的原则上布置。一般可按 20～50m 网格状布置，在预压区四周和中心点均需布点。

对堆土预压，在堆载中心、坡顶处、坡脚处均宜布置监测点。对真空预压，宜在场地内均匀布点。在距场地边界处 1m 到 1～1.5 倍处理深度影响范围宜布置不少于 2 条沉降断面，每条断面上不少于 3 个点。场地内、外沉降监测点宜布置在同一个监测断面内。

3. 监测仪器和埋设

地表沉降监测一般采用接杆式沉降标，用水准仪观测。沉降标由沉降板（钢或混凝土底板）、沉降杆（钢管测杆）、接头和护套组成，如图 11-1 所示。由于沉降板与沉降杆是连在一起的，沉降杆外套护管，避免了填土对沉降杆施加的摩擦力，因而沉降杆无压缩。

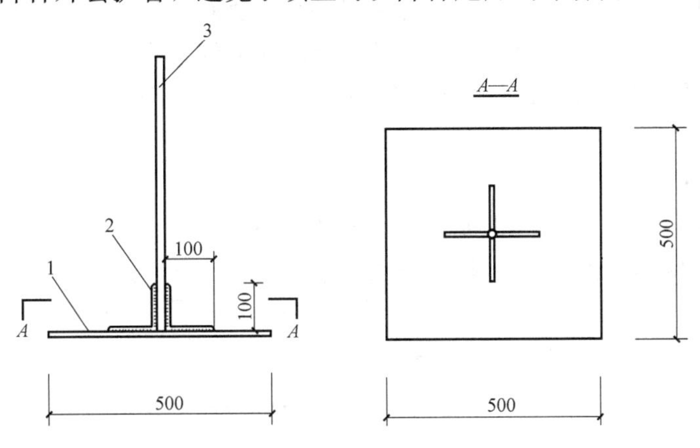

图 11-1　沉降标制作示意图（单位：mm）

1—10mm 厚钢板；2—侧焊；3—沉降杆

所以测杆顶部的高程变化与沉降标底板所在地面的高程变化是相等的。

对堆土预压区，沉降标可选用 500mm×500mm×10mm 钢板作底板，底板中央焊接一根长 1m、直径 30～40mm 的钢管。埋设时从基面开挖 0.5m 深槽，用砂找平，沉放时需保证沉降板水平和沉降杆铅直，然后回填土至基面。随着分级加荷的增高，逐步接杆进行观测，直到堆载顶部。接杆长度宜选 0.5m 或 1m。

对预压区外或真空预压区，沉降标底板可选用 400mm×400mm×10mm 钢板，底板中央焊接的沉降杆可采用直径 20～30mm 长 60cm 的钢管或 ϕ20 钢筋。其余设置同堆土预压区。

4. 观测方法

地表沉降观测采用水准测量法。

预压前测量好初始值，一般测量三次，确认无误后取其均值。以后每次测得的地表高程与前次高程的差值即为本次观测的地表沉降值。

加载初期每天观测 1 次，中后期 3～5d 观测 1 次。

高程控制网宜 1 个月时间进行 1 次联测，以检验基准点的稳定性，确保观测质量。

测量精度应根据监测对象的性质、允许沉降值、沉降速率、仪器设备等因素确定。对严格控制不均匀沉降的构筑物，要用高精度测量：使用的水准仪放大倍率不小于 40 倍，如苏光 DS6；水准尺要采用线条式铟钢尺；视线长度不大于 50m，测量数据精确至 0.1mm。对一般性控制的构筑物，可用中等精度测量：水准仪精度等级不低于国产 S3 水平，最好带有倾斜螺旋和符合水准器，放大率在 30 倍左右，如国产的 NS3-1 型、DZ2 型带测微器。水准尺必须用带圆水准器的红、黑双面木尺。视线长度不大于 75m，测量数据精确至 1.0mm。

5. 资料分析整理

测试数据要及时整理，绘制测点荷载-时间-沉降过程线，以及沉降速率过程线。一般情况下，当预压区中心沉降速率大于 10mm/d（天然地基）或 15mm/d（竖井地基）时，应及时报警，通知停工，待沉降稳定后再恢复填土，必要时采用卸载措施。

6. 沉降标对施工的影响

沉降标观测法是目前地表沉降观测最常用的方法，优点是操作简便，易于测试。缺点主要是影响填土的压实施工，压实机械经过时必须绕道而行，并形成压实死角，降低压实质量。此外，施工机械经常撞坏沉降杆。若一个断面上放了几个沉降观测点，对施工的影响将更加突出，损坏后的测杆补救非常困难。埋设后要采取一些具有明显标记的保护措施。

二、地表水平位移

地表水平位移监测多布置在路基或堆土边坡的底脚处，也称观测边桩，如图 11-2 所示。它记录两侧边坡的横向位移，控制填土速率。通常也将边桩用作沉降观测点。

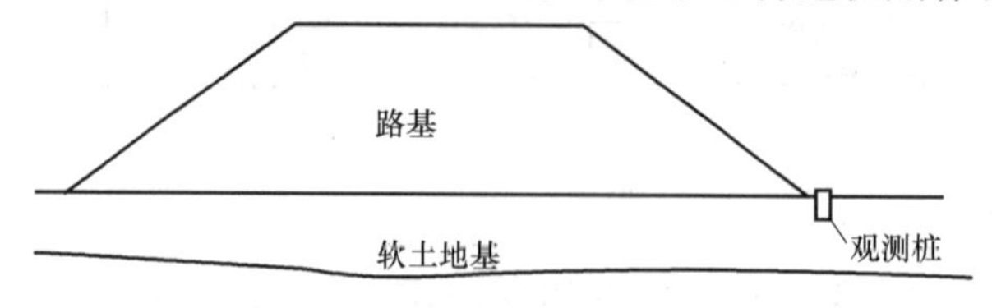

图 11-2　位移边桩布置示意图

1. 监测基点的建立

地表水平位移监测的工作基点，设于监测点直线段两端，位置在施工区影响外。当测线较长时，可间隔 250m 左右增设工作基点，可用三角网观测增设的工作基点。每次监测前，工作基点应与设于施工影响区外的平面监测控制网联测。地表土体水平位移监测网的主要技术要求，按《工程测量规范》GB 50026—2007 规定执行。

水平位移监测工作基点一般采用钢筋混凝土结构，设置时应保证观测墩垂直，墩高以观测者操作方便为准，顶面平整，埋设强制对中螺杆或底盘，并使各监测点标志中心位于视准线上，其偏差宜不大于 10mm；底盘调整水平，倾斜度不得大于 4′。

2. 监测点布置

在预压过程中，为掌握场区外侧不同距离处地表土体侧向变形量，尤其是严格控制坡脚处的位移量，宜在处理区边界外 1～1.5 倍处理深度的影响范围内布置不少于 2 条水平位移断面，每条断面上宜不少于 3 个点，边界外 1m 处需布点。宜与沉降观测点布置在相邻位置。

3. 监测桩和埋设

地表水平位移观测标一般用木桩或预制加筋混凝土桩，尺寸为 200mm×200mm×1000mm，观测标点固定于桩顶。

采用钻孔击入埋标法。钻孔选用 ϕ130 钻具，钻深 0.8m。将桩插入孔内，用锤击桩入土，但地表上需留有 10cm，以便观测。桩设置到位后，需对桩周边土体夯实，确保桩的稳定。

4. 观测方法

用经纬仪观测，采用视准线法。视准线是通过两个永久工作基点 A、B 形成的直线。定期观测测点偏离固定方向的距离，求出测点的水平位移量。

在填土或加载期间，每天观测 1 次；暂停施工期间，2～3d 观测 1 次。对路基工程，填筑施工完成后铺设路面期间，每 3d 观测 1 次，第 15～30d 每星期观测 1 次，第 30d 后每 15d 观测 1 次，雨后应加密监测。

路基施工至设计标高后，再持续监测 6 个月以上。

5. 资料分析整理

及时整理并绘制测点水平位移和速率过程线。当边桩水平位移速率大于 5mm/d 应及时报警，暂停填筑施工，根据危险情况，甚至采取卸载措施。

6. 观测点保护

观测期间，必须采取有效措施对基准点、观测桩加以保护或专人看管。在附近设醒目的警示标志，以防施工机械碰撞损坏。测量标志一旦遭损，应立即复位和复测。

三、横断面连续沉降

在公路填土、堤坝、油罐地基等构筑物施工时，地基横断面沉降观测方式主要分为两种，单点沉降标观测和横断面连续观测。单点沉降标观测的工作面与路基施工冲突严重。因此，根据测斜仪测量竖向测斜管倾角的原理，研制了观测横断面连续沉降的水平向测斜仪。

1. 观测管的布置和埋设

观测管布置在拟观测的路堤、油罐等基础底面，沿横断面方向穿过路堤或罐底。

当填土至待测高程以上约 0.8m 时，沿观测断面开挖一宽约 0.6m 沟槽，在槽底铺设一层厚约 10cm 的细砂，将观测管逐段连接铺设于沟槽内，并在导管内预置 1 根细钢丝绳作为观测时的拉线。挖槽时要注意观测管线路方向与管内导槽口方向一致。

在沟槽内回填厚 20cm 细砂，用原土将沟槽分层回填并压实，直至原地面，用水准仪测定导管两端出口处的高程。观测管安装完成后，将拉线与测头相连，通过拉线将测头在观测管内往返拉动两次，确保测头移动顺畅。

为防止观测管被破坏，在测管两端用混凝土各浇筑 1 个检查井。

2. 观测方法

观测时，将探头拖到观测管一端，接入二次观测仪表。在观测管另一端拖动钢丝移动探头，每隔 0.5m 读数 1 次，直至观测管另一端。

第 1 次观测时所得读数为初值，以后每次观测位移与前次观测位移之差即为本次观测的沉降量，每次观测位移与初始观测位移之差即为本次观测的累计沉降量。

3. 资料分析整理

与测斜仪相同，只是计算出的是沿水平方向的沉降量，据此可绘出距离-沉降曲线和任意点的沉降-时间曲线。

4. 观测数据的影响因素

作为横断面连续沉降观测的测斜管，其材质有 PVC、ABS 和铝合金三种，每米弯曲度分别不大于 1.0cm、1.5cm、3.5cm。铝合金测斜管的弯曲变形要优于其他两种管，但成本高，应用不多。

横断面连续沉降观测系统解决了路堤沉降监测与施工的干扰问题，应用该系统时应注意下面两个问题。

① 当用于饱和软土地基时，观测管刚度远大于软土，导致观测管不能与软土地基变形协调，二者间出现滑动。对此，要根据工程地质和荷载变形情况，合理选择管材，不能一味选择塑料材质的测斜管。

② 水平向测斜仪探头在观测管内难以拖动问题。目前水平向测斜仪探头的两组滑轮间距为 0.5m，与竖向测斜仪相同，当观测管沉降较大时，导轮容易卡在导向槽内。南京水科院曾研制了滑轮间距在 0.3m 的水平向测斜仪，使用中效果良好。

四、周边环境

在堆载预压过程，周边土体受挤压产生侧向变形，并引起地表沉降变化，当加荷速度过快，荷重接近地基当时的极限承载时，地基土塑性变形增大，土体水平位移明显增大。真空预压地基处理过程，也会引起周边地表沉降和水平位移，但其水平位移指向处理场地，且周边土体易产生裂缝。

因此，在距施工区周边 1～1.5 倍处理深度影响范围，如有地下管线和构筑物存在时，应实施监测。具体方法可参考基坑监测章节相关内容。

第三节　深层土变形监测

一、深层沉降

通过观测地基内部不同部位的深层沉降，可以掌握各土层的变形特性和有效压缩层厚度，了解构筑物在施工及运行期间的固结状况，监测其安全稳定性，作为控制施工进度、改进施工方法及监控工程安全的依据。

1. 测点布置

深层沉降测点的布置，依工程类型、等级、规模、地形地质条件及施工方法确定。一般在最大断面、最危险地段、地形变化较大或地质条件复杂处，确定若干个观测断面；在1个观测断面内，选择主要关键位置处埋设沉降管。

一般需在预压区中心、中心至预压区边界中间地带、预压区边界处布置沉降管。对一个沉降管内垂直向沉降环的位置，应根据场地土质和层位分布确定，通常每间隔3m左右布1个沉降环。布置深度宜大于处理深度3～6m。

2. 仪器的安装与埋设

对于软土地基及已建堤坝，一般选用电磁式或干簧管式沉降仪，采取钻孔埋设。

观测孔定位后，用钻机下套管成孔。孔径应大于沉降管的连接管直径20mm，孔深低于最深测点50cm。钻孔完成清孔后，将装有底管座的沉降管放入孔内，逐节接长至孔口。

安装沉降环时，将套管上拔至设计环点深度以上30cm，用管径与沉降环相近、长1～2m的钢管作为送环管，将沉降环沿沉降管逐个送至设计高程。

最后，用膨润土泥球回填封孔，在管顶加上保护管盖。

3. 观测方法和频率

观测时打开电源，通过电缆卷筒将测头缓慢放入沉降管内，当测头遇到沉降环的瞬时，发出响声，测读此刻测尺在管口的读数。依次自下而上逐个测读，重复测读两次，两次误差应不大于2mm。测读完成后用绕线盘将电缆及测尺收好，同时用水准仪测量和记录管口高程。

初值测定。全部测点钻孔埋设完成后开始测定初值，初读数应测定3次，且3次读数差不大于2mm，取其平均读数确定各测点的初始高程。读数的分辨率为1mm。

观测频率。施工期每填筑一层至少应观测1次，每节沉降管接长前后应观测1次。当每周填筑少于1层时，应每周观测1次。在连续加载、基坑开挖或路堤填筑等高峰期，应每天观测1次甚至几小时观测1次。运行期每月观测1～2次。

4. 沉降计算

沉降管底部通常不能到达基岩或不动点，要以沉降管管口高程为基准点，管口不断变化的高程用水准仪测出，测点高程的计算公式为：

$$H_i = H_0 - (R_i + K) \tag{11-1}$$

式中 H_i、H_0——管口及第i测点的高程；

R_i——第i测点测尺读数；

K——测尺零点至测头感应点的距离，为仪器常数。

根据不同观测时刻测点高程的变化，计算出测点沉降量。

5. 资料分析

根据实测原始资料计算各测点的全部沉降量，绘制各测点总沉降量变化过程线、沉降速率过程线、分层压缩过程线。绘制沉降时间过程线时还应加绘荷载过程线。

对于软土工程，应根据各测点的沉降量及沉降速率来判断地基是否稳定。当工程处于不稳定状态时，应采取停止加载或放慢加载速度等工程措施。

二、深层水平位移

1. 测点布置

在预压过程，为掌握场区外侧不同距离、不同深度、不同土层处土体侧向变形量，尤其是严格控制边界处变形量，宜在距场区边界外 1～1.5m 处理深度的影响范围内布置不少于一条深层土体水平位移断面。边界外 1m 处需布孔。布置时，还宜与其他监测项目点紧邻一处。测斜管深度应大于地基处理深度 10m，通常将管底端设为地基中没有水平位移的不动点。

2. 测斜管的埋设

先在预定位置钻孔，孔径要大于测斜管外径 20mm，孔斜小于 1°。

埋设时，先将最底部一根测斜管配好管座，用尼龙绳系紧放入孔内，当管顶高于孔口约 50cm 时，用管钳将测斜管固定于孔口，接上连接管和下一节测斜管并用自攻螺丝固定。连接时，两节测斜管端面间应预留一定的空隙，供管段沉降。连接段用土工布包裹以防泥土及杂物进入管内。如此逐段接长，直至测斜管底部到达孔底。如孔内有水时，安装过程中应向测斜管内注水，以防测斜管浮起。

测斜管放入过程中应注意，使测斜管内的一对导槽要与地基土可能发生的位移方向一致。测斜管安装完成后用膨润土泥球回填封孔。在管顶部盖上管盖并保护。

3. 观测方法

伺服加速度计测斜仪用专用显示器观测，电阻应变片式测斜仪用静态电阻应变仪观测。

观测时将测斜仪电缆一端与测头相连接，另一端与测读仪表相连接。

将测头放入测斜管时，必须是测试位移方向的一对导槽中，其中测头导轮向下的一端为正向，放入被测位移的正向。通过电缆将测头缓慢放至孔底，再将测头往上拉，将电缆上的长度标记对准测斜管顶口固定位置，每 0.5m 读数 1 次，该测值为正向读数。正向测读完成后，将测头调转 180°，重新放入测斜管底，再测读 1 次，此测值为反向读数。同一深度正、反向读数之差的平均值即为该处测值，据此计算该方向测斜管位置和位移。

初值测定。在测斜管钻孔埋设完成且回填料充实后，开始测定初值。初值至少应观测两次，两次测值计算出的测斜管初始位置之差应小于仪器精度，取两次测值的平均值作为初始测斜管位置。

值得注意的是，测斜仪在管内同一深度的正、反向测值之和应基本不变，观测中应运用这一规律可初步校验测值的正确性。当某测点的正、反向读数之和与其他测点明显不同时，应进行重测或修正。

4. 观测精度和测斜仪的率定

伺服加速度计式测斜仪观测倾角的灵敏度约为 8″，电阻应变片式观测倾角的灵敏度约为 15″。测斜仪的综合精度受测头导轮与测斜管的配合、正反测位置的重复性、仪器的侧向灵敏性、零漂、温度变化、测斜管扭曲及测读仪表的误差等多种因素的影响。

由于位移需经各测点的倾角测值累加算出，测斜管越深，测点越多，观测误差越大。测斜仪总误差包含系统误差与偶然误差。系统误差与测斜管深度成正比，偶然误差与测斜管深度的平方根成正比。目前测斜仪的综合精度为±6mm/30m。

测斜仪的灵敏度系数用测斜仪率定台率定，率定时将测头放入率定台上并夹紧，将测斜仪轴线与铅垂线夹角从 0°分级倾斜至最大量程并测读其测值，重复 2 次，根据测斜仪在不同倾角时的读数计算其灵敏度系数。测斜仪每年至少率定1次。

5. 计算方法

水平位移计算公式为：

$$d_{\mathrm{n}}=\sum_{1}^{n}L\sin\theta_i \tag{11-2}$$

式中 d_{n}——第 n 测点处测斜管轴线偏离铅垂线的距离；

L——测点间距，通常与测头导轮间距相同，一般为50cm；

θ_i——第 i 测量段测斜管轴线与铅垂线的夹角。

某一时刻测斜管轴线的偏移量减去其初始偏移量即为该方向土体的位移。

为了消除或减少仪器的零漂及装配误差等，测斜仪观测时应在位移的正方向测读一次后，将测头调转180°的反方向再测读一次，取正、反两个方向测值代数差的平均值为倾角测值。测读仪表一般输出 $\sin\theta$ 的倍数值，因此，测斜管轴线偏移量计算公式为：

$$d_{\mathrm{n}}=\sum_{1}^{n}kl\,\frac{A_i^{+}-A_i^{-}}{2} \tag{11-3}$$

式中 k——仪器常数；

A_i^{+}、A_i^{-}——第 i 测量段正、反测读数。

6. 资料整理与分析

检验全部观测数据的可靠性，计算整个测管的水平位移值。

绘制土体内部水平位移沿深度变化曲线；绘制各测点水平位移变化过程线及对应的荷载过程线；绘制各测点水平位移速率变化过程线。

当构筑物施工处于稳定状态时，水平位移随时间变化曲线为收敛曲线。当深层土体水平位移速率超过5mm/d应及时报警，并采取相应工程措施。

第四节 孔隙水压力监测

为掌握施工加荷过程中土体内产生的超静孔隙水压力大小、分布及消散速度，计算土体固结度，推算土体强度随时间变化规律，控制施工速度和改进施工方案等，需进行孔隙水压力观测。

1. 测点布置

孔隙水压力观测点的布置应根据工程的类型、等级、规模、地形和地质条件决定。一般选择最重要、最具代表性、能控制主要渗流状况或估计最可能出现问题处的几个观测断面，如最大荷载、地形显著变化、地基土质变化大的断面。在同一观测断面上，应在不同高程处分别布置测点，以反映孔隙水压力沿深度的变化过程。

通常在试验区场地中心、中心至预压边界中间处、预压边界处布置观测点。对路堤，纵向孔距10～20m，横向可适当加密。对于大面积堆土预压，孔距可放宽至15～30m。在深度方向，根据加载后的应力分布确定，在加载影响深度范围内的各软弱土层均应布设测点，垂直间距3～5m；当分土层设置时，每层至少有1个测点。

2. 仪器的率定与防水密封试验

将孔压计放入用于率定的专用压力罐内，充水淹没全部孔压计及电缆与仪器连接处，将孔压计电缆端部与压力罐顶盖电缆接线盒相连，盖上顶盖，用螺丝拧紧，使压力罐完全密封。用空气压缩机向压力罐内加压，直至孔隙水压力计满量程时的压力，然后卸荷。反复三次，记录零荷载及满量程时的仪器读数，若测值稳定，正式开始率定。

率定时一般每 0.05MPa（或 1/5～1/10 满量程）为一级压力，逐级加荷、卸荷循环 3 次，记录每级荷载下各只仪器频率的稳定测值，计算仪器的灵敏度系数、非线性和精度。

在仪器率定完成后加压至满量程并保持水压力 24h 不变后取出仪器，检查绝缘电阻的变化，测定孔隙水压力计的防水密封性能。一次率定可根据压力罐顶盖上电缆接线盒的测点数量，同时率定多只量程相同的孔隙水压力计，但不同量程的孔隙水压力计不能同时率定。

3. 仪器的安装与埋设

采购时，应根据各个测点可能受力的大小，分别确定相应的量程。

埋设前，应将仪器的透水石在清水中煮沸约 2h，排除透水石孔隙中的气泡和油污，同时使其达到并保持饱和状态。

孔隙水压力计埋设方法有一个钻孔中埋设多只孔隙水压力计和仅埋设一只孔隙水压力计两种，分述如下。

（1）在一个钻孔中埋设多支孔隙水压力计

在同一位置的不同高程布置有多个孔隙水压力计时，一般将其埋设于同一钻孔内。这时，钻孔直径根据仪器的直径及同一孔中埋设的仪器数量确定，一般为 108～146mm。钻孔的孔底高程应低于最底测点埋设高程约 50cm。埋设时先向孔内注入约 30cm 高度的中粗砂，用尼龙绳或铅丝系住存放在水中的孔隙水压力计测头，徐徐放入钻孔内，直至测头的承压膜到达设计的测点高程。向孔内注入约 40cm 高度中粗砂，将套管逐段上提，向孔内注入高崩解性黏土或膨润土泥球封孔，并用测绳不断测量孔内泥球表面深度，确保泥球表面始终在套管底部以下，以免套管上提时带动仪器或电缆。当泥球封孔至第二支仪器埋设高程以下 50cm 时，按上述方法埋设第二支仪器，依次直至孔顶，如图 11-3 所示。将孔压计放入钻孔口时，要始终保持其处于水中，不能进入空气；埋设过程中应防止泥浆进入孔压计透水石内。

（2）在一个钻孔中埋设一只孔隙水压力计

在一个钻孔内埋设多支孔隙水压力计时，由于各支孔隙水压力计的电缆均需从孔内竖向引出，电缆之间可能交叉，形成渗透通道，且泥球有时难以避免架空、泥球崩解后不能与土体完全结合等，使得钻孔不一定能封住，同一孔内各测点的水流可能会贯穿。因此，出现在每一钻孔内仅埋设一只孔隙水压力计的方法。

此法在测点地表位置的 1m 范围内，分别钻孔至不同的深度，孔径只需比孔隙水压力计测头直径大 20～30mm，仪器的埋设、封孔等与一孔埋设多个孔隙水压力计时相同。若土体为软黏土，钻孔至测点高程以上 2～3m 时，可用钻杆通过测头尾部的专用接管将孔隙水压力计测头从孔底直接压入土体内预定高程，如图 11-4 所示。压入部分的钻杆拔出后，因孔径很小，能在软黏土侧压力作用下很快自行封闭，确保孔隙水压力计能测得测点处的真实压力。

4. 观测方法

用钢弦频率测定仪观测。

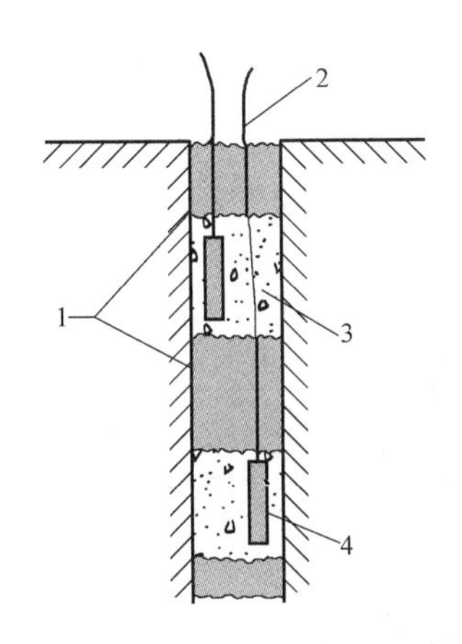

图 11-3　钻孔法埋设示意图

1—膨润土泥球；2—导线；3—黄沙；4—传感器

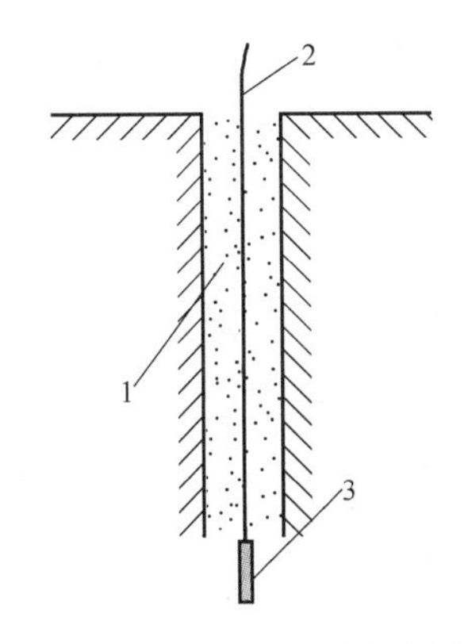

图 11-4　压入法埋设示意图

1—回填物；2—导线；3—传感器

初值测定。在仪器埋设前测定，不测温度的孔隙水压力计取温度为 20℃时的频率测值为初值。兼测温度的钢弦式孔隙水压力计，初值为仪器埋设前频率与温度的稳定值。

观测频率。加载初期每天 1 次，中后期 2～4d 观测 1 次。

观测精度。钢弦式孔隙水压力计的灵敏度约为 0.1%F·S，观测精度约为±0.25%F·S，F·S 为满刻度或量程。

5. 计算方法

孔隙水压力的计算公式为：

$$p_i = k(f_0^2 - f_i^2) \tag{11-4}$$

式中　p_i——孔隙水压力；

k——仪器灵敏度系数；

f_0、f_i——仪器初始及第 i 时刻实测频率。

6. 资料整理与分析

检验全部观测数据的可靠性，计算实测超静孔隙水压力。

绘制各测点的孔隙水压力过程线及相应的荷载过程线，绘制孔隙水压力等值线图，绘制各测点孔隙水压力消散速率变化过程线。

计算孔压系数：

$$B = \frac{u}{p} \tag{11-5}$$

式中　B——孔压系数；

u——孔隙水压力；

p——测点以上垂直荷载。

稳定与安全分析。分析施工期所加荷载与产生的超静孔隙水压力的关系，用孔压系数控制加荷速度。加载间隙时间控制，一般应满足超孔隙水压力消散率达到 70%以上。在地基、路堤等构筑物运行期，根据孔隙水压力消散程度，结合沉降观测资料，计算地基固结度和工后沉降量。

第五节　真空度和地下水位

一、真空度

真空度测量分为四种，分别是真空设备孔口真空度、膜下真空度、排水板内真空度和土体真空度。真空设备孔口真空度的观测是直接将真空表安装在抽真空设备的孔口处；膜下真空度测量采用真空管连接真空表的方法；排水板内真空度可用真空管连接真空表，也可用经负压标定的孔隙水压力计观测；土体内真空度测量一般采用真空管连接真空表的方法。

1. 膜下真空度的埋设和观测

（1）监测点布置。膜下真空度观测点，要求均匀布置。一套设备可抽真空面积1000～1500m^2，设1～3个观测点。

（2）仪器设备。真空度观测可选用MCY型压阻真空测量仪和YZ、YZG压阻规管（真空度计）传感器，测量范围0.1～300kPa，同时可兼作压力传感器使用。

（3）观测点埋设。安装时可采用插杆绑扎传感器，固定于膜下地表层上，传感器可垂直或水平安放。观测导线可从膜上穿出或埋于膜下土体中引出。

（4）观测方法。在抽真空前，及时量测膜下与膜上真空度，以此观测值作为初始值。抽真空期，将传感器导线与读数仪连接开机读值。膜下真空度刚抽真空时须经常观测，每2～4h观测1次，达到稳定后1～2d观测1次。

2. 塑料排水板内真空度的埋设和观测

可用微型孔隙水压力计来量测排水板内真空度，埋设和观测要点如下：

（1）准备孔隙水压力计。根据工程需要和设计图，选定经过负压标定过的微型孔隙水压力计，且量程符合要求。

（2）改装插板机靴头。需对出口较窄的排水板打设机具的靴头，按图11-5进行改装。

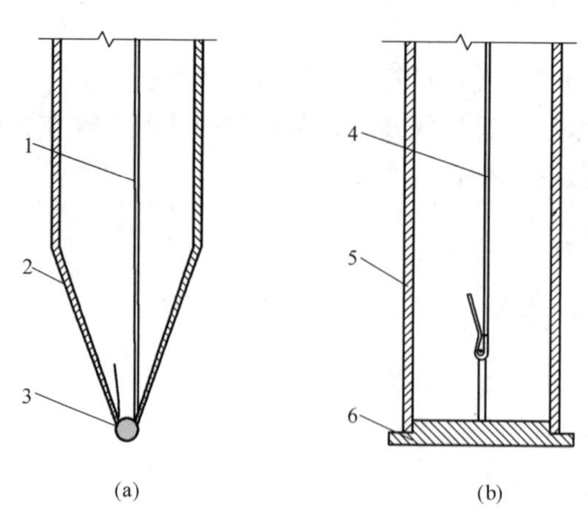

图11-5　插板靴头改装示意图

（a）改装前的靴头；（b）改装后的靴头

1—塑料排水板；2—管靴壁；3—可重复使用的铁鞘；4—塑料排水板；5—管靴壁；6—一次性铁鞘

（3）安装排水板内孔隙水压力计。预先在排水板体内的确定位置上固定好相应量程的孔隙水压力计。测头位置的排水板采用两层滤膜包裹，以减小埋设过程中打设机具振动对仪器的影响。将测量导线沿排水板的边缘布置，用铁丝固定在板芯上，以减小导线对排水板排水效果的影响。

（4）埋设。插板机移至埋设位置，从打设机具的上部将带有孔隙测头的排水板引入打设套管内。计算好打设的底高程，将排水板固定在一次性铁鞘上，下端固定好。当排水板打至指定深度后，拔出打设机具的套管，切断排水板，整理好孔隙压力计导线。

（5）填写埋设考证表。

（6）观测方法同孔隙水压力计。

二、地下水位

1. 观测点布置

为掌握预压区内地下水位升降情况，宜在场区中心、中间和边界处布置地下水位观测点。预压区外，可根据需要选择性布置。观测孔深度一般宜大于处理深度 1m 以下。

2. 埋设方法

参见基坑章节中内容。

3. 观测方法

初始值观测。埋设三个晴天后，可观测初始值，取连续三次观测值的均值为初始值。

将钢尺水位计测头缓慢放入水位孔内，待蜂鸣器响时，读取孔口的钢尺数。将本次测值与初始值相减，即得水位变化值。

第六节　监测频率和安全控制值

一、监测频率

监测频率要根据加载方式、场地土质和既往经验拟定，前面章节已有介绍。这里对路基填筑工程的不同施工阶段，给出监测频率汇总表，见表 11-2，可供参考。

监测频率参考表　　**表 11-2**

阶段／观测项目	路基处治前期	填筑前期	填筑期	满载期	卸载期	路面施工期	运行初期
地表沉降	1 次/5d	1 次/5d	2 次/层	1 次/5d	1 次/10d	1 次/10d	1 次/15d
路基分层沉降	1 次/5d	1 次/5d	2 次/层	1 次/5d	1 次/10d	1 次/10d	1 次/15d
地面水平位移	1 次/5d	1 次/5d	2 次/层	1 次/5d	1 次/10d	1 次/10d	1 次/15d
路基土体水平位移	1 次/5d	1 次/5d	2 次/层	1 次/5d	1 次/10d	1 次/10d	1 次/15d
路基孔隙水压力	1 次/3d	1 次/3d	2 次/层	1 次/5d	1 次/7d	1 次/7d	1 次/15d
真空度（如有）	/	1 次/d	1 次/2d	1 次/2d	1 次/d	/	/
地下水位	与孔隙水压力同步						

对于采用真空联合堆载预压处理的路基可将填筑期细分为填筑前期和填筑期，在这两个不同的施工期内采用不同的监测频率。由于抽真空的作用，在填筑前期的填筑速度可适当加快，监测频率可按每 3～5d 观测一次。出现失稳或破坏趋势时，应加密观测。

二、安全控制值

1. 堆载预压法

根据《建筑地基处理技术规范》JGJ 79—2012，堆载预压加载速率应满足下列要求：

（1）竖井地基最大竖向变形量不应超过 15mm/d；

（2）天然地基最大竖向变形量不应超过 10mm/d；

（3）堆载预压边缘处水平位移不应超过 5mm/d；

（4）根据上述观测资料综合分析、判断地基的承载力和稳定性。

2. 真空和堆载联合预压

根据《建筑地基处理技术规范》JGJ 79—2012，应满足下列要求：

（1）地基向加固区外的侧移速率不应大于 5mm/d；

（2）地基竖向变形速率不应大于 10mm/d；

（3）根据上述观察资料综合分析、判断地基的稳定性。

娄炎（2013）从工程实践中研究认为，与单独堆载预压情况相比，真空和堆载联合预压因为有真空的作用，起初堆载量和速率都可以大一些，一般第一级总荷载控制在 50～60kPa 以内比较合适，当总的超静孔隙水压力处于正的状态时，只要小于 0.67 倍堆载荷载，地基一般就处于稳定状态。

3. 真空预压法

根据上海市《地基处理技术规范》DG/TJ08—40—2010，真空度可一次抽真空至最大。

膜下真空度应稳定保持在 650mmHg（相当于 80kPa 以上的等效压力）以上，且预压时间不应低于 90d。当连续 5d 实测沉降速率不大于 2mm/d，或取得数据满足工程要求时，可停止抽真空。

11. 软土地基堆土预压安全监测

第七节　工程案例分析

——大型油罐深厚软土地基堆土预压加固安全监测（何开胜等，2000）

一、工程简介

在深厚软土地基处理中，堆土预压法因价格低、效果好而被广泛采用，本案例介绍了大型油罐下深厚倾斜软土进行堆土预压加固的安全监测。工程需在长江河漫滩上建造 5 万 m^3 大型浮顶式油罐，软土层埋深 12～30m，其中淤泥质黏土厚 8～26m，采用 13～30m 深的塑料排水板进行堆土预压处理。经过 302～617d 施工和缓停，最终达到了设计的 18m 填土高度，再恒压维持 120～150d 后卸载。卸载后一边建罐一边充水复压，最终充水高度 17m。通过在地基中埋设深层沉降管、测斜管、孔隙水压力计和地表沉降标，对 6 座 5 万方油罐地基堆载预压加固过程进行了监测。结果表明：预压后地基沉降量高达 3.08m、固结度 93%，满足兴建大型油罐的沉降、不均匀沉降和承载力要求。

二、地质条件和预压方案

某炼油厂油罐区位于长江南岸边、栖霞山北脚下，属长江下游低河漫滩。罐区上部土层为淤泥质粉质黏土，$w=44\%$，$e=1.25$，$E_s=2.9$MPa，$q_u=50$kPa，强度低、排水差、厚度变化大。底部基岩埋深由南往北逐步加深，呈南向北倾斜。地质剖面图如图 11-6

所示。

已建成的西侧罐区有 9 个 2～5 万方油罐，其中 911 号油罐充水至 15m 时已发生了严重的倾斜，不得不斥巨资进行加固和纠偏。

当前，拟在已建罐区东部兴建 6 座 5 万方油罐，罐径 60m，高 19.35m，两罐边缘相距 22m，北侧罐壁距长江岸坡 48m。考虑该区软土层既厚又斜，地质条件比发生事故的 911 号罐差得多，经多方案比较，确定采用超深排水板堆土预压。预压时以南北二罐为 1 组，分 3 批推土卸土，循环实施。

要求预压后地基固结度达到 90%，并使用超载预压。油罐设计荷载为 250kPa，计划堆土荷载为 300kPa，分层堆土，每层厚度 30cm。

三、监测仪器布置

根据工程位置和软硬土层分布情况，布置了表面沉降板、沉层沉降管、测斜管、孔压计、土压力盒等原位监测仪器。图 11-6 为 918 号和 919 号罐预压区的地质剖面和监测仪器布置。

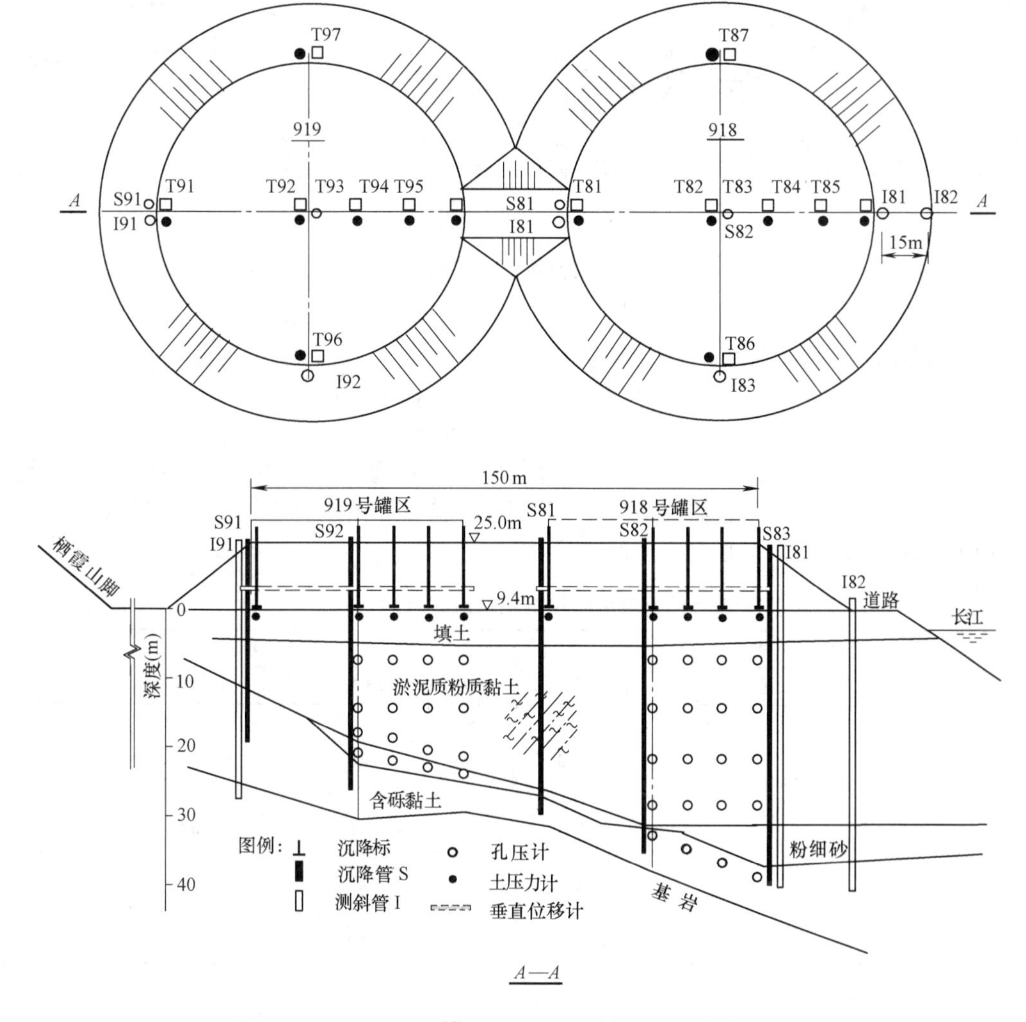

图 11-6 918、919 号罐预压区的地质剖面和监测仪器布置

四、堆土预压观测和分析

由于918号和919号罐是在914～917号罐预压后才决定加建的，而914～919号罐北半部原为水塘，早期清理914～917号罐区场地时，将该区域的泥塘淤泥全部清运至918号整个罐区和919号罐北半部，致使该区域含有新堆积的大量泥塘淤泥。919号罐南半部为芦苇地及稻田。因此，918、919号罐区是三个预压组中最危险区域，故以下的预压分析均以此组为代表进行，并适当与其他罐区比较。

1. 原地表沉降和地基固结度

两罐区共有14只沉降标，各点堆土荷载和实测沉降与时间过程线如图11-7所示。卸土前，918号罐区最大沉降发生在北半罐，为3077mm，最小在罐西缘，为2004mm。919号罐区最大沉降发生在罐北缘，为2432mm，最小在罐南缘，为757mm。

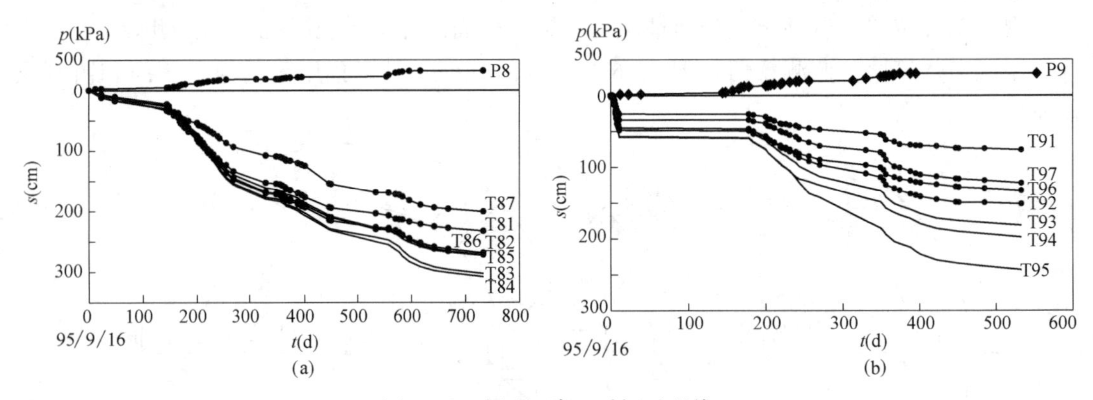

图11-7 实测沉降～时间过程线

(a) 918号罐区；(b) 919号罐区

根据实测沉降-时间曲线，采用指数曲线配合法：

$$S_{\infty}=\frac{S_3(S_2-S_1)-S_2(S_3-S_2)}{(S_2-S_1)-(S_3-S_2)} \tag{11-6}$$

式中：S_1、S_2、S_3分别为S-t曲线上荷载停止后任意三个时间t_1、t_2和t_3的沉降值，但须使$t_3-t_2=t_2-t_1$。求地基的最终沉降，见表11-3。预压结束时，918号和919号罐区平均固结度分别达93%和94%。

卸土前地表沉降及推算的最终沉降（mm） **表11-3**

918号罐区				919号罐区			
标号	卸土前沉降	最终沉降 S_{∞}	固结度(%)	标号	卸土前沉降	最终沉降 S_{∞}	固结度(%)
T81	2325	2511	92.6	T91	757	798	94.9
T82	2714	2909	93.3	T92	1514	1614	93.8
T83	3024	3245	93.2	T93	1814	1938	93.6
T84	3077	3312	92.9	T94	1978	2120	93.3
T85	2727	2920	93.4	T95	2432	2604	93.4
T86	2684	2886	93.0	T96	1326	1423	93.2
T87	2004	2162	92.7	T97	1221	1303	93.7

图11-8为两罐区南北向轴线各测点的地表沉降过程线。可见，各测点差异沉降相当大，卸载前，918号和919号罐直径两端的沉降差分别为40.2cm和167.5cm，倾斜率高

达 6.7‰和 27.9‰，大大超过规范允许的 4‰。因此，在这种复杂软土地基上兴建大型油罐时，如果地基处理设计方案或施工质量稍有不当，极易出现工程事故，911 号罐就是一个明显的例子。

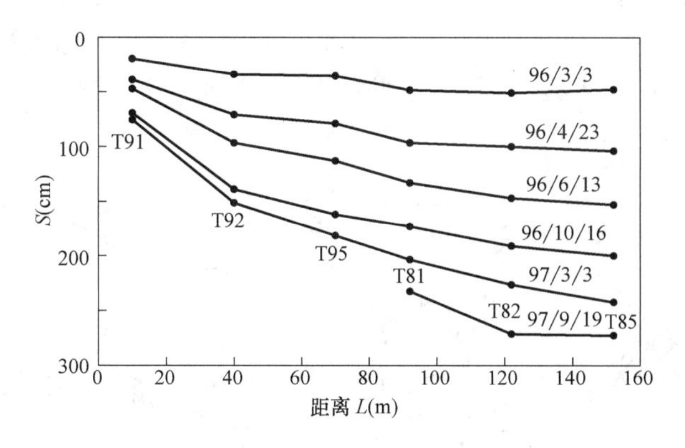

图 11-8　918 号和 919 号罐区南北轴线沉降

2. 分层沉降和侧向水平位移

图 11-9 为 918 号罐区中心的分层沉降过程线。可见，淤泥质黏土层的沉降占整个地表沉降中的 90%左右，压缩率为 8%～9%，是影响土体变形的主要土层。919 号罐区下卧层埋藏浅、沉降小。918 号罐区因软土层深达 30m，沉降量很大，并导致填土后期沉降管底部测环因地基变形过大而失效。但从已观测的分层沉降仍可看出，大直径油罐的附加荷载传递深度已超过罐体半径，设计时必须考虑罐体半径以下土层对油罐可能造成的不均匀沉降，特别是该处土层强度不高时。

图 11-9 中分层沉降管处的排水板和淤泥质黏土埋深均达 30m，沉降一直延续至排水板底部。对任一时刻，淤泥质黏土中分层沉降线的斜率基本相同，反映了该层土不同深度处的压缩率相近，即排水板在土层的上中下均起到了近乎等效的排水作用，其有效排水深度可达 30m。

图 11-10 为 918 号罐区临江侧堆土坡脚处深层土侧向水平位移。卸土前，距 918 号罐

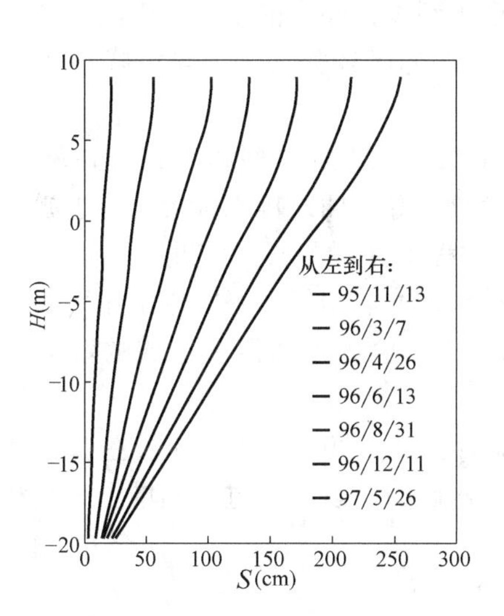

图 11-9　918 号罐区中心的沉降过程线

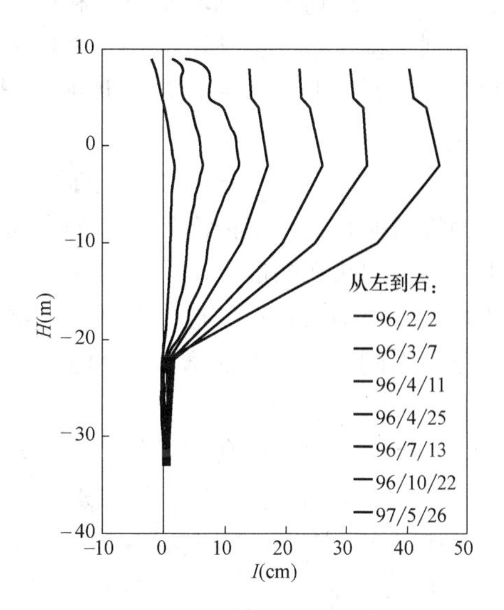

图 11-10　918 号罐边深层土水平位移

北壁外 15m 处的 I82 位移达 45.3cm，出现在高程−2.0m 处。919 号罐东缘 I92 最大水平位移达 22.0cm，出现在标高+2.5m 处。

整个填土过程中的侧向水平位移速率在 0.5～2.0mm/d，处于稳定范围内。但 1996 年 3 月 3 日因填土过快，I82 和 I92 侧向水平位移速率突然增大到 3～4mm/d，接近 4mm/d安全警戒值，同时伴随已超标的沉降速率和快速上升的孔压，故确定停止堆土。8d 后，侧向水平位移速率分别降至 1.7～2.7mm/d，恢复填土。

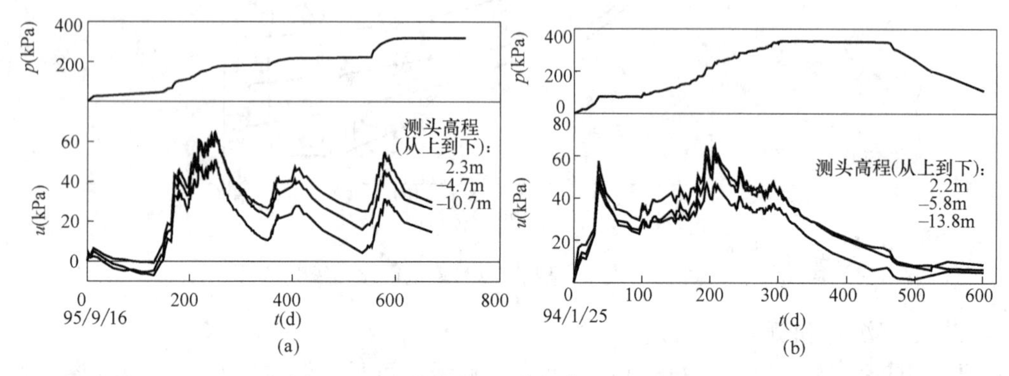

图 11-11　不同预压组的超静孔压比较

(a) 918 号和 919 号预压组（原地表含泥塘淤泥）；(b) 914 号和 915 号预压组（原地表泥塘淤泥已清除）

3. 孔隙水压力

两罐区堆土厚达 18m，不同预压组的超静孔压过程线如图 11-11 所示，其中图 11-11 (a) 为 918 号罐中心淤泥质黏土中超静孔隙水压力。综观 918 号和 919 号预压组的超静孔隙水压力，有如下特征：

(1) 每堆土一层，两罐区超静孔隙水压力值都有迅速上升，而消散却很慢，918 号罐区超静孔隙水压力值最大为 66kPa，919 号罐区则为 54kPa。两罐区在堆土 4.5m（918 号罐）和 6.2m（919 号罐）时，出现孔压骤升，同时发生沉降速率和水平位移速率迅速增大的现象，以后通过控制堆土速度和停土时间，使孔压保持在一个平缓的上升和下降通道中，达到平衡状态，保证了地基安全稳定，直至堆土到顶。卸土前，软土中的孔隙水压力已很小，多在 10kPa 左右，说明地基固结沉降绝大部分已经完成，这与沉降观测结果也是吻合的。

(2) 本罐区每个预压组的堆土面积达 120mm×200m，属大面积堆荷。在堆土中心区，因堆载而在各土层内产生的超静孔压可认为大致相等。插入排水板后，处于淤泥质黏土中的三层测头在高度上两两相距 7m，每级加荷过程中深层测头的实测孔压增量、消散走势均与上层测头相近。这表明在不同深度处的排水板均取到了很好的排水作用，其过水断面不会因侧向土压力的增大而明显减小，通水量也不会因土体沉降造成的弯折而显著降低。

(3) 堆土期地基内孔压系数 B，在开始堆土后不久的 1996 年 3 月 3 日左右达到最大值 1.0～1.15（918 号罐区）和 0.52～0.58（919 号罐区），以后通过控制堆土速度和停土时间，B 值逐渐减小，卸土前 B 值均在 0.5 以下。

4. 加荷速率、变形速率、孔压增量与地基安全分析

918 号和 919 号罐区堆土初期，基本为零星填土，速度较慢。从 1996 年 2 月 7 日开

始，正式按 30cm/层填土，随之沉降速率也逐步增加，达到 10mm/d 左右。

到 1996 年 3 月 3 日，2d 时间堆土厚达 0.9～1.1m，加荷速率达到 5～6.5kPa/d，两罐区沉降值由原来的 10mm/d，骤升至 20～28mm/d。同时，4 个断面处于淤泥质黏土中的三层孔压计的超静孔压值也都有 30～40kPa 的突升，罐壁外 I81、I82 和 I92 水平位移也突然由 1～1.5mm/d 升至 3～4mm/d，说明此时地基已产生了较大的塑性剪切变形，即发生局部剪切破坏。因此，暂停堆土，8 天后沉降速率降至 10～12mm/d，水平位移速率降至 1.7～2.7mm/d 以下。这说明地基的局部剪切破坏被及时发现和抑制，避免了事态的进一步发展及事故的发生。当停止几天后，软土地基在堆载和排水板作用下，迅速固结，强度提高，从而可以继续加载。

在经历了上面的安全险情后，对后续填土速度严格执行以下控制标准：每层不超过 30cm，每堆土 1～2 层，停土 3d，观测后若地基稳定再堆下一层。这样，以后堆土荷重的增加基本与地基固结强度的增长相适应，再未发生沉降和水平位移速率超标以及孔压骤升的情况。图 11-12 为 918 号罐区堆土过程中的加荷荷载及对应的沉降速率。

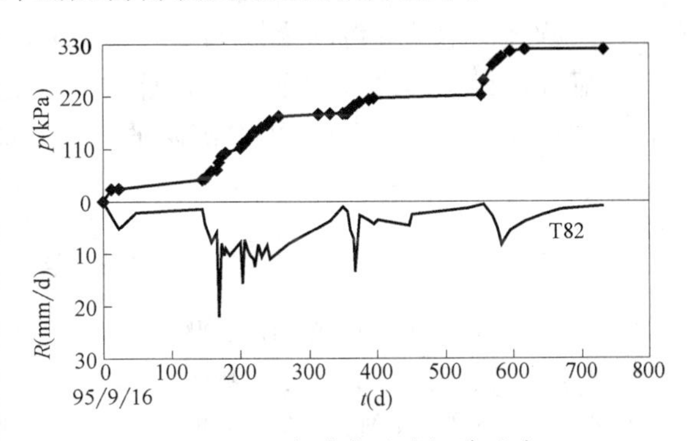

图 11-12　加荷期地表沉降速率

以下是 914～915 号和 916～917 号两个预压组孔压比较，这两者由于地表淤泥夹层的有无而呈现截然不同的性态。918～919 号预压组由于原低洼泥塘中回填有大量 914～917 号罐区地基中挖出的泥塘淤泥，对排水板的排水效果有相当大的影响。914～917 号预压组原来使用的 3d 堆土一层（30cm/层），连续不间歇堆土至顶也未出现地基失稳征兆。超静孔压值在达到 60～70kPa 的最大值后，趋于稳定，并随荷载的增加而略有下降，如图 11-11（a）所示。而在 918～919 号预压组中，采用上述堆土方案，在堆土至 1/3 总高度时，就使地基接近破坏边缘，不得不改为每堆土 1～2 层、停土 3d。从图 11-11（a）实测的孔压过程线清晰看出，每堆土一层，淤泥质黏土中各测头的孔压迅速上升，停土 3d 后，孔压有所下降，如此反复。所以，只有采用边堆土边停土的办法堆土到顶。

五、堆土预压效果评价

1. 预压前后取土试验

914 号和 915 号罐区卸土后，在现场钻取原状土样，进行了室内试验。加固前后土性指标比较见表 11-4。

淤泥质黏土加固前后土性指标变化　　**表 11-4**

取土时间	深度(m)	W(%)	γ(kN/m³)	e	$a_{1\text{-}2}$(MPa⁻¹)	E_s(MPa)	q_u(kPa)
加固前	(平均值)	44.0	17.5	1.25	0.769	2.90	50.4
加固后	13.2	38.9	18.2	1.07	0.340	6.08	150.0
	15.6	37.3	18.5	1.02	0.240	8.41	186.0

可见，堆土预压后淤泥质黏土各项指标均显著改善，容重、压缩模量和无侧限抗压强

度明显增大，含水量、孔隙比显著减小。

预压前天然地基抗剪强度为 $\tau_{f0}=26.4$kPa，预压后淤泥质黏土地基的抗剪强度由式(11-7)

$$\tau_f=\eta(\tau_{f0}+\Delta\tau_{fc}) \tag{11-7}$$

得 $\tau_f=85.7$kPa，是天然强度 τ_{f0} 的 3.2 倍。

2. 充水复压检验

914～917 号罐区卸土后，边建罐边充水复压，最终充水 17.2m，恒压 15d 左右放水。

充水期地基的孔隙水压力变化值仅上部测头有 2～5kPa 的微弱变化，且随升随散。这也说明厚达 28m 的淤泥质黏土地基，堆土预压后已固结完毕，相对于充水荷载来说，地基已属超固结。

环梁上的 16 个沉降观测点中，914 号～917 号罐最大和最小沉降分别为 71mm 和 43mm，平均为 62mm。充水复压沉降只相当于卸土回弹值的 1/2～2/3，而充水荷载也只有卸土荷载的 2/3，所以充水引起的沉降值只是卸土回弹值的再压缩，并未引起地基土的新变形。罐径两端差异沉降为 0.17‰～0.23‰，远低于规范要求 4‰。

建罐前埋设在罐底板的垂直位移计显示，充水期油罐底板变形罐壁处最大，罐中较小，罐中值仅 1～2cm，不足罐壁沉降的 1/3。原因是罐壁环梁刚度较大，产生了较大应力集中。

思 考 题

1. 软土地基预压加固监测的目的有哪些？

2. 软土预压加固法的监测内容有哪些？

3. 根据《建筑地基处理技术规范》JGJ 79—2012，堆载预压法的加载速率是通过哪些监测指标控制的？其控制值各为多少？

4. 堆载预压法的地表变形监测有哪些内容？分别使用什么仪器？

5. 简述测斜管的埋设方法和注意事项。

6. 孔隙水压力计的透水石在埋设前为什么要在清水中煮沸 2h？什么是孔压系数？有何用途？

第十二章　基坑工程监测

第一节　概　　述

随着经济的发展和城市化步伐的加快，大型地下空间的改造开发已成为一种必然，如高层建筑地下室、地铁及车站、地下停车库、地下商场、地下仓库、地下民防工事以及多种地下民用和工业设施等。地下空间开发规模越来越大，基坑开挖面积可达5～10万m^2；基坑深度越来越深，深度16～25m已很常见，更大的挖深可达30～40m。这些深大基坑通常都位于密集城市中心，基坑周围密布着各种地下管线、建筑物、交通干道、地铁隧道等，施工场地紧张、工期紧、地质条件复杂、周边设施保护要求高。这些均导致基坑工程的设计和施工难度越来越大，重大恶性基坑事故不断发生，工程建设的安全生产形势越来越严峻。

高层建筑物和城市地下空间开发利用的发展促进了基坑设计和施工的进步。基坑在早期一直是作为一种地下工程施工措施而存在，它是施工单位为了便于地下工程敞开开挖施工而采用的临时性的施工措施。随着基坑深度和面积的不断增大，基坑围护结构的设计越来越复杂，远远超越了作为施工辅助措施的范畴，也超出施工单位的技术能力。因此，研究和设计单位的介入，解决了基坑工程的理论计算和设计问题，并逐步形成了一门独立的学科分支，基坑工程。

12. 基坑工程及其监测

一、基坑工程特点和监测必要性

1. 基坑工程的特点

（1）安全储备小、风险大

一般情况下，基坑工程作为临时性措施，基坑围护体系在设计计算时有些荷载，如地震荷载不加考虑，相对于永久性结构而言，在强度、变形、防渗、耐久性等方面的要求较低一些，安全储备要求可小一些，加上建设方对基坑工程认识上的偏差，为降低工程费用提出一些不合理要求，实际的安全储备可能会更小一些。因此，基坑工程具有较大的风险性。

（2）制约因素多

基坑工程与自然条件的关系较为密切，设计施工中必须全面考虑气象、地质条件及其在施工中的变化，充分了解工程所处的地质、周围环境与基坑开挖的关系及相互影响。基坑工程受到地质条件的影响很大，区域性强。我国幅员辽阔，地质条件变化很大，有软土、砂性土、砾石土、黄土、膨胀土、红土、风化土、岩石等，不同地层中的基坑工程所采用的围护结构体系差异很大，即使是在同一个城市，不同的区域也有差异。因此，基坑围护结构的设计施工要根据具体的地质条件因地制宜，不同地区的经验可以参考借鉴，但不可照搬照抄。

基坑工程围护结构体系除受地质条件制约以外，还要受到相邻的建筑物、地下构筑物和地下管线等的影响，周边环境的容许变形量、重要性等也会成为基坑工程设计和施工的制约因素，甚至成为基坑工程成败的关键。基坑支护开挖所提供的空间是为主体结构的地下室施工所用，基坑设计在满足基坑安全及周围环境保护的前提下，要合理地满足施工的易操作性和工期要求。

（3）计算理论不完善

基坑工程作为地下工程，所处的地质条件复杂，影响因素众多，很多设计计算理论，如岩土压力、岩土的本构关系等，还不完善，还是一门发展中的学科。

基坑围护结构上的土压力不仅与位移等大小、方向有关，还与时间有关。目前，土压力理论还很不完善，实际设计计算中往往采用经验取值，或者按照朗肯土压力理论或库仑土压力理论计算，然后再根据经验进行修正。在考虑地下水对土压力的影响时，是采用水土压力合算还是分算更符合实际情况，在学术界和工程界认识还不一致，各地制定的技术规程或规范中的规定也不尽相同。

基坑工程具有明显的时空效应。基坑的深度和平面形状对基坑围护体系的稳定性和变形有较大的影响，土体所具有的流变性对作用于围护结构上的土压力、土坡的稳定性和围护结构变形等有很大的影响。这种规律现仅有初步认识和利用。

岩土的本构模型目前已多得数以百计，但真正能获得实际应用的模型寥寥无几，即使是获得了实际应用，但和实际情况还是有较大的差距。

（4）知识经验要求高

基坑工程的设计和施工不仅需要岩土工程方面的知识，也需要结构工程方面的知识。同时，基坑工程中设计和施工是密不可分的，设计计算的工况必须和施工实际的工况一致才能确保设计的可靠性。所有设计人员必须了解施工，施工人员必须了解设计。设计计算理论的不完善和施工中的不确定因素会增加基坑工程失效的风险，所以，需要设计施工人员具有丰富的现场实践经验。

（5）环境效应要考虑

基坑开挖必将引起基坑周围地基中地下水位的变化和应力场的改变，导致周围地基中土体的变形，对临近基坑的建筑物、地下构筑物和地下管线等产生影响，影响严重的将危及相邻建筑物、地下构筑物和地下管线的安全和正常使用，必须引起足够的重视。另外，基坑工程施工产生的噪声、粉尘、废弃的泥浆、渣土等也会对周围环境产生影响，大量的土方运输也会对交通产生影响，因此，必须考虑基坑工程的环境效应。

2. 基坑监测的必要性

实践表明，基坑的稳定性、支护结构的内力和变形以及周围地层的位移对周围建筑物和地下管线等的影响及保护的计算分析，目前尚不能准确地得出比较符合实际情况的结果，但是，有关地基的稳定及变形的理论，对解决这类实际工程问题仍然有非常重要的指导意义。因此，目前在工程实践中采用理论导向、量测定量和经验判断三者相结合的方法。

基坑设计计算理论的不完善，导致了工程中许多不确定性，因此要和监测、监控和应急措施相配合，才能更好地完成基坑工程。

二、监测实施程序和要求

按照《建筑基坑工程监测技术规范》GB 50497—2009，开挖深度超过 5m 或开挖深度未超过5m但现场地质情况和周围环境较复杂的基坑工程均应实施基坑工程监测。

设计方根据工程现场及基坑设计的具体情况，提出基坑工程监测的技术要求，主要包括监测项目、测点位置、监测频率和监测报警值等。

建设方在基坑施工前，委托具备相应资质的第三方对基坑工程实施现场监测，并提供下列资料：

（1）岩土工程勘察成果文件；

（2）基坑工程设计说明书及图纸；

（3）基坑工程影响范围内的道路、地下管线、地下设施及周边建筑物的有关资料。

监测方在编写监测方案前，要根据本工程监测要求，进行现场踏勘，搜集、分析和利用已有资料，在基坑工程施工前制定合理的监测方案，并经建设、设计等单位认可。

监测方案应包括工程概况、监测依据、监测目的、监测项目、测点布置、监测方法及精度、监测人员及主要仪器设备、监测频率、监测报警值、异常情况下的监测措施、监测数据的记录制度和处理方法、工序管理及信息反馈制度等。

监测单位要严格实施监测方案，及时分析处理监测数据，将监测结果和评价及时向委托方及相关单位反馈。当监测数据达到监测报警值时必须立即通报委托方及相关单位。

第二节　监测项目

基坑工程的现场监测应采用仪器监测与巡视检查相结合的方法。

一、仪器监测项目

按照《建筑地基基础工程施工质量验收规范》GB 50202—2002，基坑类别划分如下。

一级基坑（符合其一即是）：重要工程或支护结构做主体结构的一部分；开挖深度大于10m；与邻近建筑物、重要设施的距离在开挖深度以内的基坑；基坑范围内有历史文物、近代优秀建筑、重要管线等需严加保护的基坑。

三级基坑：开挖深度小于7m，且周围环境无特别要求时的基坑。

二级基坑：除一级和三级外的基坑。

根据国家标准《建筑基坑工程监测技术规范》GB 50497—2009基坑监测项目按表12-1选择。

建筑基坑工程仪器监测项目表　　**表12-1**

基坑类别 监测项目	一级	二级	三级
（坡）顶水平位移	√	√	√
墙（坡）顶竖向位移	√	√	√
围护墙深层水平位移	√	√	○
土体深层水平位移	√	√	○
墙（桩）体内力	○	∅	∅
支撑内力	√	○	∅
立柱竖向位移	√	○	∅
锚杆、土钉拉力	√	○	∅

续表

基坑类别 监测项目		一级	二级	三级
坑底隆起	软土地区	○	∅	∅
	其他地区	∅	∅	∅
土压力		○	∅	∅
孔隙水压力		○	∅	∅
地下水位		√	√	○
土层分层竖向位移		○	∅	∅
墙后地表竖向位移		√	√	○
周围建筑物变形	竖向位移	√	√	√
	倾斜	√	○	∅
	水平位移	○	∅	∅
	裂缝	√	√	√
周围地下管线变形		√	√	√

注：√为应测；○为宜测；∅为可测。

表 12-2 为上海市工程《基坑工程技术规范》DG/TJ08—61—2010 中基坑周边环境监测的监测项目表。环境保护等级是根据环境保护对象的重要性以及距离基坑的远近确定的。

根据基坑工程环境保护等级选择周边环境监测项目表　　表 12-2

序号	施工阶段	土方开挖前			基坑开挖阶段		
	环境保护等级 监测项目	一级	二级	三级	一级	二级	三级
1	基坑外地下水位	√	√	√	√	√	√
2	孔隙水压力	○			○	○	
3	坑外土体深层侧向变形(测斜)	√	○		√	○	
4	坑外土体分层竖向位移	○			○	○	
5	地表竖向位移	√	√	○	√	√	√
6	基坑外侧地表裂缝(如有)	√	√	√	√	√	√
7	邻近建筑物水平及竖向位移	√	√	√	√	√	√
8	邻近建筑物倾斜	√	○	○	√	○	○
9	邻近建筑物裂缝(如有)	√	√	√	√	√	√
10	邻近地下管线水平及竖向位移	√	√	√	√	√	√

注：1. √为应测项目；○为选测项目（视监测工程具体情况和相关单位要求确定）；
2. 土方开挖前是指基坑围护结构施工、预降水阶段。

二、巡视检查内容

基坑工程整个施工期内，每天均应有专人进行巡视检查。巡视检查的检查方法以目测为主，可辅以锤、钎、量尺、放大镜等工器具以及摄像、摄影等设备进行。

巡视检查应对自然条件、支护结构、施工工况、周边环境、监测设施等的检查情况进行详细记录。如发现异常，应及时通知委托方及相关单位。

巡视检查主要内容有：

1. 支护结构

（1）支护结构成形质量；

（2）冠梁、支撑、围檩有无裂缝出现；

（3）支撑、立柱有无较大变形；

（4）止水帷幕有无开裂、渗漏；

（5）墙后土体有无沉陷、裂缝及滑移；

（6）基坑有无涌土、流砂、管涌。

2. 施工工况

（1）开挖后暴露的土质情况与岩土勘察报告有无差异；

（2）基坑开挖分段长度及分层厚度是否与设计要求一致，有无超长、超深开挖；

（3）场地地表水、地下水排放状况是否正常，基坑降水、回灌设施是否运转正常；

（4）基坑周围地面堆载情况，有无超堆荷载。

3. 基坑周边环境

（1）地下管道有无破损、泄露情况；

（2）周边建筑物有无裂缝出现；

（3）周边道路（地面）有无裂缝、沉陷；

（4）邻近基坑及建筑物的施工情况。

4. 监测设施

（1）基准点、测点完好状况；

（2）有无影响观测工作的障碍物；

（3）监测元件的完好及保护情况。

第三节　测点布置和监测方法

基坑工程监测点的布置应最大程度地反映监测对象的实际状态及其变化趋势，并应满足监控要求。布置应不妨碍监测对象的正常工作，并尽量减少对施工作业的不利影响。在监测对象内力和变形变化大的代表性部位及周边重点监护部位，监测点应适当加密。对监测点要加强保护，必要时设置保护装置。

监测方法的选择应根据基坑等级、精度要求、设计要求、场地条件、地区经验和方法适用性等因素综合确定，监测方法应合理易行。

每个基坑工程至少应有 3 个稳固可靠的基准点。在通视条件良好或观测项目较少的情况下，可不设工作基点，在基准点上直接测定变形监测点，否则还要选在稳定的位置设置工作基点。各监测点与水准基准点或工作基点应组成闭合环路或附合水准路线。基准点的埋设应符合国家现行标准《建筑变形测量规范》JGJ 8—2016 的有关规定。

施工期间，应确保基准点和工作基点的正常使用，定期检查工作基点的稳定性。

一、竖向位移

竖向位移监测可采用几何水准测量或液体静力水准法。

各等级几何水准法观测时的技术要求应符合表 12-3 的要求。

几何水准观测的技术要求　　表 12-3

基坑类别	使用仪器、观测方法及要求
一级基坑	DS_{05} 级别水准仪，因瓦合金标尺，按光学测微法观测，宜按国家二等水准测量的技术要求施测
二级基坑	DS_1 级别及以上水准仪，因瓦合金标尺，按光学测微法观测，宜按国家二等水准测量的技术要求施测
三级基坑	DS_3 或更高级别及以上的水准仪，宜按国家二等水准测量的技术要求施测

液体静力水准测量方法近年在监测基础沉降、建筑物地基和工艺设备变形时，得到了广泛的应用。该法的优点是能用比较简单和有效的方式实现测量的全部自动化，基本原理如图 12-1 所示。

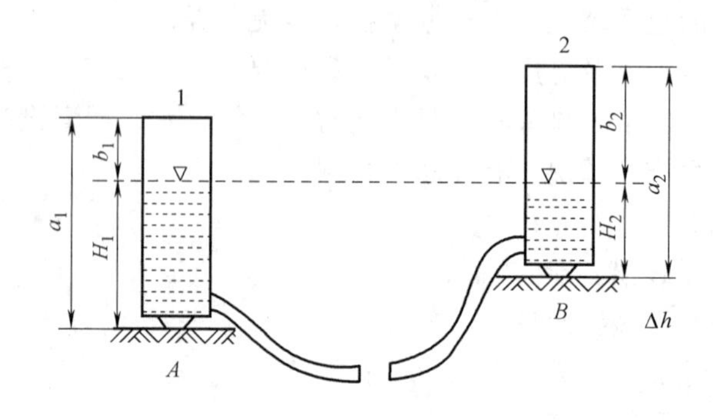

图 12-1　液体静力水准仪

1. 坑顶沉降

基坑边坡或围护墙的顶部沉降监测点，应沿基坑周边布置，基坑或围护墙的周边中部、阳角处应布置监测点。监测点间距不宜大于 20m，每边监测点数目不应少于 3 个。

监测点应设置在基坑边坡混凝土护顶或围护墙顶（冠梁）上，安装时采用铆钉枪打入铝钉，或钻孔埋深长膨胀螺丝，涂上红漆作为标记。

2. 坑底隆起

监测点宜按纵向或横向剖面布置，剖面应选择在基坑的中央、距坑底边约 1/4 坑底宽度处以及其他能反映变形特征的位置。数量不应少于 2 个。纵向或横向有多个监测剖面时，其间距宜为 20～50m。同一剖面上监测点横向间距宜为 10～20m，数量不宜少于 3 个。

坑底隆起（回弹）宜通过设置回弹标，采用几何水准并配合传递高程的辅助设备进行监测，传递高程的金属杆或钢尺等应进行温度、尺长和拉力等修正。

坑底隆起测量原理如图 12-2 所示。

回弹标埋设和保护比较困难，监测点不宜设置过多，一般监测剖面数量不应少于 2 条，同一剖面上监测点数量不应少于 3 个，基坑中部宜设监测点，依据这些监测点绘出的隆起断面图即可反映坑底变形规律。

3. 立柱竖向位移

在软土地区或对周围环境要求比较高的基坑大部分采用内支撑，支撑跨度较大时，一般都架设立柱桩。立柱的竖向位移对支撑轴力的影响很大，有工程表明立柱竖向位移 2～3cm，支撑轴力会变化约 1 倍。立柱位移引起的支撑应力增大，在支撑结构设计时一般没

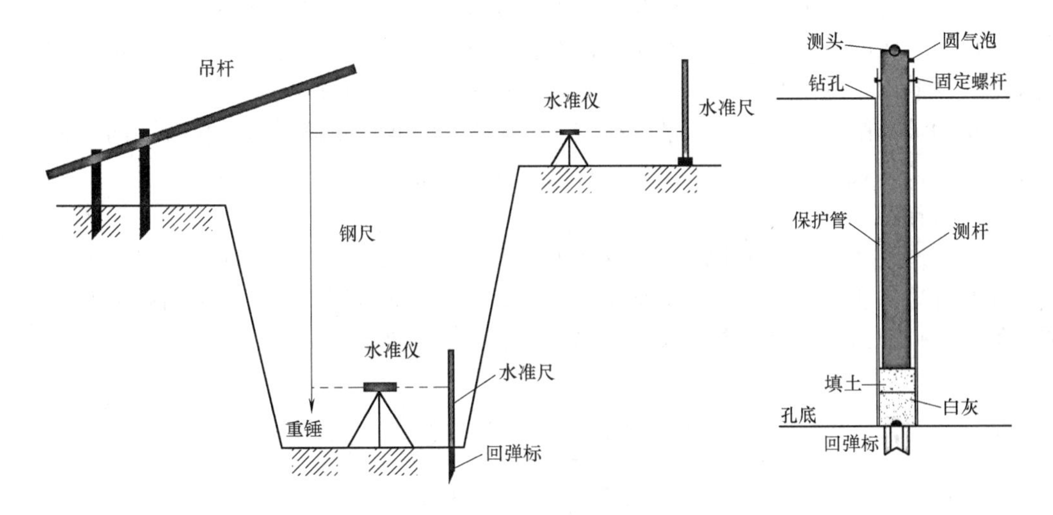

图 12-2　坑底隆起测量示意图

有考虑。因此，应加强立柱的位移监测。

监测点宜布置在基坑中部、多根支撑交汇处、施工栈桥下、地质条件复杂处的立柱上，监测点不宜少于立柱总根数的 10%，逆作法施工的基坑不宜少于 20%，且不应少于 5 根。

立柱监测示意图如图 12-3 所示。在影响立柱竖向位移的所有因素中，基坑坑底隆起与竖向荷载是最主要的两个方面。为了减少立柱竖向位移带来的危害，建议使立柱与支撑之间以及支撑与基坑围护结构之间形成刚性较大的整体，共同协调不均匀变形；同时通过降低立柱桩上部的摩阻力来减小基坑开挖对立柱桩抬升的影响。

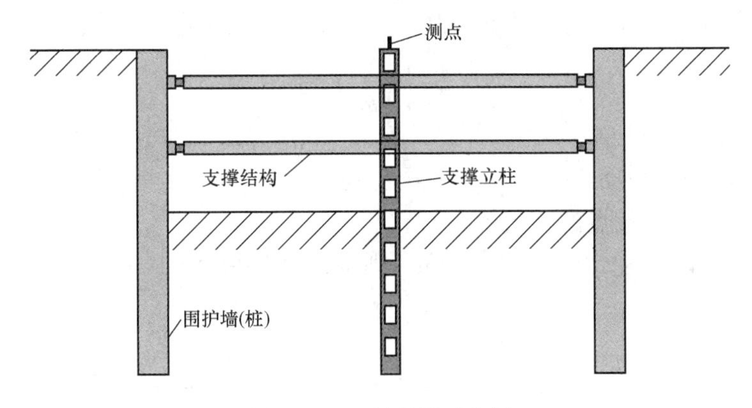

图 12-3　立柱监测示意图

二、水平位移

1. 坑顶的水平位移

墙顶（桩顶、坡顶）水平位移，测定特定方向上的位移时可采用视准线法、小角度法、投点法等；测定监测点任意方向的水平位移时可视监测点的分布情况，采用前方交会法、自由设站法、极坐标法等；当基准点距基坑较远时，可采用 GPS 测量法或三角、三边、边角测量与基准线法相结合的综合测量方法。

水平位移监测基准点应埋设在基坑开挖深度3倍范围以外不受施工影响的稳定区域，或利用已有稳定的施工控制点，不应埋设在低洼积水、湿陷、冻胀、胀缩等影响范围内；宜设置有强制对中的观测墩；采用精密的光学对中装置，对中误差不宜大于0.5mm。

基坑边坡或围护墙的顶部水平位移监测点位置，与顶部沉降监测点位置相同。为便于监测，水平位移观测点一般同时作为垂直位移的观测点。

(1) 视准线法

沿基坑边线或其延长线上的两端设置永久工作基点 A、B，此两点形成的直线为视准线。在基坑边，在视准线上按照需要设置若干测点，定期观测这排测点偏离固定方向的距离并加以比较，即可求出测点的水平位移量，如图12-4所示。

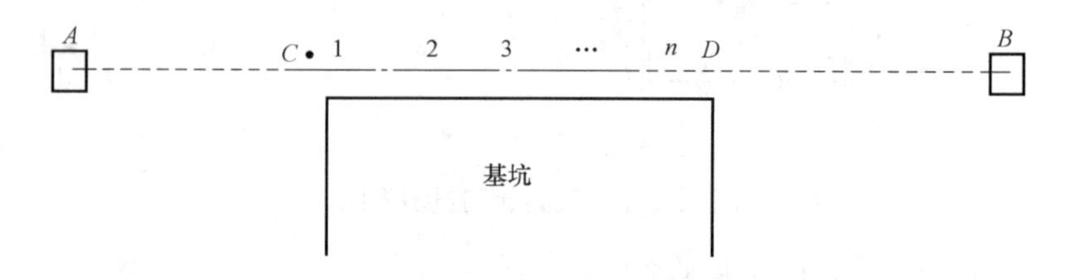

图12-4 视准线法测点布置图

(2) 小角度法

该方法适用于观测点零乱、不在同一直线上的情况。图12-5中，在离基坑4～5倍开挖深度的地面，选设测站 A，若测站至观测点 T 的距离为 S，则在不小于 $2S$ 的范围之外，选设后方点 A'。为方便，一般选用建筑物棱边或者避雷针等作为固定目标 A'，用J2经纬仪测定 β 角，并丈量测站点 A 至观测点 T 的距离。为保证 β 角初始值的正确性，要两次测定。

监测时，每次测定 β 角的变动量，按式(12-1)计算 T 的位移量：

$$\Delta T=\frac{\Delta\beta}{\rho}\cdot S \tag{12-1}$$

式中 $\Delta\beta$——β 角的变动量($''$)；

ρ——换算常数，$\rho=3600\times180/\pi=206265$；

S——测站至观测点的距离(mm)。

如果 β 角测定误差为 $\pm2''$，S 为100m，则位移值误差为 ±1mm。

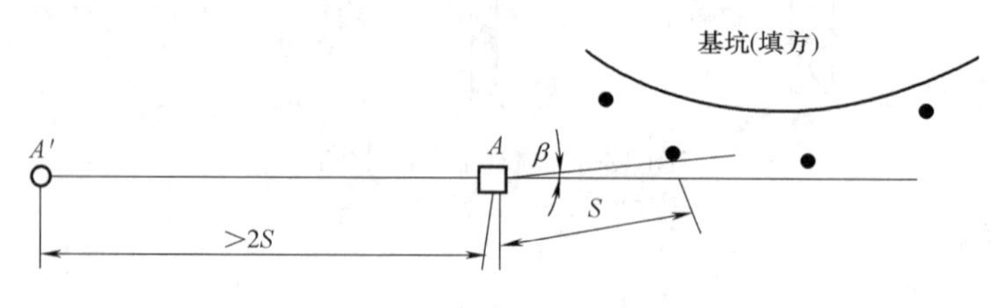

图12-5 小角度法测量示意图

2. 围护桩墙的深层水平位移

围护墙体或坑周土体的深层水平位移的监测采用在墙体或土体中预埋测斜管，通过测斜仪观测各深度处水平位移。

监测孔宜布置在基坑边坡、围护墙周边的中心处及代表性的部位，数量和间距视具体情况而定，但每边至少应设 1 个监测孔。

用测斜仪观测深层水平位移时，设置在围护墙内的测斜管深度不宜小于围护墙的入土深度。设置在土体内的测斜管应保证有足够的入土深度，保证管端嵌入到稳定的土体中，一般不宜小于基坑开挖深度的 1.5 倍，并大于围护墙入土深度。

测斜管应在基坑开挖 1 周前埋设。测斜管长度应与围护墙深度一致或不小于所监测土层的深度；当以下部管端作为位移基准点时，应保证测斜管进入稳定土层 2～3m；测斜管与钻孔之间孔隙应填充密实。

测斜管埋设方式主要有钻孔埋设和绑扎埋设两种，如图 12-6 所示。一般测围护桩墙挠曲时采用绑扎埋设和预制埋设，测土体深层位移时采用钻孔埋设。

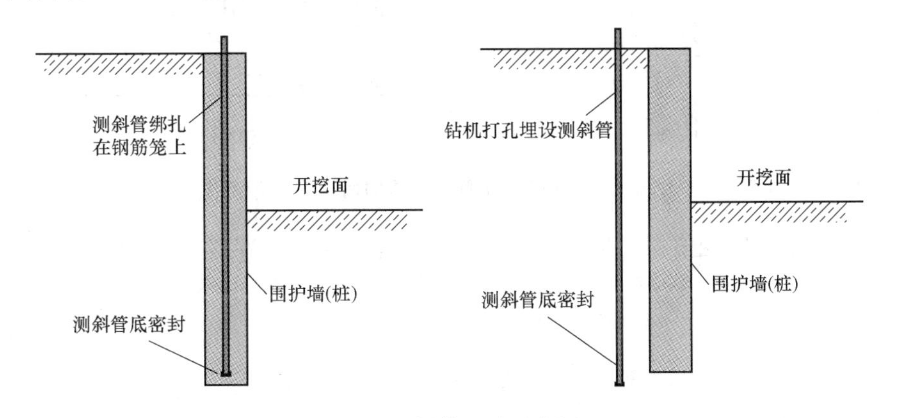

图 12-6 测斜管埋设示意图

观测时，测斜仪应放入测斜管底 5～10min，待探头接近管内温度后再量测，每个监测方向均应进行正、反两次量测。当以上部管口作为深层水平位移相对基准点时，每次监测均应测定孔口坐标的变化。

三、支护结构内力

基坑开挖过程中支护结构内力变化可通过在结构内部或表面安装应变计或应力计进行量测。应力计或应变计的量程宜为最大设计值的 1.2 倍，分辨率不宜低于 0.2%F·S，精度不宜低于 0.5%F·S。

围护墙、桩及围檩等内力宜在围护墙、桩钢筋制作时，在主筋上焊接钢筋应力计的预埋方法进行量测。

对于钢筋混凝土支撑，宜采用钢筋应力计（钢筋计）或混凝土应变计进行量测；对于钢结构支撑，宜采用轴力计进行量测。

支护结构内力监测值应考虑温度变化的影响，对钢筋混凝土支撑尚应考虑混凝土收缩、徐变以及裂缝开展的影响。围护墙、桩及围檩等的内力监测元件宜在相应工序施工时埋设并在开挖前取得稳定初始值。

1. 围护桩墙的内力

监测应布置在受力、变形较大且有代表性的部位，监测点数量和横向间距视具体情况而定，但每边至少应设 1 处监测点。竖直方向监测点应布置在弯矩较大处，监测点间距宜为 3～5m。平面上宜选择在围护墙相邻两支撑的跨中部位、开挖深度较大以及地面堆载较大的部位。立柱的内力监测点宜布置在受力较大的立柱上，位置宜设在坑底以上各层立柱下部的 1/3 部位。

图 12-7 为钢筋计量测围护结构的轴力、弯矩的安装示意图。

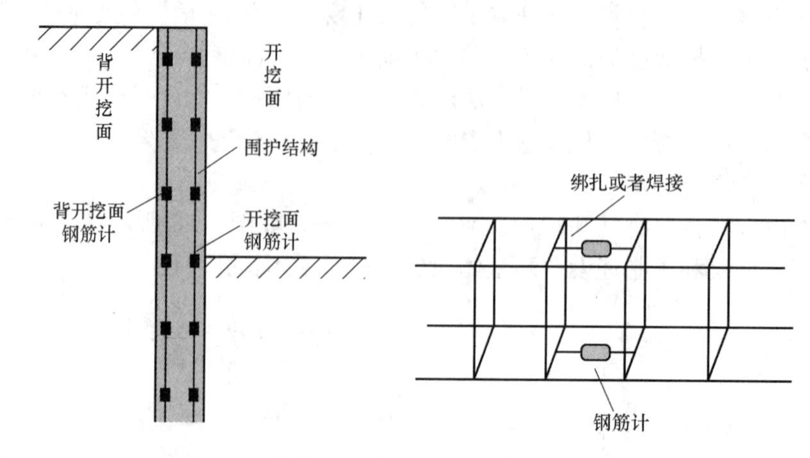

图 12-7　钢筋计量测围护结构弯矩安装示意图

由标定的钢筋应变值得出应力值，再换算成整个混凝土结构所受的弯矩或轴力：

$$M=\frac{E_c}{E_s}\cdot\frac{I_c}{d}(\sigma_1-\sigma_2)\times10^{-5} \tag{12-2}$$

$$N=\frac{A_c}{A_s}\cdot\frac{E_c}{E_s}\cdot K_1\cdot\frac{\varepsilon_1+\varepsilon_2}{2}\times10^{-3} \tag{12-3}$$

式中　M——监测断面处计算弯矩（t·m），连续墙或衬砌以每延米计，灌注桩以单桩计；

N——监测断面处计算轴力（t），连续墙或衬砌以每延米计，灌注桩以单桩计；

σ_1、σ_2——开挖面、背面钢筋计应力（kg/cm^2）；

ε_1、ε_2——上、下端钢筋计应变（$\mu\varepsilon$）；

E_c、E_s——混凝土、钢筋计的弹性模量（kg/cm^2）；

A_c、A_s——混凝土、钢筋计的截面面积（cm^2）；

d——开挖面、背面钢筋计的中心距离（cm）；

K_1——钢筋计标定系数（$kg/\mu\varepsilon$）；

I_c——结构断面惯性矩（cm^4）。

通过监测计算弯矩的方法，判断墙体的承载力发挥情况，防止基坑围护结构由于设计上的不合理从而导致的地下连续墙体受弯破坏情况发生，及时做出补救措施。

2. 支撑轴力

监测点的布置应符合下列要求：

（1）监测点宜设置在支撑内力较大或在整个支撑系统中起关键作用的杆件上；

（2）每道支撑的内力监测点不应少于 3 个，各道支撑的监测点位置宜在竖向保持一致；

（3）钢支撑的监测截面根据测试仪器宜布置在支撑长度的 1/3 部位或支撑的端头。钢筋混凝土支撑的监测截面宜布置在支撑长度的 1/3 部位；

（4）每个监测点截面内传感器的设置数量及布置应满足不同传感器测试要求。

图 12-8 和图 12-9 是钢支撑和混凝土支撑轴力计安装示意图。

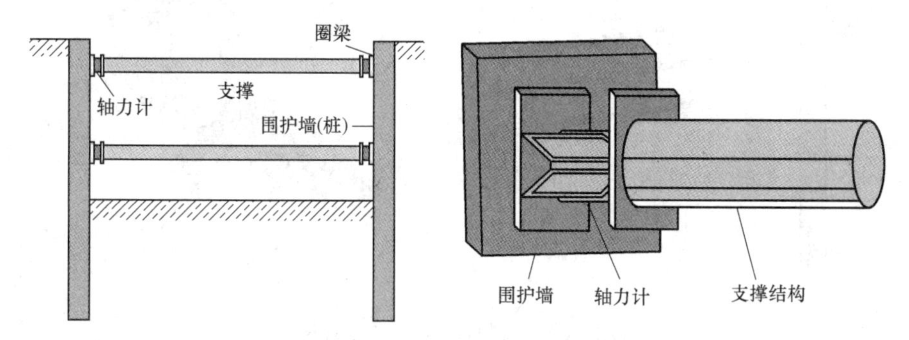

图 12-8　钢支撑轴力计安装方法

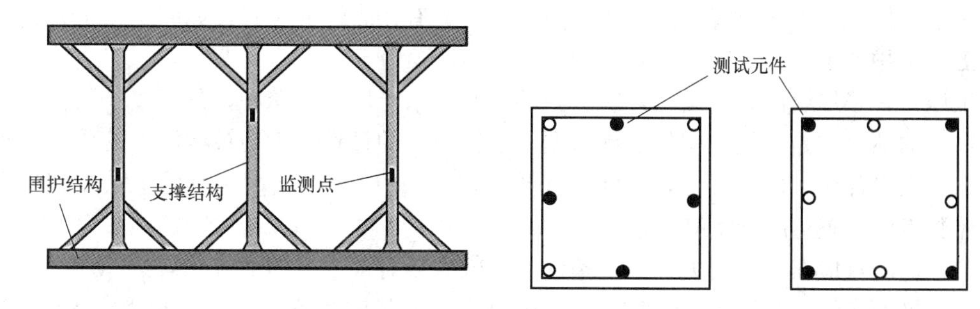

图 12-9　混凝土支撑轴力计安装方法

需要注意的是，支撑系统是个空间问题，受力极其复杂，支撑杆的截面弯矩方向随开挖工况而不断改变，只依据实测的“支撑轴力”有时不易判别清楚支撑系统的真实受力情况，必须辅以支撑杆在立柱处和内力监测截面处等若干点的竖向位移，作出综合判断。

四、锚杆和土钉拉力

锚杆拉力监测点应选择在受力较大且有代表性的位置，基坑每边跨中部位和地质条件复杂的区域宜布置监测点。每层锚杆的拉力监测点数量应为该层锚杆总数的 1%～3%，并不应少于 3 根。每层监测点在竖向上的位置宜保持一致。每根杆体上的测试点应设置在锚头附近位置。

土钉拉力监测点应沿基坑周边布置，基坑周边中部、阳角处宜布置监测点。监测点水平间距不宜大于 30m，每层监测点数目不应少于 3 个。各层监测点在竖向上的位置宜保持一致。每根杆体上的测试点应设置在受力、变形有代表性的位置。

锚杆拉力采用专用的锚杆测力计，钢筋锚杆可采用钢筋应力计或应变计，当使用钢筋束时应分别监测每根钢筋的受力。

锚杆轴力计、钢筋应力计和应变计的量程宜为设计最大拉力值的 1.2 倍，量测精度不宜低于 0.5%F·S，分辨率不宜低于 0.2%F·S。

应力计或应变计应在锚杆锁定前获得稳定初始值。在锚杆的锚固体未达到足够强度不得进行下一层土方的开挖，一般应保证锚固体有 3d 的养护时间后才允许下一层土方开挖。因此，取下一层土方开挖前连续 2d 获得的稳定测试数据的平均值作为其初始值。

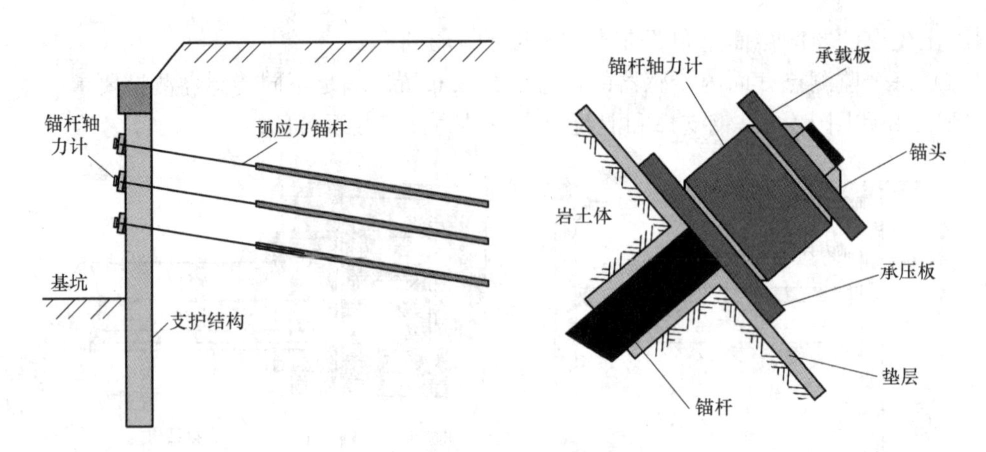

图 12-10　锚杆轴力安装示意图

每根杆体上的测试点宜设置在锚头附近和受力有代表性的位置，如图 12-10 所示。

五、围护墙土压力

土压力宜采用土压力计量测，它量测的是侧向水土压力的总和，是直接作用在基坑支护体系上的荷载，是支护结构的设计依据。土压力计的量程应满足被测压力的要求，其上限可取最大设计压力的 1.2 倍，精度不宜低于 0.5%F·S，分辨率不宜低于 0.2%F·S。

监测点的布置应符合下列要求：

（1）监测点应布置在受力、土质条件变化较大或有代表性的部位；

（2）平面布置上基坑每边不宜少于 2 个测点。在竖向布置上，测点间距宜为 2～5m，测点下部宜密；

（3）当按土层分布情况布设时，每层应至少布设 1 个测点，且布置在各层土的中部；

（4）土压力盒应紧贴围护墙布置，宜预设在围护墙的迎土面一侧。

土压力计埋设可采用埋入式或边界式。埋设时应符合下列要求：

（1）受力面与所需监测的压力方向垂直并紧贴被监测对象；

（2）埋设过程中应有土压力膜保护措施；

（3）采用钻孔法埋设时，回填应均匀密实，且回填材料宜与周围岩土体一致。

（4）做好完整的埋设记录。

土压力计埋设以后应立即进行检查测试，基坑开挖前至少经过 1 周时间的监测并取得稳定初始值。

对于地下连续墙等现浇混凝土挡土结构，土压力传感器安装时需紧贴在围护结构的迎土面上，如土压力计随钢筋笼下入槽孔，则其面向土层的表面钢膜很容易在水下浇筑混凝土过程中被混凝土包裹，造成埋设失败，无法测出实际的水土压力。这种情况，土压力计可采用挂布法、弹入法、活塞压入法及钻孔法埋设。

图 12-11 是挂布法埋设土压力计的吊装图。埋设前计算好各种标高的关系，记录好土压力计的位置。准备整桩宽的布帘，满挂于围护桩的外迎土侧，并固定在钢筋笼上。将土压力计安放在布帘之外并与钢筋笼固定，压力膜面向外朝向水土体。钢筋笼吊入槽孔时，布帘与土压力计随之就位，放入导管浇筑水下混凝土。在下钢筋笼时，要保护好土压力计、导线及布帘不受损坏。图 12-12 则为钻孔法埋设土压力计示意图。

图 12-11 挂布法埋设土压力计的吊装图

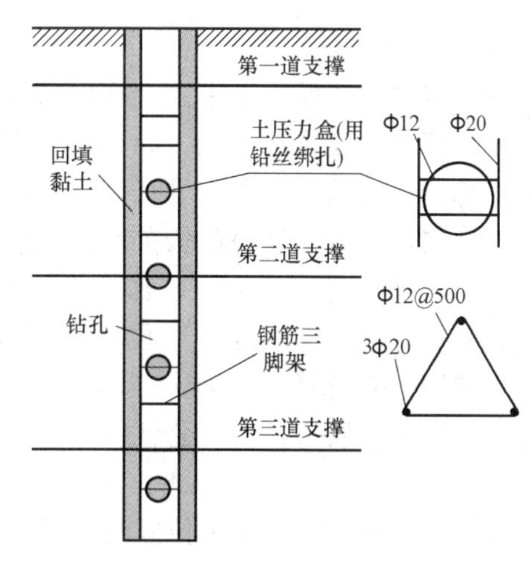

图 12-12 钻孔法埋设土压力计

六、孔隙水压力

孔隙水压力宜通过埋设钢弦式、应变式等孔隙水压力计，采用频率计或应变计量测。孔隙水压力计量程应满足被测压力范围的要求，可取静水压力与超孔隙水压力之和的 1.2 倍；精度不宜低于 0.5%F·S，分辨率不宜低于 0.2%F·S。

监测点宜布置在基坑受力、变形较大或有代表性的部位。监测点竖向布置宜在水压力变化影响深度范围内按土层分布情况布设，监测点竖向间距一般为 2～5m，并不宜少于 3 个。

孔隙水压力计埋设可采用压入法、钻孔法等，应提前 2～3 周埋设。埋设和观测方法见“软土地基预压加固监测”章节。

孔隙水压力计埋设后应测量初始值，且宜逐日量测 1 周以上并取得稳定初始值。孔隙水压力监测的同时，应测量其埋设位置附近的地下水位。

七、基坑内外地下水位

基坑工程地下水位监测包含坑内、坑外水位，宜通过孔内设置水位管，用水位计测量。水位观测可以控制基坑工程施工中周围地下水位下降的影响范围和程度，防止基坑周边水土流失；可以检验降水井的降水效果，观测降水对周边环境的影响。

1. 监测点布置

(1) 检验降水效果的水位观测井。当采用深井降水时，水位监测点宜布置在基坑中央和两相邻降水井的中间部位；当采用轻型井点、喷射井点降水时，监测点宜布置在基坑中央和周边拐角处，监测点数量视具体情况确定。

(2) 基坑外地下水位管。监测点应沿基坑周边、被保护对象（如建筑物、地下管线等）周边或在两者之间布置，监测点间距宜为 20～50m。相邻建筑物、重要的地下管线或管线密集处应布置水位监测点；如有止水帷幕，宜布置在止水帷幕的外侧约 2m 处。

(3) 水位监测管的埋置深度。应在最低设计水位之下 3～5m。对承压水水位监测管，滤管应埋置在所测承压含水层中，监测时被测含水层与其他含水层之间应采取有效的隔水措施。

(4) 回灌井点观测井应设置在回灌井点与被保护对象之间。

2. 水位管埋设方法

（1）水位管选择。采用直径 50mm 左右的硬质塑料管，管底加盖密封，防止泥砂进入。下部留出长度为 0.5～1.0m 的沉淀段，其上不钻孔，用来沉积滤水段带入的少量泥沙。中部管壁周围钻出 6～8 列直径为 6mm 左右的滤水孔，纵向孔距 50～100mm。相邻两列的孔交错排列，呈梅花状布置。管壁外部包扎过滤层，过滤层可选用马尾、土工织物或网纱。上部再留出 0.5～1m 作为管口段，不打孔以保证封口质量。

（2）成孔。为保证地下水位观测质量，应根据水位管外径选择钻具，当外径为 ϕ53 时，宜选用 ϕ108 钻具；当外径为 ϕ70 时，宜选用 ϕ130 钻具。要求成孔垂直。上部有淤泥或松散不稳定土层时，应下套管护壁。钻进过程应有记录，包括土层、深度和土的性质描述等。

（3）安装埋设。地下水位监测管埋设示意图如图 12-13 和图 12-14 所示。

① 安装。将水位管套上底座固定后，放入孔内，逐根接长，直至达到预定深度。

② 填砂。钻孔内回填中粗砂，填至孔口 0.5m 时改用黏土封填至孔口，以防地表水流入。

③ 冲孔。待水位管埋设完毕后，用清水洗孔，要求清水出管口 5～10 分钟。

④ 接管。为便于堆土后地下水位观测，每级加土前均应及时接管，接至高于加土面 50cm。

水位管埋设后，应逐日连续观测水位并取得稳定初始值。

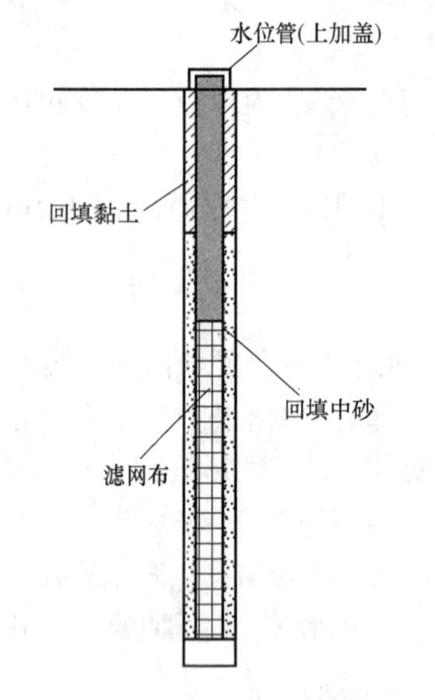

图 12-13　潜水水位监测示意图

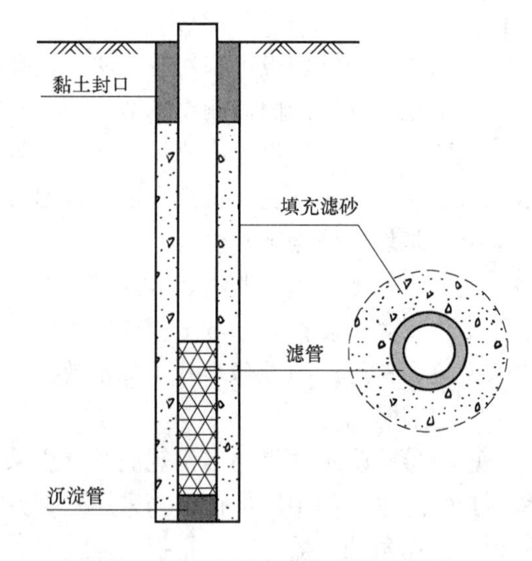

图 12-14　承压水水位监测示意图

八、周边建筑物和管线位移

基坑边缘以外 1～3 倍开挖深度范围内需要保护的建筑物、地下管线等均应作为监控对象。必要时，尚应扩大监控范围。位于重要保护对象（如地铁、上游引水、合流污水等）安全保护区范围内的监测点布置，尚应满足相关部门的技术要求。

1. 周边建筑物位移

基坑工程的施工会引起周围地表的下沉，从而导致地面建筑物的不均匀沉降，造成倾斜甚至开裂破坏，应严格控制。建筑物变形监测需进行沉降、水平位移、倾斜、裂缝等监测。

（1）建筑物的沉降

建筑物沉降监测采用精密水准仪监测。

监测点布置要求：

① 建筑物四角、沿外墙每 10～15m 处或每隔 2～3 根柱基上，且每边不少于 3 个监测点；

② 不同地基或基础的分界处；

③ 建筑物不同结构的分界处；

④ 变形缝、抗震缝或严重开裂处的两侧；

⑤ 新、旧建筑物或高、低建筑物交接处的两侧；

⑥ 烟囱、水塔和大型储仓罐等高耸构筑物基础轴线的对称部位，每一构筑物不少于 4 点。

建筑物沉降监测点直接用电锤在建筑物外侧桩体上打洞，并将膨胀螺栓或道钉打入，或利用其原有沉降监测点。沉降监测点埋设如图 12-15 所示。

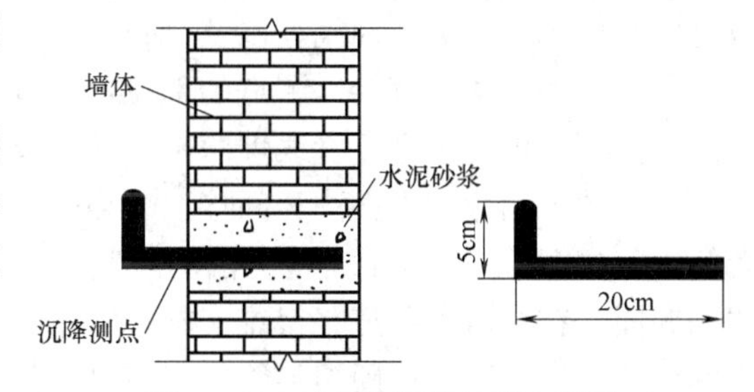

图 12-15　建筑物沉降监测点埋设

测出观测点高程，计算沉降量。监测点本次高程减前次高程的差值为本次沉降量，本次高程减初始高程的差值为累计沉降量。

（2）建筑物的水平位移

监测点应布置在建筑物的墙角、柱基及裂缝的两端，每侧墙体的监测点不应少于 3 处。

观测方法同基坑顶部水平位移。

（3）建筑物倾斜

建筑物倾斜监测采用经纬仪。测定监测对象顶部相对于底部的水平位移，结合建筑物沉降相对高差，计算监测对象的倾斜度、倾斜方向和倾斜速率。

监测点布置要求：宜布置在建筑物角点、变形缝或抗震缝两侧的承重柱或墙上；应沿主体顶部、底部对应布设，上、下监测点应布置在同一竖直线上；当采用铅锤观测法、激光铅直仪观测法时，应保证上、下测点之间具有一定的通视条件。

建筑物倾斜按式（12-4）计算：

$$\tan\theta=\frac{\Delta s}{b} \tag{12-4}$$

式中　θ——建筑物倾角（°）；

b——建筑物宽度（m）；

Δs——建筑物的差异沉降（m）。

（4）建筑物的裂缝

建筑物裂缝监测采用直接量测方法。将裂缝进行编号并画出测读位置，通过游标卡尺进行裂缝宽度测读。对裂缝深度量测，当裂缝深度较小时采用凿出法和单面接触超声波法；深度较大裂缝采用超声波法监测。

监测点应选择有代表性的裂缝进行布置，在基坑施工期间当发现新裂缝或原有裂缝有增大趋势时，应及时增设监测点。每一条裂缝的测点至少设 2 组，裂缝的最宽处及裂缝末端宜设置测点。

2. 周边管线沉降

深基坑开挖引起周围地层移动，附近的地下管线随之移动。如果管线的变位过大，将产生附加应力，若超出允许范围内，则导致泄漏、通信中断、管道断裂等事故。因此，施工中应根据地层条件和既有管线种类、形式及其使用年限，进行监测并确定合理的控制标准。

管线监测点的布置应符合下列要求：

(1) 应根据管线年份、类型、材料、尺寸及现状等情况，确定监测点设置；

(2) 监测点宜布置在管线的节点、转角点和变形曲率较大的部位，监测点平面间距宜为 15～25m，并宜延伸至基坑以外 20m；

(3) 上水、煤气、暖气等压力管线宜设置直接监测点。直接监测点应设置在管线上，也可以利用阀门开关、抽气孔以及检查井等管线设备作为监测点；

(4) 在无法埋设直接监测点的部位，可利用埋设套管法设置监测点，也可采用模拟式测点将监测点设置在靠近管线埋深部位的土体中。

管线的观测分为直接法和间接法。当采用直接法时，常用的测点设置方法有抱箍法和套筒法，如图 12-16 所示。抱箍法测点监测精度高，但埋设时必须凿开路面，并开挖至管线的底面，在城市主干道路很难实施，常用于次干道和十分重要的地下管线如高压煤气管线的监测。套筒法采用硬塑料管或金属管打设或埋设于所测管线顶面和地表之间，量测时将测杆放入埋管，再将标尺搁置在测杆顶端，测出管线的沉降。套筒法可避免道路开挖，但精度较抱箍法低。

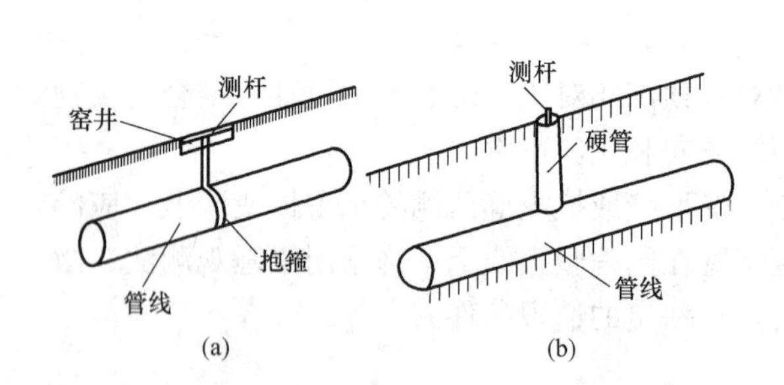

图 12-16 管线测量的直接法

(a) 抱箍式埋设方案；(b) 套筒式埋设方案

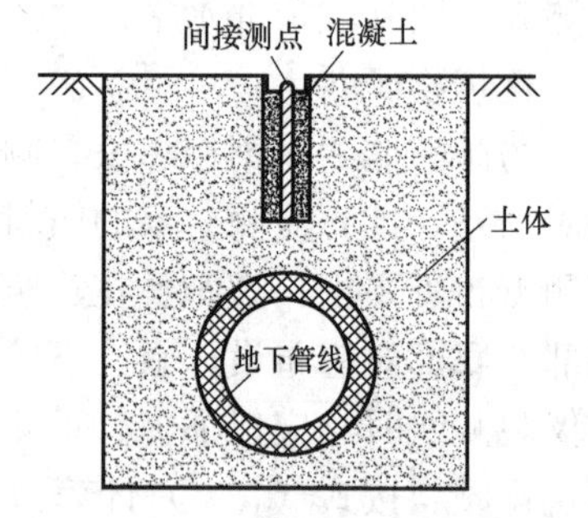

图 12-17 管线测量的间接法

间接法就是不直接观测管线本身，而是通过观测管线周边的土体，分析管线的变形，此法观测精度较低，方法如图 12-17 所示。

管线破坏模式一般有两种情况：一是管段在附加拉应力作用下出现裂缝，甚至发生破裂而丧失工作能力；二是管段完好，但管段接头转角过大，接头不能保持封闭状态而发生渗漏。

3. 基坑周边地表竖向沉降

监测点的布置范围宜为基坑深度的 1～3 倍，监测剖面宜设在坑边中部或其他有代表性的部位，并与坑边垂直，监测剖面数量视具体情况确定。每个监测剖面上的监测点数量不宜少于 5 个。

4. 坑外土体分层沉降

坑外土体分层竖向位移可通过埋设分层沉降磁环或深层沉降标，采用分层沉降仪结合水准测量方法进行量测。采用分层沉降仪法监测时，每次监测应测定管口高程，根据管口高程换算出测管内各监测点的高程。

分层沉降仪的埋设和观测方法参考“软土地基预压加固监测”章节内容。

土体分层竖向位移的初始值应在分层竖向位移标埋设稳定后进行，稳定时间不应少于 1 周并获得稳定的初始值。监测时，每次测量应重复进行 2 次，误差值不大于 1mm。

第四节　监测频率和报警值

一、监测频率

基坑工程监测频率应以能系统反映监测对象所测项目的重要变化过程，而又不遗漏其变化时刻为原则。基坑工程监测工作应贯穿于基坑工程和地下工程施工全过程。监测工作一般应从基坑工程施工前开始，直至地下工程完成为止。对有特殊要求的周边环境的监测应根据需要延续至变形趋于稳定后才能结束。

监测频率应考虑基坑工程等级、基坑及地下工程的不同施工阶段以及周边环境、自然条件的变化。当监测值相对稳定时，可适当降低监测频率。在基坑开挖期间，地基土处于卸荷阶段，支护体系处于逐渐加荷状态，应适当加密监测；当基坑开挖完后一段时间，监测值相对稳定时，可适当降低监测频率。当出现异常现象和数据，或临近报警状态时，应提高监测频率甚至连续监测。

对于应测项目，在无数据异常和事故征兆的情况下，开挖后仪器监测频率的确定可参照《建筑基坑工程监测技术规范》GB 50497—2009，见表 12-4。

基坑现场仪器监测频率　　　　表 12-4

基坑类别	施工进程		基坑设计开挖深度			
			≤5m	5～10m	10～15m	＞15m
一级	开挖深度（m）	≤5	1 次/d	1 次/2d	1 次/2d	1 次/2d
		5～10		1 次/d	1 次/d	1 次/d
		＞10			2 次/d	2 次/d
	底板浇筑后时间（d）	≤7	1 次/d	1 次/d	2 次/d	2 次/d
		7～14	1 次/3d	1 次/2d	1 次/d	1 次/d
		14～28	1 次/5d	1 次/3d	1 次/2d	1 次/d
		＞28	1 次/7d	1 次/5d	1 次/3d	1 次/3d
二级	开挖深度（m）	≤5	1 次/2d	1 次/2d		
		5～10		1 次/d		
	底板浇筑后时间（d）	≤7	1 次/2d	1 次/2d		
		7～14	1 次/3d	1 次/3d		
		14～28	1 次/7d	1 次/5d		
		＞28	1 次/10d	1 次/10d		

注：1. 当基坑工程等级为三级时，监测频率可视具体情况要求适当降低；
2. 基坑工程施工至开挖前的监测频率视具体情况确定；
3. 宜测、可测项目的仪器监测频率可视具体情况要求适当降低；
4. 有支撑的支护结构各道支撑开始拆除到拆除完成后 3d 内监测频率应为 1 次/d。

当出现下列情况之一时，应提高监测频率，并及时向委托方及相关单位报告监测结果：

(1) 监测数据达到报警值；

(2) 监测数据变化量较大或者速率加快；

(3) 存在勘察中未发现的不良地质条件；

(4) 超深、超长开挖或未及时加撑等未按设计施工；

(5) 基坑及周边大量积水、长时间连续降雨、市政管道出现泄漏；

(6) 基坑附近地面荷载突然增大或超过设计限值；

(7) 支护结构出现开裂；

(8) 周边地面出现突然较大沉降或严重开裂；

(9) 邻近的建筑物出现突然较大沉降、不均匀沉降或严重开裂；

(10) 基坑底部、坡体或支护结构出现管涌、渗漏或流砂等现象；

(11) 基坑工程发生事故后重新组织施工；

(12) 出现其他影响基坑及周边环境安全的异常情况。

二、监测报警值

根据《建筑基坑工程监测技术规范》GB 50497—2009 规定，基坑工程监测报警值由基坑工程设计方确定。基坑监测实施前，要根据工程特点确定监测报警值，以便监测期间及时发现风险点，采取有效措施保证基坑安全和保护周边对象的正常使用。

因围护墙施工、基坑开挖以及降水引起的基坑内外地层位移应按下列条件控制：

(1) 不得导致基坑的失稳；

(2) 不得影响地下结构的尺寸、形状和地下工程的正常施工；

(3) 对周边已有建筑物引起的变形不得超过相关技术规范的要求；

(4) 不得影响周边道路、地下管线等正常使用；

(5) 满足特殊环境的技术要求。

基坑工程监测报警值应以监测项目的累计变化量和变化速率值两个值控制。监测报警值应根据监测项目、支护结构的特点和基坑等级确定，可参考表 12-5。

周边环境监测报警值应根据主管部门要求确定，如无具体规定可参考表 12-6 确定。

必须指出，确定基坑工程监测项目的监测报警值是一个十分严肃、复杂的课题，其指标关系安全监控的成败。目前监测报警值的确定还缺乏系统的研究，大多依赖经验，且各地区差异较大，很难实际操作。例如，现场基坑监测过程中，有时会发现即使支护结构变形在规程允许范围内也会引起相邻建筑物、道路和地下管网等设施的破坏；而有时支护结构变形相当大，远远超过报警值，周围相邻建筑物、道路和地下管网却安然无恙。

因此，监测发现实测数据超过警戒值后，应认真分析和识别数据的可靠性，超标监测点附近其他监测点指标的大小和变化，确认当前隐患下一步的发展趋势，而不是简单的发出报警了事。不少发生事故的基坑报警次数增多而未发生险情，结果产生麻痹思想，当真正险情到来时却错过了最佳抢险时机。

基坑及支护结构监测报警值　　表 12-5

序号	监测项目	支护结构类型	基坑类别								
			一级			二级			三级		
			累计值(mm)		变化速率($mm \cdot d^{-1}$)	累计值(mm)		变化速率($mm \cdot d^{-1}$)	累计值(mm)		变化速率($mm \cdot d^{-1}$)
			绝对值(mm)	相对基坑深度(h)控制值		绝对值(mm)	相对基坑深度(h)控制值		绝对值(mm)	相对基坑深度(h)控制值	
1	墙(坡)顶水平位移	放坡、土钉墙、喷锚支护、水泥土墙	30～35	0.3%～0.4%	5～10	50～60	0.6%～0.8%	10～15	70～80	0.8%～1.0%	15～20
		钢板桩、灌注桩、型钢水泥土墙、地下连续墙	25～30	0.2%～0.3%	2～3	40～50	0.5%～0.7%	4～6	60～70	0.6%～0.8%	8～10
2	墙(坡)顶竖向位移	放坡、土钉墙、喷锚支护、水泥土墙	20～40	0.3%～0.4%	3～5	50～60	0.6%～0.8%	5～8	70～80	0.8%～1.0%	8～10
		钢板桩、灌注桩、型钢水泥土墙、地下连续墙	10～20	0.1%～0.2%	2～3	25～30	0.3%～0.5%	3～4	35～40	0.5%～0.6%	4～5
3	围护墙深层水平位移	水泥土墙	30～35	0.3%～0.4%	5～10	50～60	0.6%～0.8%	10～15	70～80	0.8%～1.0%	15～20
		钢板桩	50～60	0.6%～0.7%	2～3	80～85	0.7%～0.8%	4～6	90～100	0.9%～1.0%	8～10
		灌注桩、型钢水泥土墙	45～55	0.5%～0.6%		75～80	0.7%～0.8%		80～90	0.9%～1.0%	
		地下连续墙	40～50	0.4%～0.5%		70～75	0.7%～0.8%		80～90	0.9%～1.0%	
4	立柱竖向位移		25～35		2～3	35～45		4～6	55～65		8～10
5	基坑周边地表竖向位移		25～35		2～3	50～60		4～6	60～80		8～10
6	坑底回弹		25～35		2～3	50～60		4～6	60～80		8～10
7	支撑内		(60%～70%)f			(70%～80%)f			(80%～90%)f		
8	墙体内力										
9	锚杆拉力										
10	土压力										
11	孔隙水压力										

注：1. h 为基坑设计开挖深度；f 为设计极限值；
2. 累计值取绝对值和相对基坑深度（h）控制值两者的较小值；
3. 当监测项目的变化速率连续 3d 超过报警值的 50%，应报警。

建筑基坑工程周边环境监测报警值　　表 12-6

<table>
<tr><th colspan="4" rowspan="2">项目
监测对象</th><th colspan="2">累计值</th><th rowspan="2">变化速率
(mm/d)</th><th rowspan="2">备注</th></tr>
<tr><th>绝对值(mm)</th><th>倾斜</th></tr>
<tr><td>1</td><td colspan="3">地下水位变化</td><td>1000</td><td>—</td><td>500</td><td>—</td></tr>
<tr><td rowspan="3">2</td><td rowspan="3">管线位移</td><td rowspan="2">刚性管道</td><td>压力</td><td>10～30</td><td>—</td><td>1～3</td><td rowspan="2">直接观察点数据</td></tr>
<tr><td>非压力</td><td>10～40</td><td>—</td><td>3～5</td></tr>
<tr><td colspan="2">柔性管线</td><td>10～40</td><td>—</td><td>3～5</td><td>—</td></tr>
<tr><td rowspan="2">3</td><td rowspan="2">邻近建(构)筑物</td><td colspan="2">最大沉降</td><td>10～60</td><td>—</td><td>—</td><td>—</td></tr>
<tr><td colspan="2">差异沉降</td><td>—</td><td>2/1000</td><td>0.1H/1000</td><td>—</td></tr>
</table>

注：1. H 为建筑物承重结构高度；

2. 第 3 项累计值取最大沉降和差异沉降两者的较小值。

第五节　工程案例分析

——上海金茂大厦基坑工程监测（顾宝和，2015）

一、工程概况

金茂大厦位于上海浦东陆家嘴隧道出口处的南面，是 88 层的超高层建筑。塔楼高 420.5m，是当时中国最高、世界第三高的建筑物。建筑总面积约为 29 万 m^2，三层地下室，开挖面积约为 2 万 m^2，塔楼的开挖深度为 19.65m，裙房的开挖深度为 15.1m。塔楼基础桩为直径 914mm 的钢管桩，共 430 根，入土深度 83m；裙房基础桩为直径 609mm 的钢管桩，共 632 根，入土深度为 53m。工程由中国上海对外贸易中心股份有限公司投资，美国 SOM 设计事务所设计，上海建工集团总公司施工。1997 年 8 月 28 日结构封顶。基础平面图如图 12-18 所示。

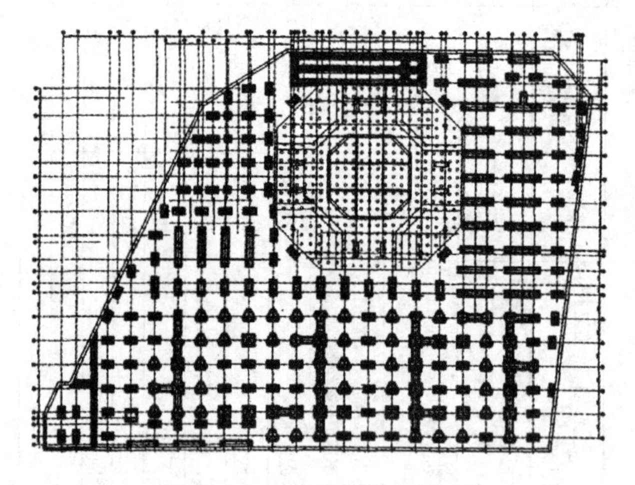

图 12-18　金茂大厦基础平面图

二、基坑围护方案

金茂大厦基坑工程特点是土质软，面积大，开挖深，体形不规则，地下管线复杂。美国 SOM 设计事务所的设计方案是采用围护与承重合一的地下连续墙，关键是采用何种最合理和最经济的支撑形式。设计者对斜拉锚、钢支撑和钢筋混凝土桁架支撑三种形式进行了详细的技术经济比较，认为钢筋混凝土桁架支撑适应性强，施工质量可靠，投资费用大体上与斜拉锚方案相当，最后决定采用钢筋混凝土桁架支撑方案。图 12-19 为土压力分布图，图 12-20 为主楼围护结构剖面示意图。

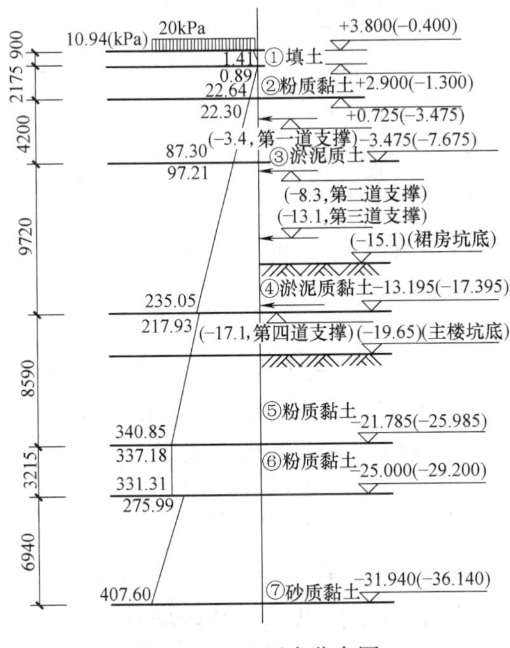

图 12-19　土压力分布图

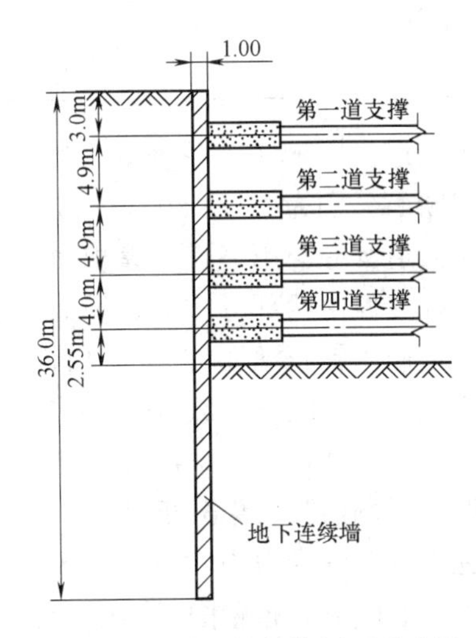

图 12-20　主楼围护结构剖面示意图

三、围护结构计算和设计

地下连续墙既是围护墙体，又是地下室的外墙，主楼开挖深度为 19.65m，裙房开挖深度为 15.1 m。主楼和裙房采用同一深度的地下连续墙，取墙厚为 1.0m，深为 36m，落在$⑦_2$土层上。

在主楼区域，东面是地下连续墙，另外三面是钻孔排桩。坑内的排桩是为主楼先期开挖而设置的，直径为 1200mm，间距为 1400mm，桩顶标高为－8.7m，桩底标高为－32.7m，采用钻孔灌注桩，桩底落在$⑦_1$土层上。连续墙和灌注桩墙的位移和内力均用 SAP90 程序计算，计算结果见表 12-7。

根据 SAP90 程序计算，各道支撑的最大变位值、最大轴力、竖向最大弯矩以及水平最大弯矩列在表 12-7 和表 12-8 中。

地下连续墙和灌注桩的位移和内力计算结果　　表 12-7

地连墙名称	最大位移值(mm)	最大剪力(kN)	最大正弯矩(kN·m)	最大负弯矩(kN·m)
坑外主楼地下连续墙	50	977	2377(1800/1500)	－1577
坑外裙房地下连续墙	41	620	1692(1400/1100)	－1112
坑内灌注桩墙	55	943	1800	－1200

根据计算和分析，各道水平内支撑的断面设计如下（$h\times b$，单位 mm）：

第一道：围檩 1000×800，塔吊行走支撑断面 800×1000，其他支撑断面为 800×800，700×800，600×600；

第二道：围檩 1200×800，大开间侧支撑断面 900×800，其他支撑断面为 800×800，600×600；

钢筋混凝土桁架支撑位移和内力计算结果　　表 12-8

支撑次序	最大位移值（mm）	最大轴力（kN）	最大弯矩(竖向)（kN·m）	最大弯矩(水平)（kN·m）
第一道支撑	2.34	7435	350	—1691(2737)
第二道支撑	3.36	14711	440	—3354(5881)
第三道支撑	3.85	16856	440	—4072(6739)
第四道支撑	3.60	16315	350	—3050(5529)

第三道：围檩 1200×800，大开间处大多为 1000×800，局部杆件为 1100×800，其他支撑断面分别为 900×800，700×700；

第四道支撑与第三道支撑相同。

立柱支撑由两部分构成，埋入坑底以下的为钻孔灌注桩和坑底以上为格构式钢结构柱，立柱插入钻孔灌注桩 5m。塔楼区的钻孔桩直径为 1000mm，桩长为 20m，格构柱外形截面尺寸为 600mm× 600mm；裙房区钻孔桩直径为 850mm，桩长为 22.5m，格构柱截面为 480mm×480mm。格构柱的钢材为 A3 钢。

四、现场监测结果分析

施工时对各受力构件的主要部位进行了监测，图 12-21 为地下连续墙、钻孔灌注桩和桁架支撑的监测点布置图。图中 D1、D3、D4、D6、D7、D10 为地下连续墙垂直（测斜）变形监测点；D12 为钻孔灌注桩的垂直变形（测斜）监测点；C1～C25 为钢筋混凝土桁架立柱沉降变形监测点；Fi-j 为桁架支撑轴力监测点（i 为各道支撑编号，j 为测点编号）。这里主要对基坑稳定至关重要的地下连续墙和支撑轴力监测结果进行分析。

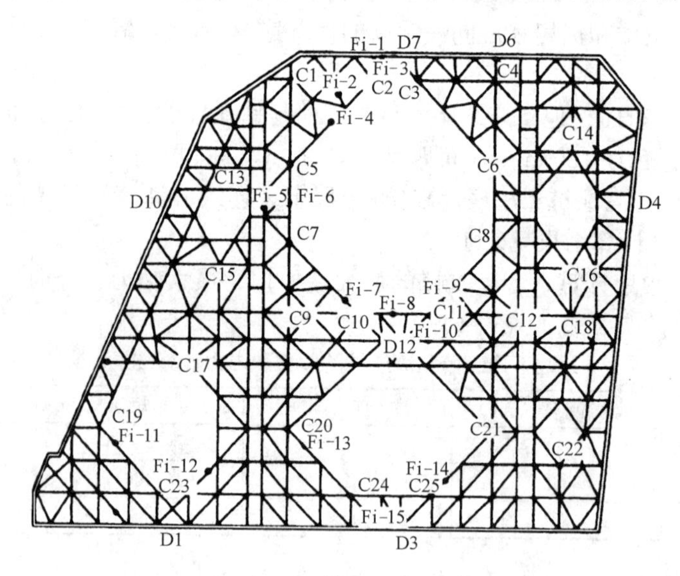

图 12-21　现场监测点平面布置图

1. 主楼地下连续墙变形分析

由典型测点 D7 测斜的实测曲线（图 12-22）可见，主楼的地下连续墙变形有如下特点：

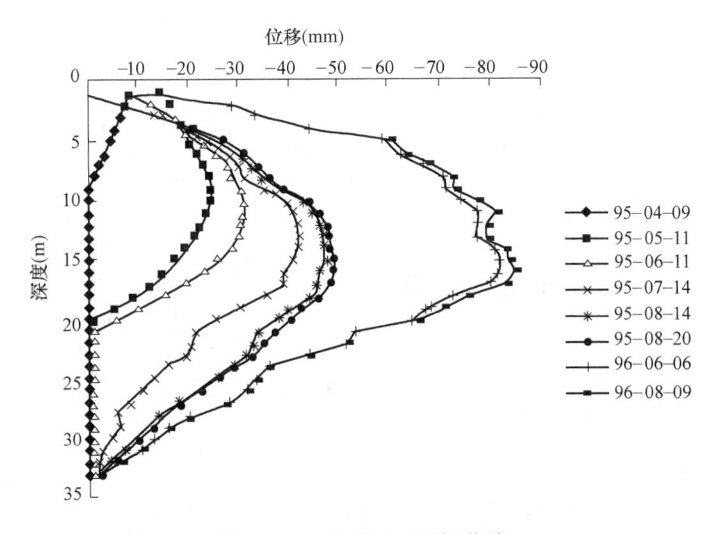

图 12-22　主楼 D7 测斜曲线

（1）主楼基础底板施工完成以前（图中的 95-08-20），连续墙的实测变形与计算变形值非常接近：D7 最大变形为 49mm，计算变形为 45mm。最大变形发生的部位比计算最大变形的位置低：实测最大变形的位置在地下 15m，而计算最大变形的位置在地下 12m。

（2）第三道支撑拆除时（图中的 96-06-06），连续墙的实测变形发展较快：D7 最大变形为 81mm，而计算变形为 50mm。实测最大变形的位置在地下 16m 处。究其原因是：主楼基础（厚为 4 m）底板浇捣后，在养护降温的过程中有一定的收缩。此时，基础底板对地下连续墙的约束很小，在第三道支撑拆除后，地下连续墙的变形对基础底板产生一个压力。该压力使基础底板产生变形，并导致地下连续墙的进一步变形。这种情况在一般基坑围护工程中尚未遇到。

（3）第三道支撑拆除以后（图中 96-08-09），连续墙的实测变形发展较小，并趋于稳定。D7 的全过程最大变形值为 84mm，但较计算最大变形值 50mm 大。原因是此时基础底板对地下连续墙已有很大的约束，地下连续墙刚度又很大，所以地下连续墙产生的变形增量很小。

2. 基坑支撑轴力变化规律

图 12-23 为基坑主要支撑轴力随时间的变化曲线。4 个测点都位于塔楼北侧，只是所处深度不同。其中 F1-1、F2-1、F3-1、F4-1 分别位于第一、二、三、四道支撑上，轴力最大值分别为 16338kN、14809kN、15470kN、10379kN。

从监测结果可以看出，支撑轴力随深度变化的规律与设计时的假定基本相符，即第三道支撑轴力最大，第四道支撑轴力小于第三道支撑轴力，且具有明显的滞后性。与常规情形不同的是，第一道支撑轴力偏大，比第三道支撑轴力还大。主要原因是场地紧张，许多建筑材料堆放在第一道支撑上，从而增加了第一道支撑的轴力。

五、结论

（1）在上海特大特深基坑围护设计中，应优先采用围护和承重合一的地下连续墙，既经济又安全。本工程地下连续墙的入土深度达到⑦$_2$ 土层（粉细砂），对基坑的整体稳定、

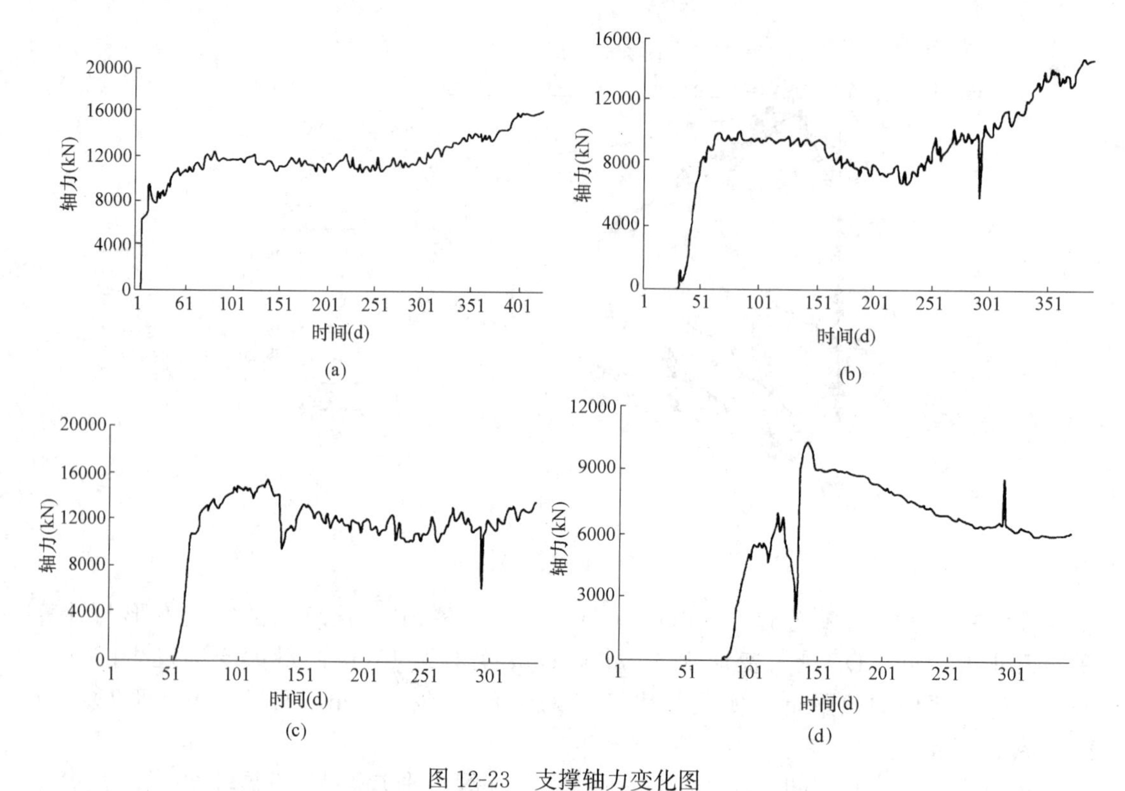

图 12-23　支撑轴力变化图

(a) 第一道支撑 (F1-1)；(b) 第二道支撑 (F2-1)；(c) 第三道支撑 (F3-1)；(d) 第四道支撑 (F4-1)

抗坑底隆起和抗渗透变形均有明显效果。

(2) 钢筋混凝土桁架支撑系统是较理想的支撑方案，不但能满足围护支撑的需要，而且还能为施工创造一定的设施，为施工服务。但支撑的爆破拆除是最大的缺点，如有可能，应采用支撑系统与楼层系统相结合的逆作或半逆作方法。

(3) 设计和施工实践说明，地下连续墙和钻孔灌注桩两种不同围护结构的共同工作是可行的。作用在地下连续墙与钻孔灌注桩的侧土压力不平衡问题，通过土体的位移变形是可以得到解决的。

(4) 本工程的地下连续墙实测变形比理论计算值大的主要原因，是由于 SAP90 程序按弹性理论设计，而实际变形可能介于弹性和塑性之间。设计时，可将最大变形值控制在 3～5cm，使实际的变形值能控制在 10cm 以内，即对超过 15m 的深基坑，变形宜控制在 0.59%H 以内（H 为开挖深度）。

思　考　题

1. 基坑工程监测的目的和主要监测项目有哪些?
2. 基坑边坡或围护墙的顶部沉降监测点布置有哪些要求?
3. 基坑周边监测内容有哪些? 简述周边建筑物沉降监测点布置要求。
4. 围护墙体深层水平位移监测采用什么方法? 简述其布置原则、埋设方法和埋深要求。
5. 基坑监测频率如何确定?
6. 基坑监测警戒值确定原则是什么? 使用时应注意什么?
7. 简述水位观测管的制作和埋设步骤。

第十三章　地铁隧道工程监测

第一节　概　　述

地铁隧道空间的形成方式主要有明挖法、盖挖法、盾构法和矿山法。

明挖法和盖挖法的支护系统实际上是基坑支护体系，其支护桩（墙）的弯矩、沉降和水平位移，支撑轴力，立柱应力和沉降，土体沉降、水平位移、土压力和孔隙水压力的监测，可参考基坑工程监测章节的相关内容。

矿山法又称采矿法隧道施工，是岩石地层中修建隧道的一种方法，通常采用人工或钻爆开挖。施工时先在隧道岩面上钻眼，装药爆破成毛洞，再将全断面按一定顺序开挖至设计尺寸，然后顺次修筑衬砌。在坚硬地层中，围岩有较好的整体性，坑道开挖后围岩有一定的自稳能力，可以少分块，甚至一次就开挖出整个隧道断面。在岩石不够坚硬完整的地层中开挖隧道时，一般需先开挖导坑（又称导洞），设置临时支撑，以防止土石坍塌。喷锚支护的出现，使分部数目得以减少，并进而发展成新奥法。

盾构法采用盾构机作为施工机具的施工方法，常用于松软土壤中圆形断面的隧道施工。盾构的外壳是圆筒形的金属结构，前部为装置开挖设备的切口环，中部为装置推进设备（千斤顶）的支承环，尾部为掩护拼装衬砌工作的盾尾。盾构法施工是在前部开挖地层，同时在尾部拼装衬砌，然后用千斤顶顶住已拼装好的衬砌将盾构推进，如此循环交替逐步前进。盾构种类很多，“膨润土泥浆盾构”处于领先地位，是利用泥浆护壁并作为携运废渣的介质，工作时不需使用损害工人健康的压缩空气，只需用水或“泥乳”作为掌子面的支护剂。

盾构法施工具有机械化程度高，地层扰动小，掘进速度快，对环境影响时间短程度低，20世纪初在欧美等发达国家大量用于公路隧道、地铁和下水管道等地下工程。我国盾构技术发展开始于20世纪50年代，首先用于修建煤矿巷道。1963年上海结合地铁筹建，开始盾构技术开发，于1990年开始在上海地铁一号线大量引进盾构进行施工，经过多年发展，在上海等软弱地层的盾构施工技术已相当成熟。图13-1为土压平衡式盾构掘进施工工法图。

13. 地铁隧道施工与监测

地铁隧道作为城市轨道交通地下工程的主体，在施工阶段应对支护结构、周围岩土体及周边环境进行监测。监测目的是为验证设计、施工及环境保护等方案的安全性和合理性，优化设计和施工参数，分析和预测工程结构和周边环境的安全状态及其发展趋势，为实施信息化施工等提供资料。

本章主要介绍地铁隧道的盾构法、矿山法及其周边环境的监测。

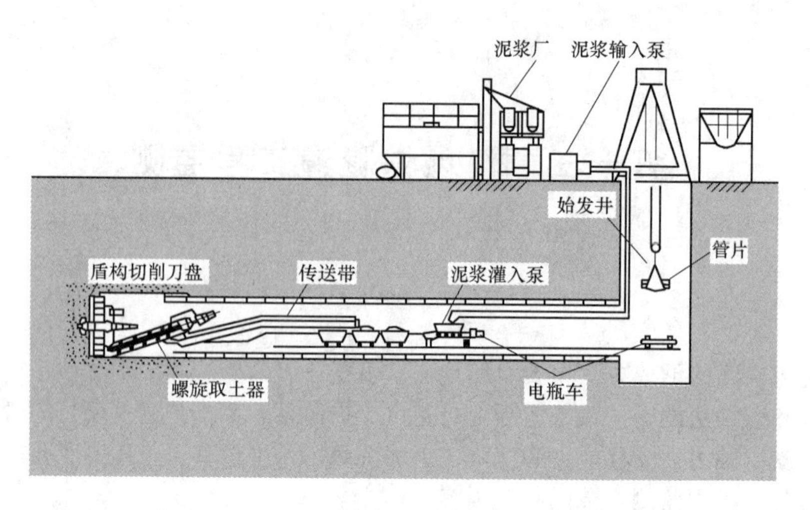

图 13-1　土压平衡式盾构掘进施工工法示意图

第二节　工程影响分区和监测等级

一、工程影响分区

隧道工程施工对周围岩土体的扰动范围、扰动程度是不同的，将受施工扰动的范围称为工程影响区。在施工影响范围内根据受施工影响程度的不同，从隧道外侧由近到远依次划分为主要影响区、次要影响区和可能影响区。

根据《城市轨道交通工程监测技术规范》GB 50911—2013，隧道工程影响分区采用预测隧道地表沉降曲线的 Peck 公式来划分。

隧道地表沉降曲线 Peck 公式表示如下：

$$S_x=S_{max}\cdot\exp\left(-\frac{x^2}{2\cdot i^2}\right) \tag{13-1}$$

$$S_{max}=\frac{V_s}{\sqrt{2\pi}\cdot i}\approx\frac{V_s}{2.5\cdot i} \tag{13-2}$$

$$i=\frac{z_0}{\sqrt{2\pi}\cdot\tan\left(45^\circ-\frac{\varphi}{2}\right)} \tag{13-3}$$

式中　S_x——距离隧道中线 x 处的地表沉降量（mm）；

S_{max}——隧道中线上方的地表沉降量（mm）；

x——距离隧道中线的距离（m）；

i——沉降槽的宽度系数（m）；

V_s——沉降槽面积（m^2）；

z_0——隧道埋深（m）。

各城市确定沉降曲线参数时，要考虑本地区的工程经验。具体划分可参考图 13-2。

城市地铁隧道开挖半径一般为 4～8m，埋深多在 10～30m，除超浅埋、超大断面隧道以外，一般隧道半径对沉降槽宽度的影响作用都可以忽略，可取值 $i=K\cdot z_0$。我国北京、上海地区，沉降槽宽度参数 K 值可采用表 13-1 中数值。其他地区资料较少，还需进一步

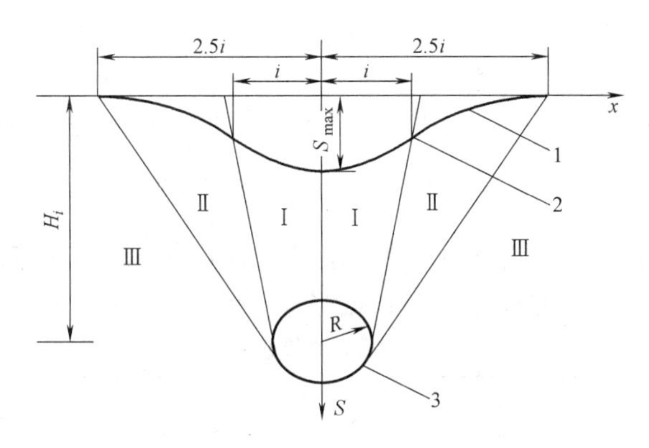

图 13-2　浅埋隧道工程影响分区

1—沉降曲线；2—反弯点；3—隧道；

i—隧道地表沉降曲线 Peck 计算公式的沉降槽宽度系数；H_i—隧道中心埋深；S_{max}—隧道中线上方的地表沉降量

积累资料，表中所给出的值仅供对比参考。

我国部分地区沉降槽宽度参数的初步建议值　　　　**表 13-1**

地　区	样本数	基本地层特征	K 的初步建议值
广州	1	黏性土,砂土,风化岩	0.76
深圳	9	黏性土,砂土,风化岩	0.60～0.80
上海	6	饱和软黏土,粉砂	0.50
柳州	4	硬塑状黏土	0.30～0.50
北京	13	砂土,黏性土互层	0.30～0.60
西北黄土地区	1	均匀致密黄土	0.4
台湾	1	砂砾石	0.48
香港	1	冲积层,崩积层	0.34

土质隧道工程影响分区，可按表 13-2 的规定划分。隧道穿越基岩时，应根据覆盖土层特征、岩石坚硬程度、风化程度及岩体结构与构造等地质条件，综合确定工程影响分区界线。

土质隧道工程影响分区　　　　**表 13-2**

隧道工程影响区	范　围
主要影响区(Ⅰ)	隧道正上方及沉降曲线反弯点范围内
次要影响区(Ⅱ)	隧道沉降曲线反弯点至沉降曲线边缘 2.5i 处
可能影响区(Ⅲ)	隧道沉降曲线边缘 2.5i 外

注：i 为沉降槽的宽度系数。

工程影响分区的划分界线应根据地质条件、施工方法及措施特点，结合当地的工程经验进行调整。当遇到下列情况时，应调整工程影响分区界线：

(1) 隧道、基坑周边土体以淤泥、淤泥质土或其他高压缩性土为主时，应增大工程主要影响区和次要影响区；

(2) 隧道穿越或基坑处于断裂破碎带、岩溶、土洞、强风化岩、全风化岩或残积土等不良地质体或特殊性岩土发育区域，应根据其分布和对工程的危害程度调整工程影响分区界线；

(3) 采用锚杆支护、注浆加固、高压旋喷等工程措施时，应根据其对岩土体的扰动程度和影响范围调整工程影响分区界线；

(4) 采用施工降水措施时，应根据降水影响范围和预计的地面沉降大小调整工程影响分区界线；

（5）施工期间出现严重的涌砂、涌土或管涌以及较严重渗漏水、支护结构过大变形、周边建筑物或地下管线严重变形等异常情况时，宜根据工程实际情况增大工程主要影响区和次要影响区。

二、监测等级划分

工程监测等级宜根据隧道工程的自身风险等级、周边环境风险等级和地质条件复杂程度进行划分。具体按表 13-3 划分，并应根据当地经验结合地质条件复杂程度进行调整。

工程监测等级 **表 13-3**

工程的自身风险等级 \ 周边环境风险等级	一级	二级	三级	四级
一级	一级	一级	一级	一级
二级	一级	二级	二级	二级
三级	一级	二级	三级	三级

（1）隧道工程的自身风险等级

根据隧道埋深和断面尺寸等按表 13-4 对隧道工程的自身风险等级进行划分。表中超大断面隧道是指断面尺寸大于 100m^2 的隧道；大断面隧道是指断面尺寸在 50～100m^2 的隧道；一般断面隧道是指断面尺寸在 10～50m^2 的隧道。近距离隧道是指两隧道间距在一倍开挖宽度（或直径）范围以内。

王梦恕院士根据覆跨比（拱顶覆土厚度 H_s 与结构跨度 D 之比），将隧道分为超浅埋、浅埋和深埋三类。超浅埋隧道是指 $H_s/D \leqslant 0.6$ 的隧道；浅埋隧道是指 $0.6 < H_s/D \leqslant 1.5$ 的隧道；深埋隧道是指 $H_s/D > 1.5$ 的隧道。

隧道工程的自身风险等级 **表 13-4**

工程自身风险等级	等级划分标准
一级	超浅埋隧道；超大断面隧道
二级	浅埋隧道；近距离并行或交叠的隧道；盾构始发与接收区段；大断面隧道
三级	深埋隧道；一般断面隧道

（2）周边环境风险等级

根据周边环境类型、重要性、与工程的空间位置关系和对工程的危害性按表 13-5 对周边环境风险等级进行划分。

周边环境风险等级 **表 13-5**

周边环境风险等级	等级划分标准
一级	主要影响区内存在既有轨道交通设施、重要建筑物、重要桥梁与隧道、河流或湖泊
二级	主要影响区内：一般建筑物、一般桥梁与隧道、高速公路或重要地下管线 二级次要影响区内：既有轨道交通设施、重要建筑物、重要桥梁与隧道、河流或湖泊隧道工程上穿既有轨道交通设施
三级	主要影响区内：城市重要道路、一般地下管线或一般市政设施 次要影响区内：一般建筑物、一般桥梁与隧道、高速公路或重要地下管线
四级	次要影响区内：城市重要道路、一般地下管线或一般市政设施

（3）地质条件复杂程度

根据场地地形地貌、工程地质条件和水文地质条件按表 13-6 划分。符合条件之一即为对应的地质条件复杂程度，从复杂开始，向中等、简单推定，以最先满足的为准。

三、监测范围

监测范围应根据隧道埋深和断面尺寸、施工工法、支护结构形式、地质条件、周边环境条件等综合确定，并应包括主要影响区和次要影响区。

地质条件复杂程度　　表 13-6

地质条件复杂程度	等级划分标准
复杂	地形地貌复杂；不良地质作用强烈发育；特殊性岩土需要专门处理；地基、围岩和边坡的岩土性质较差；地下水对工程的影响较大需要进行专门研究和治理
中等	地形地貌较复杂；不良地质作用一般发育；特殊性岩土不需要专门处理，地基、围岩和边坡的岩土性质一般；地下水对工程的影响较小
简单	地形地貌简单；不良地质作用不发育；地基、围岩和边坡的岩土性质较好；地下水对工程无影响

采用爆破开挖岩土体的地下工程，爆破震动的监测范围应根据工程实际情况通过爆破试验确定。

第三节　监 测 项 目

监测应采用仪器量测、现场巡查、远程视频等多种手段相结合来进行信息采集。对穿越既有轨道交通、重要建筑物等安全风险较大的周边环境，宜采用远程自动化实时监测。

根据《城市轨道交通工程监测技术规范》GB 50911—2013，对监测项目和内容分述如下。

一、仪器监测项目

1. 盾构法隧道管片结构和周围岩土体

监测项目应根据表 13-7 选择。

盾构法隧道管片结构和周围岩土体监测项目　　表 13-7

序号	监测项目	工程监测等级		
		一级	二级	三级
1	管片结构竖向位移	√	√	√
2	管片结构水平位移	√	O	O
3	管片结构净空收敛	√	√	√
4	管片结构应力	O	O	O
5	管片连接螺栓应力	O	O	O
6	地表沉降	√	√	√
7	土体深层水平位移	O	O	O
8	土体分层竖向位移	O	O	O
9	管片围岩压力	O	O	O
10	孔隙水压力	O	O	O

注：√为应测项目，O为选测项目。

2. 矿山法隧道支护结构和周围岩土体

监测项目应根据表 13-8 选择。

当遇到下列情况时，应对工程周围岩土体进行监测：

（1）隧道围岩的地质条件复杂，岩土体易产生较大变形、空洞、坍塌的部位或区域，应进行土体分层竖向位移或深层水平位移监测；

矿山法隧道支护结构和周围岩土体监测项目　　表 13-8

序号	监测项目	工程监测等级		
		一级	二级	三级
1	初期支护结构拱顶沉降	√	√	√
2	初期支护结构底板竖向位移	√	O	O
3	初期支护结构净空收敛	√	√	√
4	隧道拱脚竖向位移	O	O	O
5	中柱结构竖向位移	√	√	O
6	中柱结构倾斜	O	O	O
7	中柱结构应力	O	O	O
8	初期支护结构、二次衬砌应力	O	O	O
9	地表沉降	√	√	√
10	土体深层水平位移	O	O	O
11	土体分层竖向位移	O	O	O
12	围岩压力	O	O	O
13	地下水位	√	√	√

注：√为应测项目，O为选测项目。

（2）在软土地区，隧道邻近对沉降敏感的建筑物等环境时，应进行孔隙水压力、土体分层竖向位移或深层水平位移监测；

（3）工程邻近或穿越岩溶、断裂带等不良地质条件，或施工扰动引起周围岩土体物理力学性质发生较大变化，并对支护结构、周边环境或施工可能造成危害时，应结合工程实际选择岩土体监测项目。

3. 周边环境

监测项目应根据表 13-9 选择。当主要影响区存在高层、高耸建筑物时，应进行倾斜监测。既有城市轨道交通高架线和地面线的监测项目可按照桥梁和既有铁路的监测项目选择。

周边环境监测项目　　表 13-9

监测对象	监测项目	工程影响区		监测对象	监测项目	工程影响区	
		主要	次要			主要	次要
建筑物	竖向位移	√	√	地下管线	竖向位移	√	O
	水平位移	O	O		水平位移	O	O
	倾斜	O	O		差异沉降	√	O
	裂缝	√	O	既有城市轨道交通	隧道结构竖向位移	√	√
高速公路与城市道路	路面路基竖向位移	√	O		隧道结构水平位移	√	O
	挡墙竖向位移	√	O		隧道结构净空收敛	O	O
	挡墙倾斜	√	O		隧道结构变形缝差异沉降	√	√
桥梁	墩台竖向位移	√	√		轨道结构(道床)竖向位移	√	√
	墩台差异沉降	√	√		轨道静态几何形位 **	√	√
	墩柱倾斜	√	√		隧道、轨道结构裂缝	√	O
	梁板应力	O	O	既有铁路 *	路基竖向位移	√	√
	裂缝	√	O		轨道静态几何形位 **	√	√

注：√为应测项目，O为选测项目；* 包括城市轨道交通地面线，** 包括轨距、轨向、高低、水平。

采用钻爆法施工时，应对爆破震动影响范围内的建筑物、桥梁等高风险环境进行振动速度或加速度监测。

二、现场巡查

现场巡查可采用人工目测的方法，并辅助以量尺、锤、放大镜、照相机、摄像机等器具。各种施工方法的现场巡查内容如下。

1. 盾构法隧道

（1）盾构始发端、接收端土体加固情况；

（2）盾构掘进位置（环号）；

（3）盾构停机、开仓等的时间和位置；

（4）管片破损、开裂、错台、渗漏水情况；

（5）联络通道开洞口情况。

2. 矿山法隧道

（1）施工工况。开挖步序、步长、核心土尺寸等情况；开挖面岩土体的类型、特征、自稳性，地下水渗漏及发展情况。如开挖面岩土体的坍塌位置、规模；如降水或止水等地下水控制效果及降水设施运转情况。

（2）支护结构。超前支护施作情况及效果、钢拱架架设、挂网及喷射混凝土的及时性、连接板的连接及锁脚锚杆的打设情况；初期支护结构渗漏水情况；初期支护结构开裂、剥离、掉块情况；临时支撑结构的变位情况；二衬结构施作时临时支撑结构分段拆除情况；初期支护结构背后回填注浆的及时性。

3. 周边环境

（1）建筑物、桥梁墩台或梁体、既有轨道交通结构等的裂缝位置、数量和宽度，混凝土剥落位置、大小和数量，设施的使用状况；

（2）地下构筑物积水及渗水情况，地下管线的漏水、漏气情况；

（3）周边路面或地表的裂缝、沉陷、隆起、冒浆的位置、范围等情况；

（4）河流湖泊的水位变化情况，水面出现漩涡、气泡及其位置、范围，堤坡裂缝宽度、深度、数量及发展趋势等；

（5）工程周边开挖、堆载、打桩等可能影响工程安全的生产活动。

三、远程视频监控

对工程施工中风险较大的部位宜进行远程视频监控，且远程视频监控现场应有适当的照明条件，当无照明条件时可采用红外设备进行监控。

下列部位宜进行远程视频监控：

（1）盾构法隧道工程的始发、接收井与联络通道；

（2）矿山法隧道工程的岩土体开挖面；

（3）施工竖井、洞口、通道、提升设备等重点部位。

第四节　测点布置

监测点的布设包括支护结构和周围岩土体两部分。监测点的布设位置和数量应根据施工工法、工程监测等级、地质条件及监测方法的要求等综合确定，并应满足反映监测对象实际状态、位移和内力变化规律，及分析监测对象安全状态的要求。

支护结构监测应在支护结构设计计算的位移与内力最大部位、位移与内力变化最大部位及反映工程安全状态的关键部位等布设监测点。

周边环境监测点应布设在反映环境对象变形特征的关键部位和受施工影响敏感的部位。如高低悬殊或新旧建筑物连接处、建筑物变形缝、不同基础形式和不同基础埋深部位、地下管线节点和转角点等部位。

一、盾构法

盾构施工时导致地表变形的因素很多，是一个综合性的技术问题。盾构施工引起的地表沉降呈现以盾构机为中心的三维扩散分布，典型的地面沉降曲线如图 13-3 所示。盾构施工引起地表沉降发展的过程及不同阶段见表 13-10。

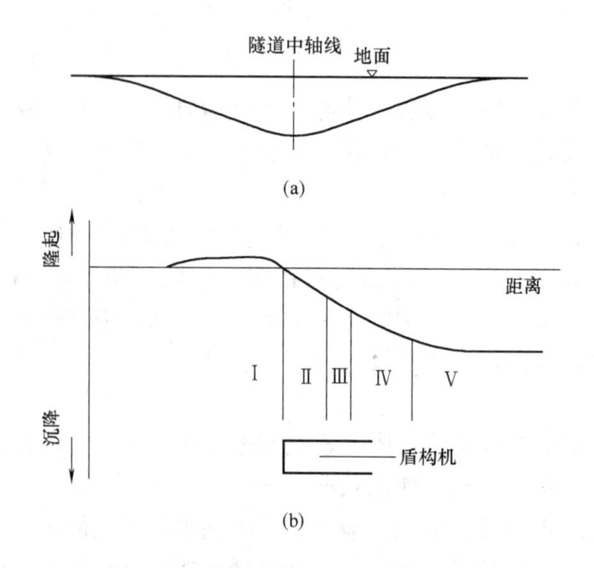

图 13-3　盾构法施工地面沉降曲线图

(a) 盾构法施工过程中地面典型横向沉降槽形状；

(b) 盾构法施工过程中沿隧道纵向地面沉降组成

盾构施工引起地表沉降发展阶段　　**表 13-10**

阶段		产生沉降原因
Ⅰ	先期隆起或沉降	开挖面前方滑裂面以远土体因地下水位下降而导致土体固结沉降。正前方土体受压致密，孔压消散，土体压缩模量增大
Ⅱ	盾构到达时沉降	周围土体因开挖卸荷（应力释放）导致弹性或弹塑性变形的发生。开挖面设定压力过大时产生隆起
Ⅲ	盾构通过时沉降	推进时盾壳和土层间的摩擦剪切力导致土体向盾尾空隙后移、仰头或叩头时纠偏。此时周边土体超孔隙水压力达到最大，推进速度和管背注浆对其也有影响
Ⅳ	盾尾空隙沉降	尾部空隙导致围岩松动、沉降
Ⅴ	长期延续沉降	围岩蠕变而产生的塑性变形，包括超孔隙水压消散引起的主固结沉降和土体骨架蠕变引起的次固结沉降

在盾构始发、接收、穿越建筑物地段，以及联络通道和存在不良地质条件（如存在地层偏压、围岩软硬不均、高地下水位）的部位等是盾构施工的风险区段，这些部位或区段应重点监测，除适当加密纵向监测点的布设外，还应布设横向监测断面。

1. 盾构管片结构沉降、水平位移和净空收敛

盾构隧道在高风险施工部位，会使隧道结构产生位移和变形。同时，隧道下穿或邻近重要建筑物和地下管线时会对它们的安全与稳定造成较大影响。这些部位要布设管片结构竖向和水平位移、净空收敛监测断面及监测点。

在下面三个区段应布设监测断面：

（1）在盾构始发与接收段、联络通道附近、左右线交叠或邻近段、小半径曲线段等区段；

（2）存在地层偏压、围岩软硬不均、地下水位较高等地质条件复杂区段；

（3）下穿或邻近重要建筑物、地下管线、河流湖泊等周边环境条件复杂区段。

对每个监测断面，宜在拱顶、拱底、两侧拱腰处布设管片结构净空收敛监测点。拱顶、拱底的净空收敛监测点可兼作竖向位移监测点，两侧拱腰处的净空收敛监测点可兼作水平位移监测点。

2. 盾构管片结构应力、管片围岩压力、管片连接螺栓应力

根据这些应力监测结果，可以分析管片的受力特征及分布规律、管片结构的安全状态。当盾构隧道处于不良地质或环境条件复杂的地段时，由于受力不均，隧道结构有可能发生变形甚至损坏。要求如下：

（1）监测断面应垂直于隧道轴线，布设于存在地层偏压、围岩软硬不均、地下水位较高等地质或环境条件复杂地段，并应与管片结构竖向位移和净空收敛监测断面处于同一位置；

（2）每个监测项目在每个监测断面的监测点数量不宜少于5个。

3. 周边地表沉降

布设位置一方面应沿盾构轴线方向布置沉降监测点，另一方面在隧道中心轴线两侧的沉降槽范围内设置横向监测点，以测得完整的沉降槽。要求如下：

（1）监测点应沿盾构隧道轴线上方地表布设。当监测等级为一级时，监测点间距宜为5～10m；监测等级为二、三级时，间距宜为10～30m。始发和接收段应适当增加监测点；

（2）横向监测断面应根据周边环境和地质条件布设。当监测等级为一级时，监测断面间距宜为50～100m；监测等级为二级、三级时，间距宜为100～150m。横向监测断面监测点数量宜为7～11个，主要影响区的监测点间距宜为3～5m，次要影响区的监测点间距宜为5～10m；

（3）在始发和接收段、联络通道等部位及地质条件不良易产生开挖面坍塌和地表过大变形的部位，应设置横向监测断面。

4. 周围土体深层水平位移和分层沉降

监测的目的主要是为了掌握和了解盾构施工对周围岩土体的影响程度及影响范围（包括深度范围），进而掌握由于岩土体的位移变形对周围建筑物带来的影响。要求如下：

（1）地层疏松、土洞、溶洞、破碎带等地质条件复杂地段，软土、膨胀性岩土、湿陷

性土等特殊性岩土地段，工程施工对岩土体扰动较大或邻近重要建筑物、地下管线等地段，应布设监测孔及监测点；

（2）监测孔的位置和深度应根据工程需要确定，并应避免管片背后注浆对监测孔的影响；

（3）土体分层竖向位移监测点布设在各层土的中部或界面上，也可等间距布设。

5. 孔隙水压力

孔隙水压力在盾构施工过程中一般不需观测，仅在一些特殊地段才需增加的监测项目，且要和管片结构的变形监测及内力监测布设在同一监测断面内，目的是便于分析管片结构及周边环境的变形规律和安全状态，进一步指导工程施工和设计。

孔隙水压力监测宜选择在隧道管片结构受力和变形较大、存在饱和软土和易产生液化的粉细砂土层等有代表性的部位进行布设。监测点竖向可按土层在影响深度范围内布设，间距2～5m，数量不宜少于3个。

二、矿山法

矿山法每个开挖面的每日进尺，受地质条件复杂程度及开挖断面大小等因素影响。一般人工开挖进尺每日1～3m，钻爆开挖进尺每日3～5m。开挖面附近监测点布设间距应根据工程监测等级、周边环境条件、每日开挖进尺综合确定。

在联络通道、隧道变断面及不同工法变换等部位，以及复杂地质条件及环境条件区域施工容易引起较大的地表沉降，在这些特殊部位应布设监测点或监测断面。另外，由于附属结构施工断面较大，覆土厚度较小，下穿管线较多，施工条件差，风险因素多，容易出现开挖面坍塌，事故频率高，因此，应加强附属结构施工监测点的布设。

1. 初期支护结构拱顶沉降、净空收敛

拱顶沉降及净空收敛监测数据直接反映初期支护结构和围岩的变形特征，其监测断面应在初期支护结构施作完成后紧随开挖面（离开挖工作面2m以内）布设，并及时读取初始值，因开挖初期隧道结构变形速率最大。拱顶沉降监测点也可作为净空收敛的监测点。

横向监测断面。车站监测断面间距宜为5～10m，区间监测断面间距宜为10～15m。分部开挖施工的每个导洞均应布设横向监测断面。

监测点。位置宜在隧道拱顶、两侧拱脚处（全断面开挖时）或拱腰处（半断面开挖时）；净空收敛测线宜为1～3条。

周边位移量测布设测线数和位置要求分别见表13-11和图13-4。

周边位移测线数 **表13-11**

地段 开挖方法	一般地段	特殊地段		
		洞口附近	埋深小于2B	有膨胀压力或偏压
全断面开挖	一条水平测线		三条或五条	
短台阶开挖	二条水平测线	三条或六条	三条或六条	三条或六条
多台阶开挖	每台阶一条水平测线	每台阶三条	每台阶三条	每台阶三条

注：B为隧道开挖宽度。

2. 初期支护结构底板竖向位移

监测点布设在底板中部或两侧，位置与拱顶沉降监测点对应。

3. 隧道拱脚竖向位移

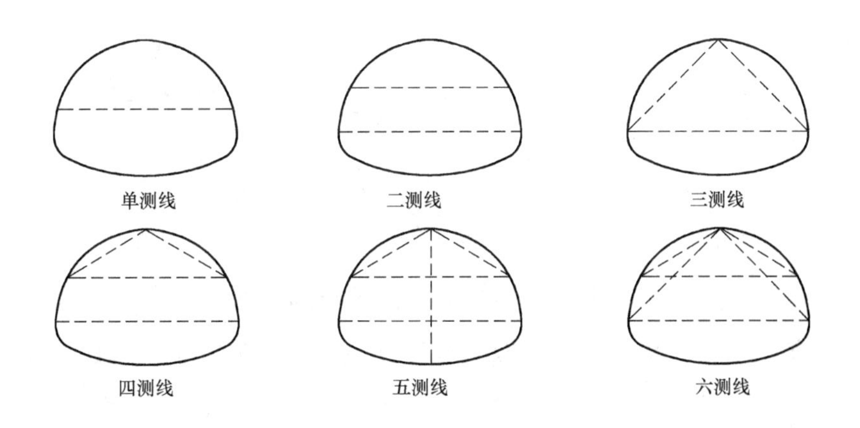

图 13-4 周边位移观测线布置图

在隧道周围岩土体存在软弱土层时，应布设隧道拱脚竖向位移监测点，并与初期支护结构拱顶沉降监测点共同组成监测断面。

4. 车站中柱沉降、倾斜及结构应力

选择有代表性的中柱进行沉降、倾斜监测。

中柱结构应力的监测目的是掌握中柱的受力是否超过设计强度或存在荷载偏心情况。如需监测，监测数量不应少于中柱总数的 10%，且不应少于 3 根，每柱布设 4 个监测点，并在同一水平面内均匀布设，每隔 90° 设 1 个测点。

5. 围岩压力、初期支护结构应力、二次衬砌应力

监测是为了掌握和了解围岩作用在初期支护结构上的压力及初期支护结构、二次衬砌结构的受力特征、分布规律、安全及稳定状况等，监测断面的布设位置主要考虑地质条件复杂或应力变化较大的部位。

监测点布设在拱顶、拱脚、墙中、墙脚、仰拱中部等部位，如图 13-5 所示。监测断面上每个监测项目一般不宜少于 5 个测点，在有偏压、底鼓等特殊情况下，应视情况调整测点位置和数量。需拆除竖向初期支护结构的部位要根据需要布设监测点。

应力监测断面与净空收敛监测断面宜处于同一位置。

6. 围岩内部位移

为了判断围岩位移随深度变化规律，确定围岩的移动范围，分析支架与围岩相互作用的关系，判断开挖后围岩的松动区、强度下降区与围岩相互作用的关系、锚杆长度适宜程度以及相邻隧道施工对既有隧道围岩稳定性的影响，需要进行围岩体内位移量测。

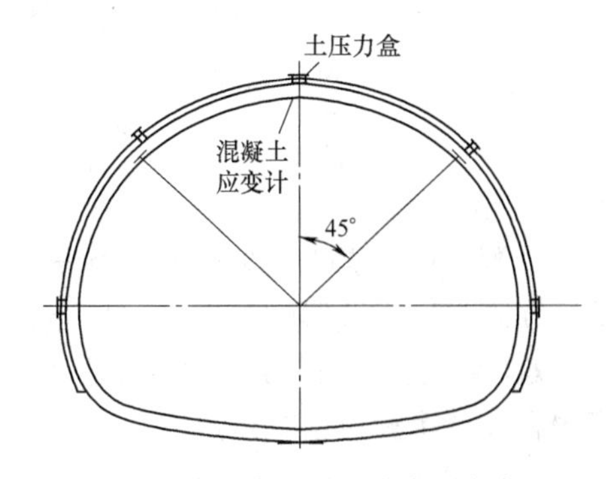

图 13-5 围岩压力和衬砌应力测点布置图

对围岩内部位移，观测孔与周边位移观测线通常对应布置，以便相互验证分析，布置方法如图 13-6 所示。

7. 周边地表沉降

对浅埋隧道，隧道的开挖可能引起上覆岩体的下沉，致使地面建筑的破坏和地面环境

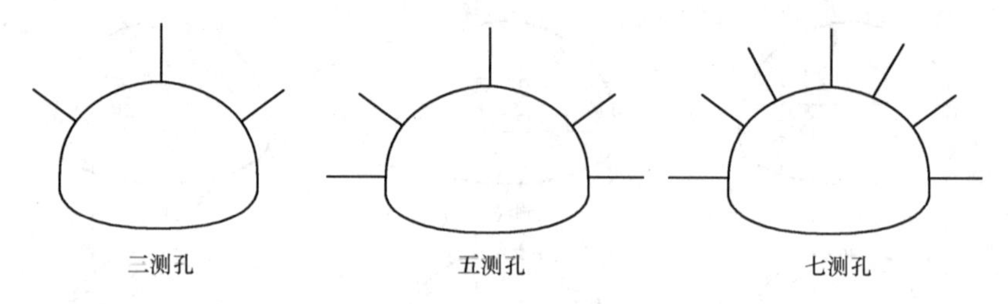

图 13-6　围岩内部位移观测孔布置

的改变。如果地表下沉量大或出现增加趋势，应加强支护和调整施工措施，如适当加喷混凝土、增设锚杆、加钢筋网、加钢支撑、超前支护等，或缩短开挖循环进尺、提前封闭仰拱，甚至预注浆加固围岩等。

监测目的是反映矿山法施工对周围地层和地表的影响，判断工程施工措施的可靠性及周边环境的安全性。隧道或分部开挖施工导洞的轴线上方一般地表沉降较大，是地表沉降监测布点的重要部位。

横向监测断面。监测等级为一级时，监测断面间距宜为 10～50m；监测等级为二、三级时，监测断面间距宜为 50～100m。在车站与区间、车站与附属结构、明暗挖等的分界部位，洞口、隧道断面变化、联络通道、施工通道等部位及地质条件不良易产生开挖面坍塌和地表过大变形的部位，应布设横向监测断面。横向监测断面的监测点数量宜为 7～11 个，且主要影响区的监测点间距宜为 3～5m，次要影响区的监测点间距宜为 5～10m。

监测点应沿每个隧道或分部开挖导洞的轴线上方地表布设，且监测等级为一、二级时，监测点间距宜为 5～10m；监测等级为三级时，监测点间距宜为 10～15m。

图 13-7 是地表沉降观测点布置示意图。

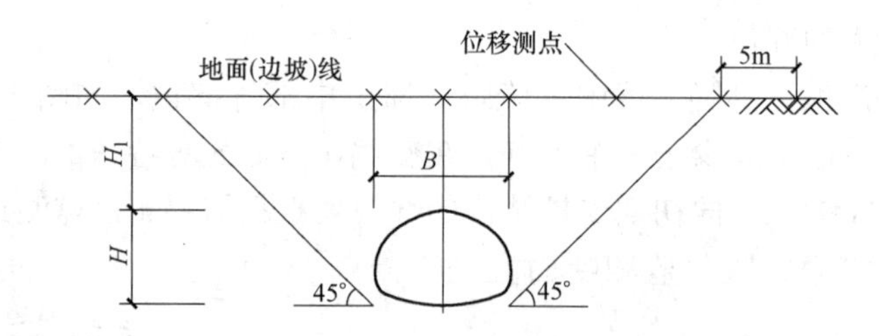

图 13-7　地表沉降观测点布置图

8. 地下水位

观测孔应根据水文地质条件的复杂程度、降水深度、降水影响范围和周边环境保护要求，在降水区域及影响范围内分别布设地下水位观测孔。

观测孔数量应满足掌握降水区域和影响范围内的地下水位动态变化的要求。当降水深度内存在 2 个及以上含水层时，应分层布设地下水位观测孔。

三、周边环境

1. 建筑物

为了能够反映建筑物竖向位移的变化特征和便于分析，监测点布设应考虑其基础形式、结构类型、修建年代、重要程度及其与轨道交通工程的空间位置关系等因素。

高层、高耸建筑物的倾斜监测，可采用基础两点间的差异沉降推算倾斜变形。

（1）建筑物竖向位移

监测点布设应反映建筑物的不均匀沉降，应布设在外墙或承重柱上。位于主要影响区时，监测点沿外墙间距宜为10～15m，或每隔2根承重柱布设1个监测点；位于次要影响区时，监测点沿外墙间距宜为15～30m，或每隔2～3根承重柱布设1个监测点；在外墙转角处应有监测点。风险等级较高的建筑物应适当增加监测点数量。

在高低悬殊或新旧建筑物连接、建筑物变形缝、不同结构分界、不同基础形式和不同基础埋深等部位的两侧应布设监测点。

对烟囱、水塔、高压电塔等高耸构筑物，应在其基础轴线上对称布设监测点，且每栋构筑物监测点不应少于3个。

（2）建筑物水平位移

监测点应布设在邻近基坑或隧道一侧的建筑物外墙、承重柱、变形缝两侧及其他有代表性的部位，并可与建筑物竖向位移监测点布设在同一位置。

（3）建筑物倾斜

倾斜监测点应沿主体结构顶部、底部上下对应按组布设，且中部可增加监测点。每栋建筑物倾斜监测数量不宜少于2组，每组的监测点不应少于2个。

采用基础的差异沉降推算建筑物倾斜时，监测点应符合建筑物竖向位移的布设规定。

（4）建筑物裂缝宽度

根据裂缝的分布位置、走向、长度、宽度、错台等参数，分析裂缝的性质、产生的原因及发展趋势，选取应力或应力变化较大部位的裂缝或宽度较大的裂缝进行监测。

监测位置宜按组布设在裂缝的最宽处及裂缝首、末端，每组2个监测点，分别布设在裂缝两侧，且其连线应垂直于裂缝走向。

2. 桥梁

桥梁承台或墩柱是整个桥梁的支撑结构，地铁隧道建设对地层的扰动通过它们传递到桥梁上部结构，引起桥梁整体的变形和应力变化。因此，桥梁承台或墩柱竖向位移是桥梁整体竖向位移的直接反映，在其上布设监测点可获得评价桥梁变形的数据。

桥梁墩台竖向位移监测点应布设在墩柱或承台上，每个墩柱和承台的监测点不应少于1个，群桩承台适当增加监测点。采用全站仪监测桥梁墩柱倾斜时，监测点应沿墩柱顶、底部上下对应按组布设，且每个墩柱的监测点不应少于1组，每组的监测点不少于2个；采用倾斜仪监测时，监测点不少于1个。

桥梁结构应力监测点布设在桥梁梁板结构中部或应力变化较大部位。

桥梁裂缝宽度监测点布设要求同建筑物。

3. 地下管线

地下管线的监测主要有间接监测点和直接监测点两种形式。对难于获得敏感部位或变形较大部位时，可利用窨井、阀门、抽气孔以及检查井等管线设备作为监测点。

竖向位移监测点的间距：地下管线位于主要影响区时，宜为5～15m；位于次要影响区时，宜为15～30m。位置可设在地下管线的节点、转角点、位移变化敏感或预测变形较大的部位。地下管线密集、种类繁多时，应对重要的、抗变形能力差的、容易渗漏或破坏的管线进行重点监测。

地下管线位于主要影响区时，宜采用位移杆法在管体上直接布设；地下管线位于次要影响区且无法布设直接监测点时，可在地表或土层中布设间接竖向位移监测点。

隧道下穿污水、给水、燃气、热力等地下管线且风险很高时，应布设管线结构直接竖向位移监测点及管侧土体竖向位移监测点。

地下管线水平位移监测点布设位置和数量应根据地下管线特点和工程需要确定。

4. 高速公路与城市道路

路面和路基竖向位移监测点应与路面下方的地下构筑物和地下管线的监测工作相结合，做到监测点布设合理、相互协调。路面竖向位移监测点可参照周边基坑、盾构法和矿山法中地表沉降监测要求，结合路面实际情况进行布设。隧道下穿高速公路、城市重要道路时，应布设路基竖向位移监测点，路肩或绿化带上应设置地表监测点。

道路挡墙竖向位移监测点宜沿挡墙走向布设，挡墙位于主要影响区时，监测点间距不宜大于5～10m；位于次要影响区时，监测点间距宜为10～15m。

道路挡墙倾斜监测点应根据挡墙的结构形式选择监测断面，每段挡墙监测断面不应少于1个，每个监测断面上、下监测点应布设在同一竖直面上。

5. 既有轨道交通

既有隧道结构：竖向位移、水平位移和净空收敛监测应按监测断面布设。既有隧道结构位于主要影响区时，监测断面间距不宜大于5m；位于次要影响区时，监测断面间距不宜大于10m。每个监测断面宜在隧道结构顶部或底部、结构柱、两边侧墙布设监测点。

既有轨道道床或轨枕：竖向位移监测应按监测断面布设，监测断面与既有隧道结构或路基的竖向位移监测断面处于同一里程。高架桥、路基的相关监测参照桥梁和公路的测点布设。

轨道静态几何形位包括轨距、轨向、轨道的左右水平和前后高低，监测点的布设应按城市轨道交通或铁路的工务维修、养护要求等确定。裂缝监测要求同建筑物。

既有轨道交通监测宜采用远程自动化监控系统。

第五节　监 测 方 法

监测前应先设置监测基准点、工作基点，它们应埋设在相对稳定土层内，经观测确定稳定后再使用。基准点应布设在施工影响范围以外的稳定区域，且每个监测工程的竖向位移观测的基准点不应少于3个，水平位移观测的基准点不应少于4个。当基准点距离所监测工程较远致使监测作业不方便时，宜设置工作基点。监测期间，基准点应定期复测，工作基点应与基准点进行联测。

监测仪器、设备和元器件应满足监测精度和量程的要求，稳定、可靠，并定期检定或校准。监测过程中要定期进行仪器的核查、比对，设备的维护、保养。

工程周边环境及岩土体监测点应在施工之前埋设，工程支护结构监测点应在支护结构施工过程中及时埋设。监测点埋设并稳定后，应至少连续独立进行3次观测，并取其稳定值的平均值作为初始值。

监测过程中，应做好监测点和传感器的保护工作。测斜管、水位观测孔、分层沉降管等管口应砌筑窨井，加盖保护。爆破震动、应力应变等传感器应防止信号线被损坏。

隧道及周围岩土体的水平位移、竖向位移、深层水平位移和分层沉降，建筑物的倾斜、裂缝等监测方法，与前面章节内容相同，这里不再赘述。

一、拱顶下沉与净空收敛

1. 拱顶下沉

拱顶点是隧道周边上的一个特殊点，其位移具有较强的代表性，是围岩和支护结构安全稳定的最直接、最明显的体现。拱顶下沉量测的测点，一般可与周边位移测点共用。

测点埋设：拱顶下沉测点一般用 ϕ6mm 钢筋弯成三角形，固定在待测面上的拱顶部位。

观测方法有三种：

(1) 收敛计测量

拱顶下沉量的大小，可以通过净空收敛观测值通过计算得到。根据测线 A、B、C 的实测值并利用三角形面积换算求得，如图 13-8 所示。

拱顶下沉量

$$\Delta h = h_1 - h_2 \tag{13-4a}$$

$$h_1 = \frac{2}{a}\sqrt{S(S-a)(S-b)(S-c)},\ h_2 = \frac{2}{a}\sqrt{S'(S'-a')(S'-b')(S'-c')} \tag{13-4b}$$

$$S = \frac{1}{2}(a+b+c),\ S' = \frac{1}{2}(a'+b'+c') \tag{13-4c}$$

式中 a、b、c——分别为前次量测 BC 线、AB 线、AC 线所得的实测值；

a'、b'、c'——分别为后次量测 BC 线、AB 线、AC 线所得的实测值。

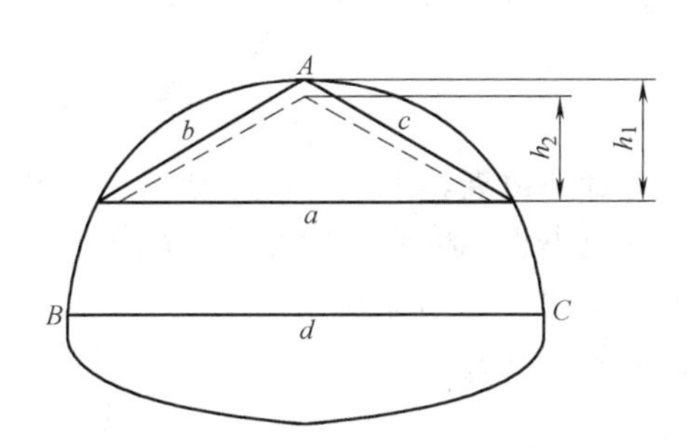

图 13-8 拱顶下沉计算示意图

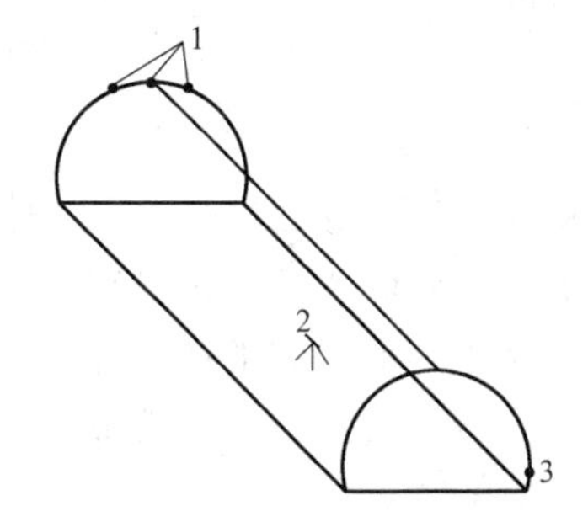

图 13-9 全站仪测量拱顶下沉量示意图

1—拱顶下沉观点；2—全站仪站点；3—后视点

(2) 全站仪测量

由已知高程的临时或永久水准点，使用较高精度的全站仪等，可观测出隧道拱顶各点的下沉量及其随时间的绝对位移值。隧道底鼓也可用此法观测。

在被测断面的拱顶位置布设 1～3 个反光贴片，并在距离该断面数十米位置（可选择已做二衬，或可认为该处衬砌变形已经稳定的位置），贴 1 个反光片作为后视点，使用全站仪“对边量测”功能，测出被测点与后视点间的相对位移，该位移即拱顶下沉量，如图 13-9 所示。

(3) 水准仪测量

测量水准基点设置：水准基点应埋设在盾构隧道管片位移影响范围以外的始发井的基坑底板上，并应埋设两个基点，以便互相校核。矿山法可布设在洞内或洞外不动点上。水准基点的埋设要牢固可靠，用红油漆标明，施工中注意保护。

根据隧道开挖洞室高度准备钢卷尺，一端接上挂钩。监测时，将钢卷尺挂在拱顶测点上，观测方法与地表沉降量测方法相同，如图 13-10 所示。如果在测点和挂尺附近有振动等作业时，要暂停观测，待周围环境对测量无影响时再继续监测。

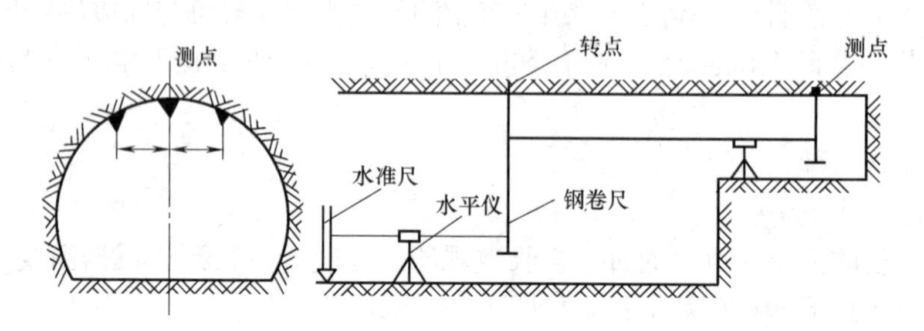

图 13-10　拱顶下沉的测量方法

测得各测点高程后与上次测得高程进行比较，差值即为该测点的隆陷值。

2. 隧道收敛

矿山法隧道开挖后、盾构法隧道拼装完成后，应及时设置收敛监测点，并进行初始值测量。隧道结构的净空收敛可采用收敛计、全站仪或红外激光测距仪进行监测。

采用收敛计监测应符合下列规定：

（1）测点埋设

收敛点的埋设，可以用电钻打眼，用弯曲的膨胀螺栓固定。测点与隧道壁应牢固固定。

（2）观测方法

监测点安装后应进行监测点与收敛尺接触点的符合性检查。观测时，应施加收敛尺标定时的拉力，进行 3 次独立观测且 3 次独立观测较差应小于标称精度的 2 倍。观测结果应取 3 次独立观测读数的平均值。当相对位移值较大时，要注意消除换孔误差。

测距＝钢尺读数＋螺旋千分尺读数

（3）温度修正

工作现场温度变化较大时，读数应进行温度修正：

$$L'=L_{\mathrm{n}}[1-\alpha(T_0-T_{\mathrm{n}})] \tag{13-5}$$

式中　L'——温度修正后的钢尺实际长度；

L_{n}——第 n 次观测时钢尺的长度读数（测距）；

α——钢尺线膨胀系数，取 $\alpha=12\times10^{-6}$℃；

T_0——首次观测时的环境温度（℃）；

T_{n}——为第 n 次观测时的环境温度（℃）。

（4）计算分析

本次测得的隧道净空观测值与上次比较，差值即为该测点的变化量。

计算各测线的相对位移值和速率，绘出位移-时间散点图，位移-开挖面距离散点图，对各量测断面内的测线进行回归分析，判断隧道的稳定性。

二、结构应力

结构应力可通过安装在结构内部或表面的应变计或应力计进行量测。

混凝土构件可采用钢筋应力计、混凝土应变计、光纤传感器等进行监测；钢构件可采用轴力计或应变计等进行监测。

结构应力监测应排除温度变化等因素的影响，且钢筋混凝土结构应排除混凝土收缩、徐变以及裂缝的影响。

埋设前，应对结构应力监测传感器进行标定和编号。埋设后，导线应引至适宜监测操作处，导线端部应做好防护措施。

钢筋应力计或应变计的量程宜为设计值的 2 倍，精度不宜低于 0.25%F·S。

1. 盾构隧道管片的应力位移

（1）管片钢筋应力。管片的钢筋应力量测主要采用钢筋应力计。在管片生产时就应在管片内、外侧钢筋上焊接钢筋应力计，布置如图 13-11 所示。

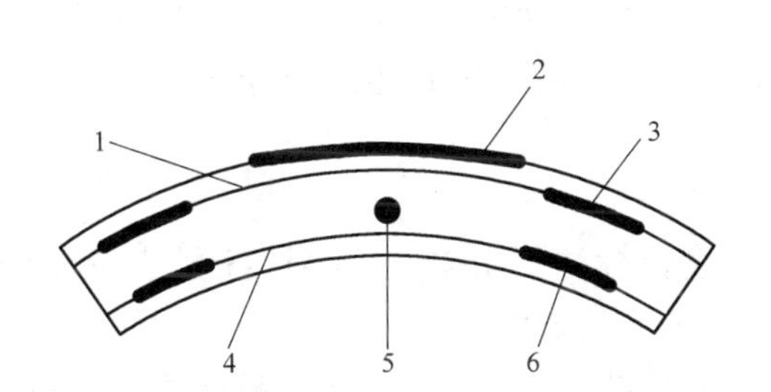

图 13-11 钢筋应力计、土压力计、混凝土应变计布置图

1—外层钢筋；2—柔性土压力计；3—钢筋计；4—内层钢筋；5—混凝土应变计；6—钢筋计

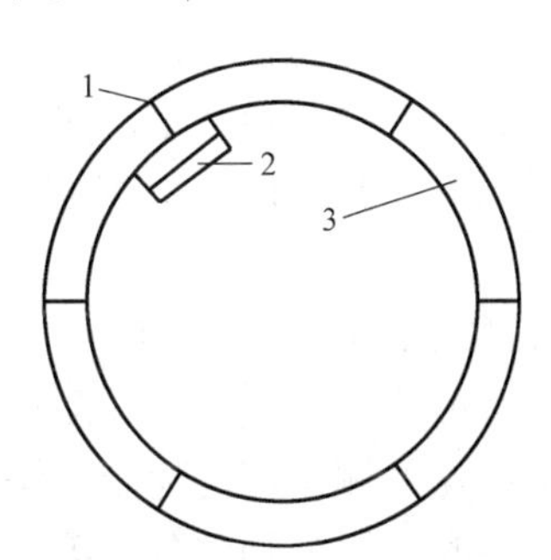

图 13-12 管片接缝测量图

1—接缝；2—测缝计；3—管片

（2）混凝土应变采用混凝土应变计。在管片钢筋骨架安装完成后，用钢筋或细钢丝绑扎固定应变计。

（3）管片接缝张开位移。主要采用测缝计量测，如图 13-12 所示。

（4）接头螺杆连接力。在管片接头螺杆上粘贴应变片测量螺杆拉力。

2. 矿山法隧道初期支护结构应力、二次衬砌应力

矿山法隧道初期支护多用喷射混凝土层。喷射混凝土层应力通常指切向应力，因其径向应力较小。应力测量仪器主要有钢弦式喷层应力计、应变砖等。

图 13-13 为混凝土喷层应力计。通过混凝土喷层应力计，可测出每个测点的环向应力和切向应力。围岩初喷以后，在初喷面上将喷层应力计固定，再复喷，将喷层应力计全部覆盖并使应力计居于喷层的中央，方向为切向。喷射混凝土达到初凝时开始测取读数。

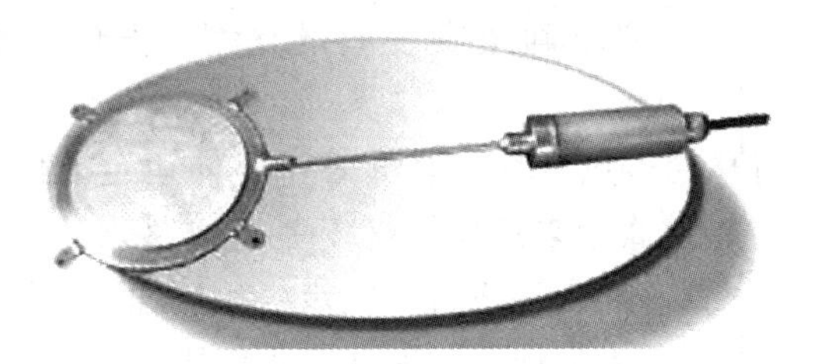

图 13-13 混凝土喷层应力计

应变砖实质是由电阻应变片，外加银箔防护做成银箔应变计，再用混凝土材料制成矩形立方块，外观形如砖。

实际工程中，一般允许喷层有少量局部裂纹，但不能有明显的裂损或剥落、起鼓等。如果喷层应力过大，多是围岩压力和位移大、支护不足引起，应适当增加初始喷层厚度。如果喷层厚度已足够，则应增加锚杆、调整施工措施、改变封底时间等。

二次衬砌应力观测点应在衬砌内外两侧布置。监测传感器应在混凝土浇筑前埋设，在混凝土降至常温状态后测取初读数。

三、围岩内部位移

围岩内部位移量测，就是观测围岩表面与内部各测点间的相对位移值。该值不仅能反映围岩内部的松弛程度，而且更能反映围岩松弛范围的大小，也是判断围岩稳定性的一个重要参考指标。

围岩内部位移通常采用多点位移计测量。多点位移计出厂时，传感器、护管和护管连接座均已安装在基座上，观测电缆也已接好，安装埋设时只需连接测杆、护管、锚头等附件。

1. 多点位移计的组装

安装前应首先核对设计测量点数及各点深度，标注每组多点位移计各测量点的编号。根据各测点的测量深度配制不锈钢测杆和 PVC 护管的长度。

组装时，先分别将各点第一节测杆和传感器拉杆连接。当第二节测杆与第一节测杆连接完成后，穿入第一节护管，护管的一头插入护管连接座，另一头与下一节护管连接，然后套入分配盘。依次连接各点的测杆和护管到规定长度。测杆之间用测杆接头连接旋紧，护管之间用护管接头及 PVC 胶连接。

当各点测杆和护管接长到规定的长度后，分别安装护管密封头和锚头。护管密封头穿过测杆，外圆处涂 PVC 胶插入护管尾部固定；锚头直接旋在测杆尾部。

2. 排气管和灌浆管的安装

排气管从多点位移计安装基座旁边引出。若多点位移计埋设方位向下，排气管伸进孔内 1～2m 即可；若多点位移计埋设方位是平放或向上（如装在顶拱上），则排气管应与测杆一起安装，其长度要大于最长测杆长度 20cm 以上，以保证注浆时空气能完全排出。

灌浆管从孔口的位移计安装基座旁边伸进孔内。位置一般与排气管的位置相反：排气管口靠近孔口时，灌浆管口就在孔底；排气管口靠近孔底时，灌浆管口就在孔口附近。

3. 多点位移计的埋设

多点位移计的埋设分为正向埋设和反向埋设，图 13-14 为 VWM 型钢弦式多点位移计埋设示意图。

首先进行钻孔，根据设计要求确定安装埋设高程、方位、角度，测点数越多孔径越大。

① 整体安装方法。将整套多点位移计装配好，整体运至孔位处，慢慢将其送入钻孔中就位（入孔弧度不要过小），直至多点位移计安装基座落入孔口并放置牢固。多点位移计就位后在基座旁引出排气管，插入注浆管，固定好后用速干膨胀水泥将排气管、注浆管和孔口封闭固结。该方法适用于大型地下洞室或露天施工场所。

② 分体安装方法。先将最深测点的测杆、锚头和护管、密封头组装两节后，用绳子

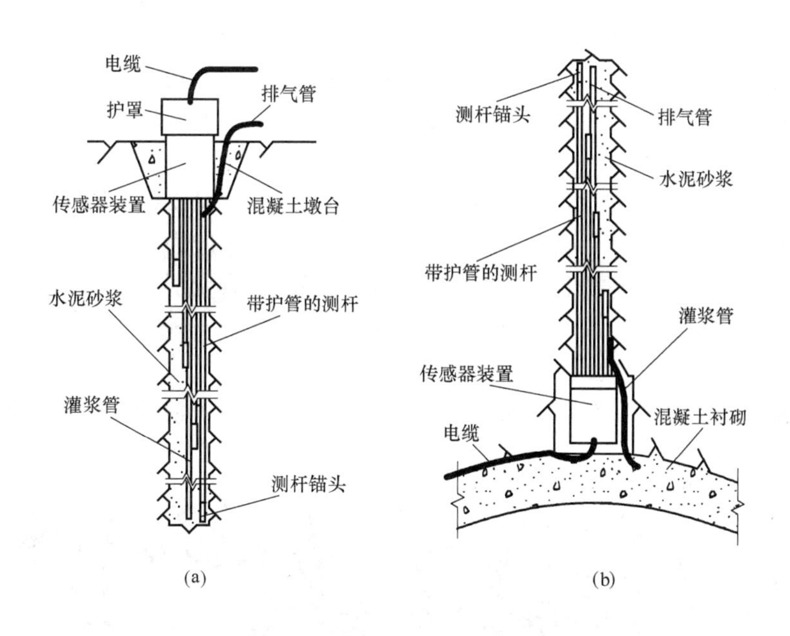

图 13-14　钢弦式多点位移计安装埋设示意图

(a) 向下安装；(b) 向上安装

兜住锚头放入孔中，然后逐级接长、逐级下放，边连接边向钻孔内延伸推进。当最深测点的测杆和护管推进到第二深测点高程时，将第二测点的测杆和护管也顺序放下，这时两组测杆和护管捆扎在一起同时逐级接长、逐级下放，在下放的同时每隔 2m 左右将测杆相互之间用扎带捆扎一次。依此安放其他各级测杆和护管，直至孔口高程。各点测杆和护管就位后装上分配盘再与传感器和安装基座连接固定在孔口处。该法适用于测杆太长或工作场地狭小的场所。

多点位移计安装就位后即可灌浆，以防孔中有破碎岩石掉块或泥沙固结。灌浆过程中排气管内会不断有空气排出，当排气管中开始回浆时表明灌浆已满。此时，可拆除灌浆设备，堵住灌浆管和排气管。

4. 观测和计算

机械式多点位移计使用百分表测读，电测式使用二次仪表测读。

设变形前测点 i 在孔口的读数为 S_{i0}，第 n 次测量时该点在孔口的读数为 S_{in}，则第 n 次测量时，测点 i 相对于孔口的总位移量为：$D_i = S_{in} - S_{i0}$，于是，测点 i 相对于测点 1 的位移量 $\Delta_i = D_i - D_1$。

四、围岩与支护间的压力

监测目的是了解隧道开挖后围岩压力的分布规律，围岩与支护结构的共同作用效果，判断围岩和支护结构的稳定性。

盾构法及矿山法隧道围岩压力宜采用界面式土压力计进行监测。土压力计的量程可根据预测的压力变化幅度确定，上限可取设计压力的 2 倍，精度不宜低于 0.5%F·S，分辨率不宜低于 0.2%F·S。

土压力计的埋设可采用埋入法。采用钻孔法埋设时，回填应均匀密实，且回填材料宜与周围岩土体一致。受力面与所监测的压力方向应垂直，并紧贴被监测对象。测量导线中间不应有接头，并按一定线路集中于导线箱内，要防止支护结构滑移损伤压力计及线缆。

隧道工程土压力计埋设后，应立即进行检查测试，并读取初始值。

围岩压力与围岩位移量及支护刚度密切相关，初期支护的压力和变形可能有三种情况：

（1）围岩压力大，但变形量不大。这表明支护时间尤其是支护的封底时间可能过早或支护刚度太大。可对相关项目适当调整，让围岩释放较多的应力；

（2）围岩压力和变形量均很大。应加强支护，限制围岩变形，控制围岩压力的增长。

（3）围岩压力很小，但变形量很大。此时应考虑可能会出现围岩失稳。

1. 盾构法管片衬砌和地层的接触压力

在管片生产时即在管片的外表面安装土压力计或受力面积较大的柔性土压力计，土压力盒的受压面向外，表面与管片外表面平齐。

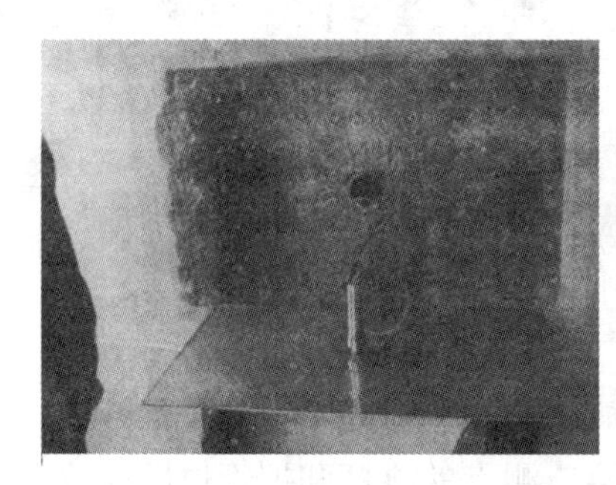

图 13-15　柔性土压力计安装图

柔性土压力计 2007 年首次应用于上海崇明穿江隧道。安装须在管片制作中进行，先在安装位置埋好与柔性土压力计尺寸相同的预埋件，在管片拼装前一周将预埋件拆除，安装实体。安装时对接触面清理、打磨，用环氧胶紧密粘合，周边用专配框架固定，如图 13-15 所示。

2. 矿山法围岩与衬砌间压力

① 围岩与初期支护之间压力。围岩与初期支护间的接触压力即为围岩压力，埋设应在距开挖面 1m 范围内，并在工作面开挖后 24h 内或下次开挖前测量初读数。

② 初期支护与二次衬砌之间压力。埋设工作应在浇筑混凝土前进行，在浇筑后及时测取初读数。

五、锚杆和土钉拉力

锚杆和土钉拉力宜采用测力计、钢筋应力计或应变计监测。当使用钢筋束作为锚杆时，宜监测每根钢筋的受力。

测力计、钢筋应力计和应变计的量程宜为设计值的 2 倍，量测精度不宜低于 0.5% F·S，分辨率不宜低于 0.2%F·S。锚杆张拉设备仪表应与锚杆测力计仪表相互标定。

锚杆或土钉施工完成后应对测力计、钢筋应力计或应变计进行检查测试，并应将下一层土方开挖前连续 2d 获得的稳定测试数据的平均值作为其初始值。

1. 锚杆抗拔力

监测目的是判断当前锚杆长度是否适宜和检查锚杆埋设质量。

锚杆抗拔力量测主要通过现场抗拔试验，给锚杆加荷，观测锚杆位移量，绘制出荷载-位移曲线，求得锚杆抗拔力。试验采用分级加荷，每级加载值不超过 0.5t，加载时间间隔不应少于 2min，总的加载量达到预计极限值的 80%即可，每级加载后用记录仪表测出杆端位移值。锚杆抗拔力试验图示和仪器如图 13-16 所示。

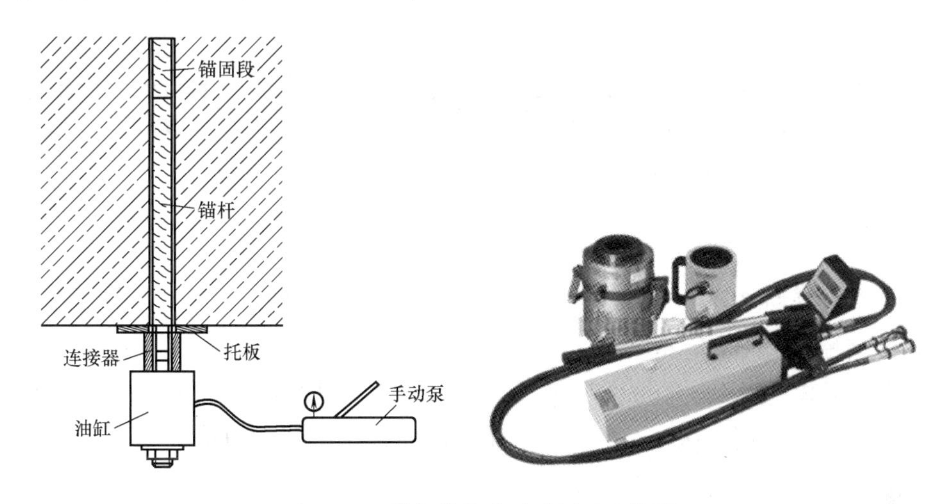

图 13-16 锚杆抗拔力试验图示和仪器

2. 锚杆内力

全长粘结式锚杆在埋设初期处于无应力状态，当它和周围的岩石粘结后，随围岩发生变位而产生轴向力。在围岩发生变位稳定之前，锚杆的轴向力是不断变化的。量测锚杆轴向力的目的是为了掌握锚杆的受力状态、围岩强度下降区范围，配合围岩内部位移，判断围岩变形发展趋势、优化锚杆长度及数量。

(1) 断面及测点布置

在每个代表性地段设置 1～2 个监测断面，每一个监测断面布置 3～8 根监测锚杆。通常布置在拱顶中央、拱腰及边墙处，每一量测锚杆根据其长度及量测需要设 3～6 个测点。图 13-17 为某隧道锚杆轴力量测布置示意图。

(2) 仪器选择

锚杆轴力的量测采用锚杆应力计，主要有电阻式、差动电阻式和钢弦式。要根据锚杆钢筋的直径选配直径相同的锚杆应力计。

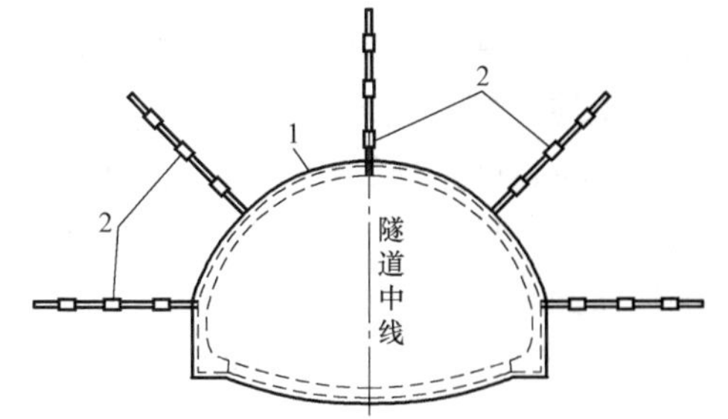

图 13-17 隧道锚杆轴力量测布置图

1—初期支护；2—锚杆应力（应变）计

(3) 钻孔安装

安装埋设时需要钻机钻孔，钻孔直径需根据锚杆应力计的最大直径（含仪器电缆引出端）及数量确定。

在孔内安装时，锚杆就是钢筋做的传递杆，其长度取决于孔内的设计测点位置。传递杆一头接锚头，另一头接应力传感器，接头可采用电焊连接或螺纹连接。电焊连接时，在焊接处需对称加焊两根细钢筋作绑条，并涂沥青。焊接时仪器要包上湿棉纱并不断浇上冷水，直至焊接过程中仪器测出的温度低于 60℃，以防止焊接高温损伤仪器。螺纹拧紧时要用环氧胶粘结。

将接好锚头和传感器的钢筋传递杆、注浆管、排气管一起插入钻孔中，安装到位，如图13-18所示。锚杆一头固定在锚固板上，另一头灌浆（40～50cm）固定住锚头，经测量确认仪器工作是正常的，理顺电缆，通过注浆管将砂浆注入孔底，直至孔口灌满。

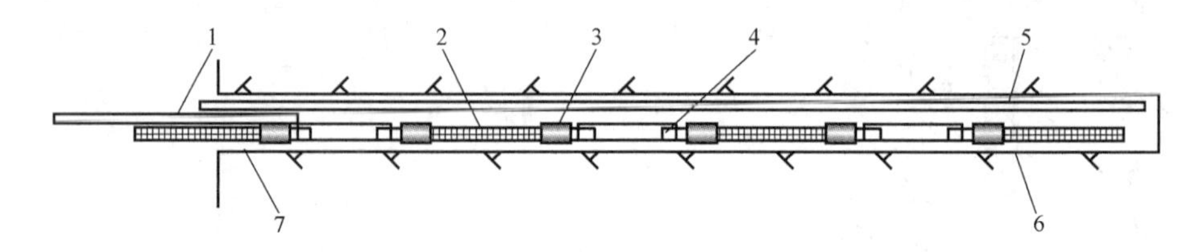

图13-18 锚杆应力计安装示意图

1—注浆管；2—锚杆；3—接头；4—锚杆应力计；5—排气管；6—钻孔；7—全钻孔注浆封堵

（4）观测频率

锚杆埋设后应经过24～48h才可进行第1次观测。埋设后，一般1～15d内每天测1次，16～30d内每2d测1次，30d以后每周测1次，90d到后每月测1次。

六、爆破震动

岩石隧道钻爆所产生的地震波对地表各种不同的建筑结构将产生不同程度的震动影响，甚至引起结构破坏。为了确保建筑物的安全，在爆破施工期要对爆破震动进行监测，了解爆破震动的速度或加速度分布与变化规律，判断爆破震动对结构和周边建筑物的震动影响，及时调整爆破参数。

爆破震动监测系统由速度传感器或加速度传感器、数据采集仪及分析软件组成。速度传感器或加速度传感器可采用垂直、水平单向传感器或三矢量一体传感器。

爆破产生的震动频率高于地震的震动频率，且随与爆源的距离增大而逐渐减小，一般情况下爆破震动频率在30～300Hz。国内市场震动速度传感器频率量程多在1～500Hz，可满足监测要求。但在爆源附近和坚硬岩体中，应选择更高频率范围的传感器，如1000Hz以上，如没有高频传感器可改为加速度传感器。加速度传感器频率范围很大，达10kHz以上，可满足高频率震动监测要求，将加速度波形积分得到速度波形。

传感器的安装固定：

① 被测对象为混凝土或坚硬岩石。宜采用环氧砂浆、环氧树脂胶、石膏或其他高强度胶粘剂将传感器固定在混凝土或坚硬岩石表面，也可预埋固定螺栓，将传感器底面与预埋螺栓紧固相连；

② 被测对象为土体。可先将表面松土夯实，再将传感器直接埋入夯实土体中，并使传感器与土体紧密接触。

要求传感器与被测对象之间刚性粘结，且传感器的定位方向与所测量的振动方向一致。仪器安装和连接后应进行监测系统的测试，监测期内整个监测系统应处于良好工作状态。爆破震动监测仪器量程和精度应符合现行国家标准《爆破安全规程》GB 6722—2014的有关规定。

七、线路结构变形

城市轨道交通工程施工及运营期间，应对其线路中的隧道、高架桥梁、路基和轨道结构及重要的附属结构等进行竖向位移监测，并宜对隧道结构进行净空收敛监测。

遇到下列情况时，要进行变形监测，并编制专项监测方案：

（1）不良地质作用对线路结构的安全有影响的区段；

（2）存在软土、膨胀性土、湿陷性土等特殊性岩土，且对线路结构的安全可能带来不利影响的区段；

（3）因地基变形使线路结构产生不均匀沉降、裂缝的区段；

（4）地震、堆载、卸载、列车振动等外力作用对线路结构或路基产生较大影响的区段；

（5）既有线路保护区范围内有工程建设的区段；

（6）采用新的施工技术、基础形式或设计方法的线路结构等。

隧道、路基的竖向位移监测点的布设要求如下：

（1）在直线地段宜每 100m 布设 1 个监测点；

（2）在曲线地段宜每 50m 布设 1 个监测点，在直缓、缓圆、曲线中点、圆缓、缓直等部位应有监测点控制；

（3）道岔区宜在道岔理论中心、道岔前端、道岔后端、辙叉理论中心等结构部位各布设 1 个监测点，道岔前后的线路应加密监测点；

（4）线路结构的沉降缝和变形缝、车站与区间衔接处、区间与联络通道衔接处、附属结构与线路结构衔接处等，应有监测点或监测断面控制；

（5）隧道、高架桥梁与路基之间的过渡段应有监测点或监测断面控制；

（6）地基或围岩采用加固措施的轨道交通线路结构或附属结构部位应布设监测点或断面；

（7）线路结构存在病害或处在软土地基等区段时，应根据实际情况布设监测点。

线路结构监测频率：线路结构施工和试运行期间的监测频率为 1 次/1～2 个月，线路运营第一年内的监测频率宜 1 次/3 个月，第二年宜 1 次/6 个月，以后每年监测为 1～2 次。当线路结构变形较大、存在病害或处在软土地基等区段时，应提高监测频率。

第六节　监测频率和控制值

一、监测频率

监测频率应使监测信息及时、系统地反映施工工况及监测对象的动态变化，并宜采取定时监测。对穿越既有轨道交通和重要建筑物等周边环境风险等级为一级的工程，在穿越施工过程中，应提高监测频率，并宜对关键监测项目进行实时监测。

工程施工期间，现场巡查每天不宜少于 1 次，并应做好巡查记录，在关键工况、特殊天气等情况下应增加巡查次数。

城市轨道交通在运营期间，应对线路中的隧道、高架桥梁和路基结构及重要附属结构等的变形进行监测。

监测信息应及时进行处理、分析和反馈，发现影响工程及周边环境安全的异常情况时，必须立即报告。

1. 盾构法

施工中隧道管片结构、周围岩土体和周边环境的监测频率可按表 13-12 确定。

2. 矿山法

施工中隧道初期支护结构、周围岩土体和周边环境的监测频率可按表 13-13 确定。

盾构法隧道工程监测频率 **表 13-12**

监测部位	监测对象	开挖面至监测点或监测断面的距离	监测频率
开挖面前方	周围岩土体和周边环境	$5D<L\leqslant 8D$	1 次/(3～5)d
		$3D<L\leqslant 5D$	1 次/2d
		$L\leqslant 3D$	1 次/d
开挖面后方	管片结构、周围岩土体和周边环境	$L\leqslant 3D$	(1～2)次/d
		$3D<L\leqslant 8D$	1 次/(1～2)d
		$L>8D$	1 次/(3～7)d

注：1. D 为盾构法隧道开挖直径（m）；L 为开挖面至监测点或监测断面的水平距离（m）；
2. 管片结构位移、净空收敛宜在衬砌环脱出盾尾且能通视时进行监测；
3. 监测数据趋于稳定后，监测频率宜为 1 次/(15～30）d。

矿山法隧道工程监测频率 **表 13-13**

监测部位	监测对象	开挖面至监测点或监测断面的距离	监测频率
开挖面前方	周围岩土体和周边环境	$2B<L\leqslant 5B$	1 次/2d
		$L\leqslant 2B$	1 次/d
开挖面后方	初期支护结构、周围岩土体和周边环境	$L\leqslant B$	(1 ～2)次/d
		$B<L\leqslant 2B$	1 次/d
		$2B<L\leqslant 5B$	1 次/2d
		$L>5B$	1 次/(3～7)d

注：1. B 为矿山法隧道或导洞开挖宽度（m）；L 为开挖面至监测点或监测断面的水平距离（m）；
2. 当拆除临时支撑时应增大监测频率；
3. 监测数据趋于稳定后，监测频率宜为 1 次/(15～30)d 。

对于车站中柱竖向位移及结构应力的监测频率，土体开挖时宜为 1 次/d，结构施工时宜为（1 ～2）次/7d。

3. 地下水位

根据水文地质条件复杂程度、施工工况、地下水对工程的影响程度以及地下水控制要求等确定监测频率，通常为 1 次/(1～2)d。

4. 爆破震动

钻爆法施工首次爆破时，对所需监测的周边环境对象均应进行爆破震动监测，以后应根据第一次爆破监测结果并结合环境对象特点确定监测频率。重要建筑物、桥梁等高风险环境对象每次爆破均应进行监测。

当遇到下列情况时，应提高监测频率：

（1）监测数据异常或变化速率较大；

（2）存在勘察未发现的不良地质条件，且影响工程安全；

（3）地表、建筑物等周边环境发生较大沉降、不均匀沉降；

(4) 盾构始发、接收以及停机检修或更换刀具期间；

(5) 矿山法隧道断面变化及受力转换部位；

(6) 工程出现异常；

(7) 工程险情或事故后重新组织施工；

(8) 暴雨或长时间连续降雨；

(9) 邻近工程施工、超载、振动等周边环境条件较大改变；

(10) 当监测数据达到预警标准，或巡视时发现危险警情时。

二、监测控制值和报警

城市轨道交通工程监测应根据工程特点、监测项目控制值、当地施工经验等制定监测预警等级和预警标准。

按监测项目的性质监测项目控制值应分为变形监测控制值和力学监测控制值。变形监测控制值应包括变形监测数据的累计变化值和变化速率值；力学监测控制值宜包括力学监测数据的最大值和最小值。

要建立预警管理制度，包括不同预警等级的警情报送对象、时间、方式和流程等。

现场巡查过程中发现下列警情之一时，应根据警情紧急程度、发展趋势和造成后果的严重程度按预警管理制度进行警情报送：

(1) 基坑、隧道支护结构出现明显变形、较大裂缝、断裂、较严重渗漏水、隧道底鼓，支撑出现明显变位或脱落、锚杆出现松弛或拔出等；

(2) 基坑、隧道周围岩土体出现涌砂、涌土、管涌，较严重渗漏水、突水，滑移、坍塌，基底较大隆起等；

(3) 周边地表出现突然明显沉降或较严重的突发裂缝、坍塌；

(4) 建筑物、桥梁等周边环境出现危害正常使用功能或结构安全的过大沉降、倾斜、裂缝等；

(5) 周边地下管线变形突然明显增大或出现裂缝、泄漏等；

(6) 根据当地工程经验判断应进行警情报送的其他情况。

1. 支护结构和周围岩土体

盾构法隧道管片结构竖向位移、净空收敛和地表沉降控制值应根据工程地质条件、隧道设计参数、工程监测等级及当地工程经验等确定。当无地方经验时，可按表 13-14 和表 13-15 确定。

盾构法隧道管片结构竖向位移、净空收敛监测项目控制值　　表 13-14

监测项目及岩土类型		累计值(mm)	变化速率(mm/d)
管片结构沉降	坚硬～中硬土	10～20	2
	中软～软弱土	20～30	3
管片结构差异沉降		0.04%L_s	—
管片结构净空收敛		0.2%D	3

注：L_s为沿隧道轴向两监测点间距；D为隧道开挖直径。

2. 矿山法

矿山法隧道支护结构变形、地表沉降控制值应根据工程地质条件、隧道设计参数、工程监测等级及当地工程经验等确定。当无地方经验时，可按表 13-16 和表13-17确定。

盾构法隧道地表沉降监测项目控制值　　表 13-15

监测项目及岩土类型		工程监测等级					
		一级		二级		三级	
		累计值(mm)	变化速率(mm/d)	累计值(mm)	变化速率(mm/d)	累计值(mm)	变化速率(mm/d)
地表沉降	坚硬～中硬土	10～20	3	20～30	4	30～40	4
	中软～软弱土	15～25	3	25～35	4	35～45	5
地表隆起		10	3	10	3	10	3

注：本表主要适用于标准断面的盾构法隧道工程。

矿山法隧道支护结构变形监测项目控制值　　表 13-16

监测项目及区域		累计值(mm)	变化速率(mm/d)
拱顶沉降	区间	10～20	3
	车站	20～30	
底板竖向位移		10	2
净空收敛		10	2
中柱竖向位移		10～20	2

矿山法隧道地表沉降监测项目控制值　　表 13-17

监测等级及区域		累计值(mm)	变化速率(mm/d)
一级	区间	20～30	3
	车站	40～60	4
二级	区间	30～40	3
	车站	50～70	4
三级	区间	30～40	4

注：1. 表中数值适用于土的类型为中软土、中硬土及坚硬土中的密实砂卵石地层；
　　2. 大断面区间的地表沉降监测控制值可参照车站执行。

3. 周边环境

对风险等级较高的监测项目，一般通过结构检测、计算分析和安全评估等方法来确定控制值。《城市轨道交通工程监测技术规范》GB 50911—2013 给出的一些控制值如下。

（1）建筑物。当无地方工程经验时，对于风险等级较低且无特殊要求的建筑物，沉降控制值宜为 10～30mm，变化速率控制值宜为 1～3mm/d，差异沉降控制值宜为 $0.001l$～$0.002l$（l 为相邻基础的中心距离）。

（2）桥梁。桥梁监测的沉降、差异沉降和倾斜控制值宜通过结构检测、计算分析和安全性评估确定，并应符合现行行业标准《城市桥梁养护技术规范》CJJ 99 的有关规定。

（3）地下管线。当无地方工程经验时，对风险等级较低且无特殊要求的地下管线沉降及差异沉降控制值可按表 13-18 确定。

（4）路基沉降。当无地方工程经验时，对风险等级较低且无特殊要求的高速公路与城市道路，路基沉降控制值可按表 13-19 确定。

地下管线沉降及差异沉降控制值 **表 13-18**

管线类型	沉降		差异沉降(mm)
	累计值(mm)	变化速率(mm/d)	
燃气管道	10～30	2	0.3%L_g
雨污水管	10～20	2	0.25%L_g
供水管	10～30	2	0.25%L_g

注：1. 燃气管道的变形控制值适用于 100～400mm 的管径；
2. L_g为管节长度。

路基沉降控制值 **表 13-19**

监测项目		累计值(mm)	变化速率(mm/d)
路基沉降	高速公路、城市主干道	10～30	3
	一般城市道路	20～40	3

(5) 城市轨道交通既有线。当无地方工程经验时，城市轨道交通既有线隧道结构变形控制值可按表 13-20 确定。

城市轨道交通既有线隧道结构变形控制值 **表 13-20**

监测项目	累计值(mm)	变化速率(mm/d)
隧道结构沉降	3～10	1
隧道结构上浮	5	1
隧道结构水平位移	3～5	1
隧道差异沉降	0.04%L_s	—
隧道结构变形缝差异沉降	2～4	1

注：L_s 为沿隧道轴向两监测点间距。

(6) 既有铁路。当无地方工程经验时，对风险等级较低且无特殊要求的既有铁路路基沉降控制值可按表 13-21 确定，且路基差异沉降控制值宜小于 0.04%L_t，L_t为沿铁路走向两监测点间距。

既有铁路路基沉降控制值 **表 13-21**

监测项目		累计值(mm)	变化速率(mm/d)
路基沉降	整体道床	10～20	1.5
	碎石道床	20～30	1.5

(7) 爆破震动。监测项目控制值包括峰值振动速度值和主振频率值，应符合现行国家标准《爆破安全规程》GB 6722—2014 的有关规定。

三、监测成果及信息反馈

工程监测成果资料应完整、清晰、签字齐全，监测成果应包括现场监测资料、计算分析图表曲线、文字报告等。

现场监测资料包括外业观测记录、现场巡查记录、记事项目以及仪器、视频等电子数据资料。

取得现场监测资料后，应及时对监测资料进行整理、分析和校对，监测数据出现异常时，应分析原因，必要时应进行现场核对或复测。及时计算累计变化值、变化速率值，并绘制时程曲线，必要时绘制断面曲线图、等值线图等，并应根据施工工况、地质条件和环境条件分析监测数据的变化原因和变化规律，预测其发展趋势。

监测报告可分为日报、警情快报、阶段性报告和总结报告。这些报告均有规定的格式和内容，应及时向相关单位报送。

当出现危险状况时，要及时发出警情快报，内容包括：

（1）警情发生的时间、地点、情况描述、严重程度、施工工况等；

（2）现场巡查信息：巡查照片、记录等；

（3）监测数据图表：监测项目的累计变化值、变化速率值、监测点平面位置图；

（4）警情原因初步分析和处理措施建议。

第七节　工程案例分析

——广州地铁盾构隧道施工中管片受力监测与分析（唐孟雄等，2009）

一、工程概况

广州地铁工程地质条件十分复杂，很多情况下隧道断面位于半岩半土中，施工难度很大，如盾构推进过程中遇到管片开裂、局部渗漏、围岩压力、管片内力分布等问题都需要专门研究。本案例通过对各种工况下管片钢筋应力的量测，获得了盾构隧道管片在不同工况下的受力特性。

广州地铁 2 号线某区间右线隧道长 2045.8m，左线隧道长 2296.5m，隧道埋深 8～16m。区间隧道采用盾构法施工，引进德国土压平衡式盾构机，盾构机刀盘直径 6280mm，共有 30 个推进千斤顶，单个千斤顶最大推力 1100kN。盾构机以敞开式掘进，推力3000～5000kN。隧道衬砌采用预制钢筋混凝土管片，管片环外径 6000mm，内径 5400mm，管片宽度 1500mm，厚度 300mm，受压和受拉主钢筋均为 8ϕ16。单个衬砌环由 5＋1 块管片（3 个标准块、2 个邻接块和 1 个 K 块）拼装而成，环与环之间采用错缝拼装。

监测剖面土层分布为：①层，素填土，厚度为 0.7m；④层，由冲积、洪积作用形成的粉质黏土，可塑状，厚度为 1.7m；$⑤_2$ 层，残积层粉土，硬塑或中密，厚度为 10.8m；⑥层，粗砂岩全风化带，厚度为 3.4m；⑦层，粗砂岩强风化带，厚度为 19.9m；⑧层，粗砂岩中风化带，厚度为 6.5m；⑨层，含砾粗砂岩微风化带。

监测剖面隧道顶板埋深 9.7m，底板埋深 15.7m. 隧道 1/2 断面位于$⑤_2$ 层中，属Ⅱ类围岩，1/2 断面位于⑥层中，属Ⅲ类围岩。

二、监测方案

监测断面布置在地铁 2 号线新南方购物中心下方隧道右线 842 环，每环管片宽 1.5m，距离该标段起点赤岗站 1263m。

该监测断面上围岩压力测试共布置 6 个土压力盒，在 A1 管片上为 520 号，A2 管片上为 528 号和 525 号，A3 管片上为 521 号，C 管片上为 511 号和 522 号。在管片内、外侧环向主钢筋上埋设钢筋应力计，A1、A2、A3、C 块管片上共布置 16 个钢筋应力计，其中管片内侧 8 个钢筋应力计，编号依次为 16 号、95 号、43 号、84 号、44 号、87 号、

56 号和 75 号；外侧 8 个钢筋应力计，编号依次为 80 号、89 号、54 号、52 号、34 号、74 号、59 号和 73 号。监测点布置如图 13-19 所示。

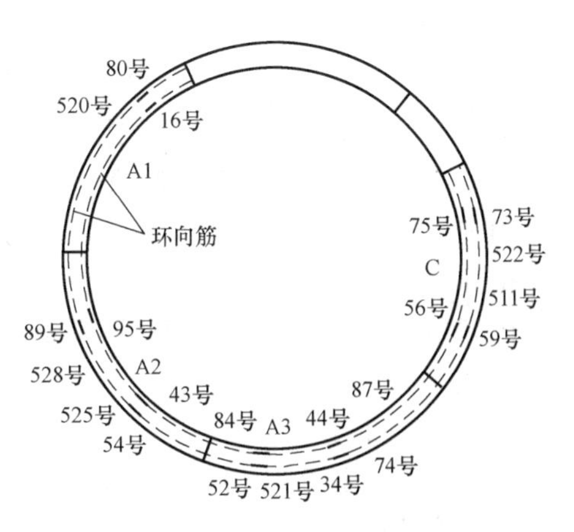

图 13-19　842 环监测点布置示意图

从监测剖面 842 环管片安装到隧道掘进至鹭江站贯通，历时 20 天，盾构机推进 790.5m。

三、监测成果分析

1. 围岩压力

842 环监测断面上围岩压力随隧道掘进管片安装环数变化曲线如图 13-20 所示。由于压力盒预埋在管片混凝土中，受混凝土的约束，管片安装前产生的初始应力为 188.0～210.8kPa。监测断面管片全部安装完成并注浆后，管片外侧围岩压力达到最大值，扣除初始应力，围岩压力增量为 92.9～143.5kPa，与注浆压力、隧道埋深及围岩性质等有关。

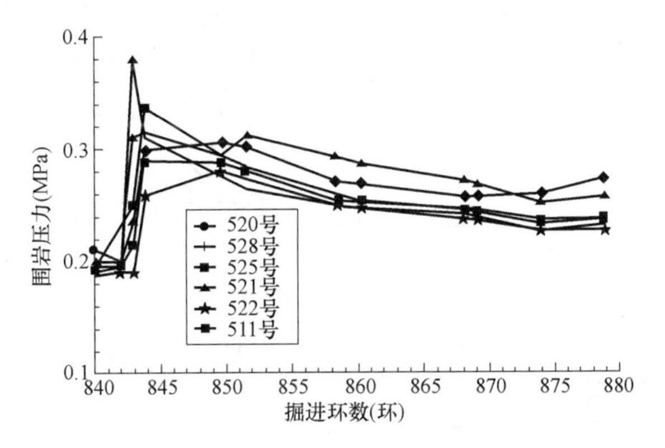

图 13-20　842 环围岩压力变化曲线

监测断面管片安装后 50h，盾构机推进 19 环，即管片安装至 861 环时，距离 842 环监测断面进尺 28.5m，围岩压力呈下降趋势，并很快趋于稳定，稳定后隧道拱顶围岩压力为 18.8～35.2kPa，隧道左侧围岩压力为 56.4～68.0kPa，隧道右侧围岩压力为 41.1～59.3kPa，隧道底部围岩压力为 61.0～95.1kPa。

根据监测剖面附近的钻孔柱状图和岩土参数，监测断面隧道位于粗砂岩全风化带和强风化带之间，上覆素填土及粉质黏土，按朗肯土压力理论计算各压力盒位置围岩压力，表 13-22列出实测和计算围岩最大压力及稳定后的压力，实测围岩压力已扣除压力盒安装时的初始应力，但计算围岩压力时考虑了地面 20kPa 附加荷载。

实测和计算围岩压力比较　　　　**表 13-22**

管片编号	A1 块	A2 块	A2 块	A3 块	C 块	C 块
土压力盒号	520	528	525	521	511	522
实测最大压力(kPa)	98.3	105.5	143.5	123.1	93.4	92.9
稳定后实测压力(kPa)	18.8	56.4	43.9	61.0	39.1	41.1
计算围岩压(kPa)	82.6	100.4	108.5	317.4	104.8	97.4

从表 13-22 可看出，监测剖面两侧注浆时实测最大围岩压力与计算围岩压力基本相当，为计算压力的 89.0%～132.2%，稳定后实测值小于计算值，为计算值的 37.0%～56.2%；监测剖面顶部位置，注浆时实测最大围岩压力大于计算围岩压力，实测最大值为计算值的 119%，但稳定后实测值仅为计算值的 22.8%。监测剖面底部位置，实测最大围岩压力和稳定后围岩压力均小于计算围岩压力，分别为计算值的 38.8%和 19.2%。

由此可见，在隧道断面上半部分位于土层中、下半部分位于强风化岩层中情况下，土层中围岩压力按朗肯土压力理论计算是合适的，在强风化岩层中按朗肯土压力理论计算结果应折减。

2. 管片钢筋应力

图 13-21 给出了 842 环监测断面上 A1、A2、A3、C 块管片钢筋应力随隧道掘进管片安装环数变化曲线。

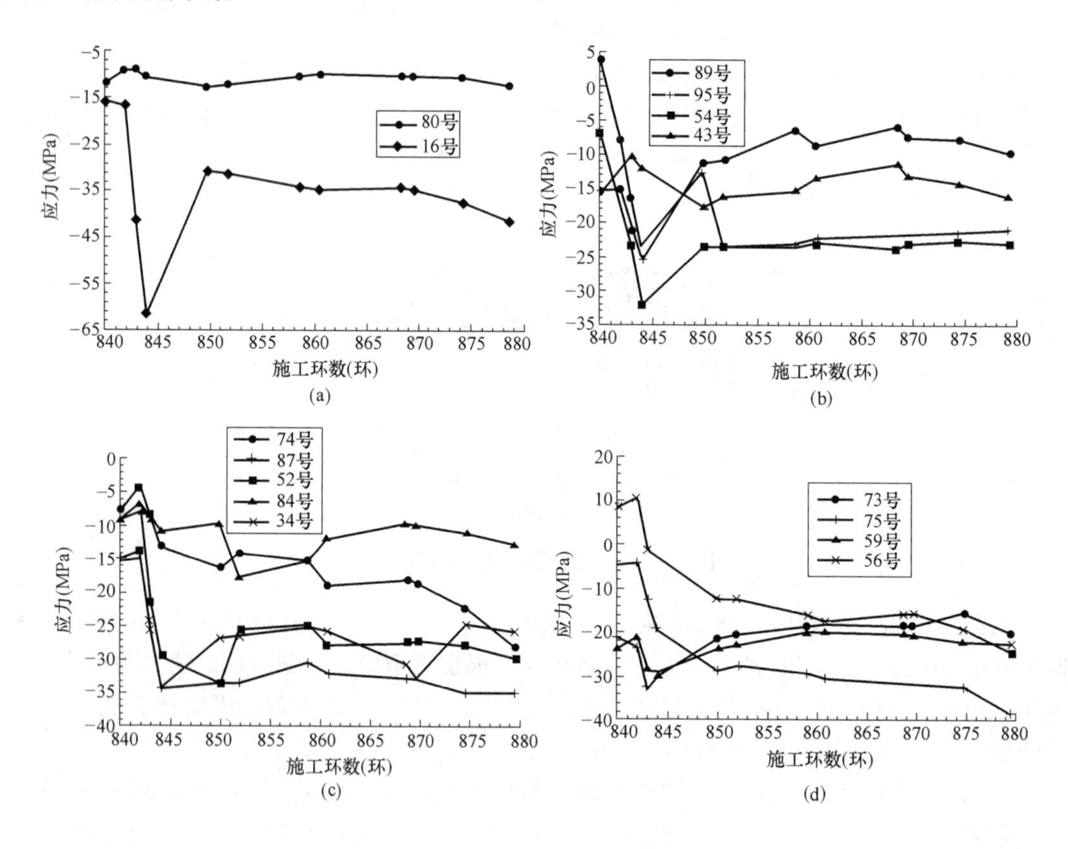

图 13-21　管片钢筋应力变化图

(a) 842 环 A1 块；(b) 842 环 A2 块；(c) 842 环 A3 块；(d) 842 环 C 块

（1）管片制作时，混凝土干缩产生内、外钢筋初始应力分别为－4.68～－16.40MPa 和－7.04～－24.88MPa。外侧有一点产生拉应力为 4.23MPa。管片混凝土干缩应力为管片注浆后钢筋应力达到最大值时的 47.7%～79.9%，应采取措施降低混凝土干缩应力。

（2）管片安装后，内、外侧环向钢筋均处于压应力状态。

（3）管片拼装完成并注浆后，推进到与监测断面相距 3m 时，钢筋应力达到最大值，内侧钢筋应力为－9.81～－29.65MPa，1个点为－64MPa；外侧钢筋应力分别为－11.1～－31.1MPa。隧道推进28.5m（需3d时间），钢筋应力趋于稳定。此时内侧钢筋应力为－8.18～－39.61MPa，外侧钢筋应力为－11.58～－34.68MPa。

（4）管片安装后注浆时，内侧钢筋最大压应力为受力稳定后的0.4～1.6倍，1个点达到3.2倍；注浆时，外侧钢筋最大压应力为管片受力稳定后的1.0～1.5倍，说明注浆压力对管片受力影响是显著的。

四、结论

实测结果表明，盾构隧道管片受力完全处于弹性阶段。注浆压力是主要施工荷载之一，管片安装后，注浆阶段围岩压力及管片内力最大，设计时施工工况应考虑注浆压力荷载。此外，管片制作阶段干缩应力占施工及正常使用阶段应力的比例较大，设计计算时管片干缩应力不容忽视。

思 考 题

1. 简述隧道周边收敛位移的常用监测仪器和监测方法。
2. 隧道拱顶下沉有几种观测方法？分别简述其工作原理。
3. 简述隧道初期喷射混凝土支护的应力测量仪器名称，每个测点测得的是哪两个应力？
4. 简述隧道围岩内部位移的常用监测仪器和监测方法。
5. 锚杆抗拔力的监测目的是什么？简述锚杆抗拔力的测定方法。
6. 围岩压力的大小与围岩位移量及支护刚度密切相关，对监测到的围岩压力和位移量高低不同组合，如何判断支护结构的稳定性？

参考文献

[1] 高等学校土木工程学科专业指导委员会. 高等学校土木工程本科指导性专业规范 [M]. 北京：中国建筑工业出版社，2011.

[2] 中华人民共和国国家标准. 岩土工程勘察规范 GB 50021—2001（2009 年版）[S]. 北京：中国建筑工业出版社，2009.

[3] 中华人民共和国国家标准. 冶金工业岩土勘察原位测试规范 GB/T 50480—2008 [S]. 北京：中国计划出版社，2008.

[4] 中华人民共和国国家标准. 土工试验方法标准 GB/T 50123—1999 [S]. 北京：中国计划出版社，1999.

[5] 中华人民共和国行业标准. 土工试验规程 SL 237—1999 [S]. 北京：中国建筑工业出版社，1999.

[6] 中华人民共和国行业标准. 软土地区岩土工程勘察规程 JGJ 83—2011 [S]. 北京：中国建筑工业出版社，2011.

[7] 中华人民共和国行业标准. 岩土工程勘察报告编制标准 CECS 99：98 [S]. 北京：中国标准出版社，1998.

[8] 南京水利科学研究院土工研究所. 土工试验技术手册 [M]. 北京：人民交通出版社，2003.

[9] 常士骠，张苏民. 工程地质手册 [M]. 北京：中国建筑工业出版社，1993.

[10] 史佩栋. 桩基工程手册（第 2 版）[M]. 北京：人民交通出版社，2015.

[11] 南京水利科学研究院勘测设计院等. 岩土工程安全监测手册 [M]. 北京：中国水利水电出版社，2008.

[12] 中华人民共和国国家标准. 建筑地基基础设计规范 GB 50007—2011 [S]. 北京：中国建筑工业出版社，2011.

[13] 中华人民共和国行业标准. 建筑地基处理技术规范 JGJ 79—2012 [S]. 北京：中国建筑工业出版社，2012.

[14] 地方标准. 地基处理技术规范 DG/T J08—40—2010 [S]. 上海：上海市建筑建材业市场管理总站，2010.

[15] 何开胜. 南通港狼山港区三期工程 BDQ1 堆场地基处理试验与加固方案咨询报告 [R]. 南京水利科学研究院，2008.

[16] 郑杰圣. 浅层平板载荷试验在残积砂质黏性土基中的应用 [J]. 福建建筑，2014（5）：95-97.

[17] 中国工程建设标准化委员会标准. 静力触探技术标准 CECS 04：88 [S]. 北京：中国工程建设标准化委员会，1988.

[18] 林宗元. 岩土工程试验监测手册 [M]. 北京：中国建筑工业出版社，2005.

[19] 张诚厚，施健，戴济群. 孔压静力触探试验的应用 [J]. 岩土工程学报，1997，19（1）：50-57.

[20] 童立元，刘潋，Binod Amatya 等. 岩土工程现代原位测试理论与工程应用 [M]. 南京：东南大学出版社，2015.

[21] 何开胜，王国群，章为民等. 堤坝滑坡灾害的探地雷达应用研究 [J]. 水利水电科技进展，2005（2）.

[22] 何开胜. 堤坝滑坡区土性试验和灾害治理 [J]. 自然灾害学报，2007（1）：81-87.

[23] Durgunoglu H T，Mitchell J K. Static penetration resistance of soils. I：Analysis [C]. Proc.，ASCE Spec. Conf. on In Situ Measurement of Soil Properties，New York：ASCE，1975. Vol. I：151-171.

[24] Campanella R G, Robertson, P K, Gellespie D. Cone Penetration Testing in Deltaie Soils [J]. Canadian Geotechnical Journal, 1983, 20 (1): 23-25.

[25] 邢皓枫，徐超，石振明等. 岩土工程原位测试（第 2 版）[M]. 上海：同济大学出版社，2015.

[26] 姚直书，蔡海兵. 岩土工程测试技术 [M]. 武汉：武汉大学出版社，2014.

[27] 朱锦云. 重型动力触探在卵石层工程地质勘察中的应用 [J]. 工程勘察，1981 (5)：48-51.

[28] 中华人民共和国国家标准. 建筑抗震设计规范 GB 50011—2010 [S]. 北京：中国建筑工业出版社，2010.

[29] 廖红建，赵树德等. 岩土工程测试 [M]. 北京：机械工业出版社，2007.

[30] 何开胜，陈宝勤. 超长水泥土搅拌桩的试验研究和工程应用 [J]. 土木工程学报，2000，33 (2)：80-86.

[31] 王清. 土体原位测试与工程勘察 [M]. 北京：地质出版社，2006.

[32] 胡建华，汪稔，陈海洋. 旁压试验在苏通大桥工程地质勘查中的应用 [J]. 工程勘察，2005 (1)：34-36.

[33] 中华人民共和国行业标准. 建筑桩基技术规范 JGJ 94—2008 [S]. 北京：中国建筑工业出版社，2008.

[34] 中华人民共和国行业标准. 建筑基桩检测技术规范 JGJ 106—2014 [S]. 北京：中国建筑工业出版社，2014.

[35] 中华人民共和国行业标准. 基桩静载试验 自平衡法 JT/T 738—2009 [S]. 北京：人民交通出版社，2009.

[36] 地方标准. 桩承载力自平衡测试技术规程 DB32/T 291—1999 [S]. 南京：江苏省技术监督局，江苏省建设委员会，1999.

[37] 中华人民共和国行业标准. 建筑地基检测技术规范 JGJ 340—2015 [S]. 北京：中国建筑工业出版社，2015.

[38] 桩基工程手册编委会. 桩基工程手册 [M]. 北京：中国建筑工业出版社，1995.

[39] 罗骐先，王五平. 桩基工程检测手册 [M]. 北京：人民交通出版社，2010.

[40] 宰金珉. 岩土工程测试与监测技术 [M]. 北京：中国建筑工业出版社，2008.

[41] 叶军献. 基桩检测技术与实例 [M]. 北京：中国建筑工业出版社，2006.

[42] 何开胜. 扬子石化液态乙烯低温贮罐工程大直径钻孔桩静载和动测试验报告 [R]. 南京水利科学研究院土工研究所，1995.

[43] 中华人民共和国国家标准. 岩土工程仪器术语及符号 GB/T 24106—2009 [S]. 北京：中国标准出版社，2009.

[44] 中华人民共和国国家标准. 岩土工程仪器基本参数及通用技术条件 GB/T 15406—2007 [S]. 北京：中国标准出版社，2007.

[45] 中华人民共和国国家标准. 土工试验仪器 岩土工程仪器 振弦式传感器通用技术条件 GB/T 13606—2007 [S]. 北京：中国标准出版社，2007.

[46] 中华人民共和国国家标准. 岩土工程仪器基本环境试验条件及方法 GB/T 24105—2009 [S]. 北京：中国标准出版社，2009.

[47] 中华人民共和国国家标准. 大坝监测仪器 应变计 第 1 部分：差动电阻式应变计 GB/T 3408. 1—2008 [S]. 北京：中国标准出版社，2008.

[48] 中华人民共和国国家标准. 大坝监测仪器 钢筋计 第 1 部分：差动电阻式钢筋计 GB/T 3409. 1—2008 [S]. 北京：中国标准出版社，2008.

[49] 中华人民共和国国家标准. 差动电阻式孔隙压力计 GB/T 3411—1994 [S]. 北京：中国标准出版社，1994.

[50] 周晓军. 地下工程监测和检测理论与技术 [M]. 北京：科学出版社，2014.

[51] 储海宁，张德康. 差阻式仪器的发展和应用 [J]. 大坝与安全，2005（5）：44-48.

[52] 中华人民共和国国家标准. 工程测量规范 GB 50026—2007 [S]. 北京：中国建筑工业出版社，2007.

[53] 中华人民共和国行业标准. 建筑变形测量规范 JGJ 8—2007 [S]. 北京：中国建筑工业出版社，2007.

[54] 中华人民共和国行业标准. 真空预压加固软土地基技术规程 JTS 147—2—2009 [S]. 北京：人民交通出版社，2009.

[55] 中国工程建设标准化协会标准. 孔隙水压力测试规程 CECS 55：93 [S]. 北京：中国工程建设标准化协会，1993.

[56] 李欣，冷毅飞等编著. 岩土工程现场监测 [M]. 北京：地质出版社，2015.

[57] 娄炎. 真空排水预压法加固软土技术（第2版）[M]. 北京：人民交通出版社，2013.

[58] 神进，顾帮全，王良. 道路软基横剖面沉降观测的若干问题探讨 [J]. 中国水运，2012（4）：219-220.

[59] 何开胜，戴济群. 超深排水板堆土预压法 [J]. 水利学报，2000（6）：74-80.

[60] 中华人民共和国行业标准. 建筑基坑支护技术规程 JGJ 120—2012 [S]. 北京：中国建筑工业出版社，2012.

[61] 中华人民共和国国家标准. 建筑基坑工程监测技术规范 GB 50497—2009 [S]. 北京：中国计划出版社，2009.

[62] 地方标准. 基坑工程技术规范 DG/TJ08—61—2010 [S]. 上海：上海市建筑建材业市场管理总站，2010.

[63] 刘国彬，王卫东. 基坑工程手册（第2版）[M]. 北京：中国建筑工业出版社，2009.

[64] 唐建中，于春生，刘杰. 岩土工程变形监测 [M]. 北京：中国建筑工业出版社，2016.

[65] 顾宝和. 岩土工程典型案例述评 [M]. 北京：中国建筑工业出版社，2015.

[66] 中华人民共和国国家标准. 城市轨道交通岩土工程勘察规范 GB 50307—2012 [S]. 北京：中国计划出版社，2012.

[67] 中华人民共和国国家标准. 城市轨道交通工程监测技术规范 GB 50911—2013 [S]. 北京：中国建筑工业出版社，2012.

[68] 中华人民共和国国家标准. 地下铁道工程施工及验收规范 GB 50299—1999（2003年版）[S]. 北京：中国计划出版社，2003.

[69] 卿三惠等. 隧道及地铁工程（第2版）[M]. 北京：中国铁道出版社，2013.

[70] 陈馈，洪开荣，焦胜军. 盾构施工技术（第2版），北京：人民交通出版社股份有限公司，2016.

[71] 任建喜，年廷凯，赵毅. 岩土工程测试技术 [M]. 武汉：武汉理工大学出版社，2015.

[72] 刘尧军. 岩土工程测试技术 [M]. 重庆：重庆大学出版社，2013.

[73] 中华人民共和国国家标准. 岩土锚杆与喷射混凝土支护工程技术规范 GB 50086—2015 [S]. 北京：中国计划出版社，2015.

[74] 唐孟雄，陈如桂，陈伟. 广州地铁盾构隧道施工中管片受力监测与分析 [J]. 土木工程学报，2009，42（3）：118-124.

[75] 国家质量监督检验检疫总局. 岩土工程仪器产品生产许可证实施细则（X）XK07-003，2016.